TUDO

O QUE **VOCÊ PRECISA** SABER

SOBRE CIÊNCIA

FEDERICO KUKSO

TUDO O QUE VOCÊ PRECISA SABER SOBRE CIÊNCIA

Tradução
Bruno Mattos

Planeta

Título original: *Todo lo que necesitás saber sobre*

Preparação: Patrícia Alves Santana
Revisão: Vivian Miwa Matsushita
Diagramação: Anna Yue e Francisco Lavorini
Capa: Rafael Brum
Imagens de capa: David Gifford/Science Photo Library/Getty Images

Dados Internacionais de Catalogação na Publicação (CIP)
Angélica Ilacqua CRB-8/7057

Kukso, Federico
Tudo o que você precisa saber sobre ciência/ Federico Kukso; tradução de Bruno Mattos. -- São Paulo : Planeta do Brasil, 2019.
288 p.

ISBN: 978-85-422-1582-3
Título original: Todo lo que necesitás saber sobre ciencia

1. Ciência - Miscelânea 2. Curiosidades e maravilhas I. Título II. Mattos, Bruno

19-0384 CDD 509

2019

Editora Planeta do Brasil Ltda.
Rua Bela Cintra, 986 – 4º andar Consolação
01415-002 – São Paulo-SP
www.planetadelivros.com.br
atendimento@editoraplaneta.com.br

Para seus átomos,
para suas moléculas,
para suas células,
para seus órgãos.
Nesta galáxia melancólica,
em um multiverso cheio de nada.
Para você.

Sumário

Prólogo

O idioma oculto das ciências

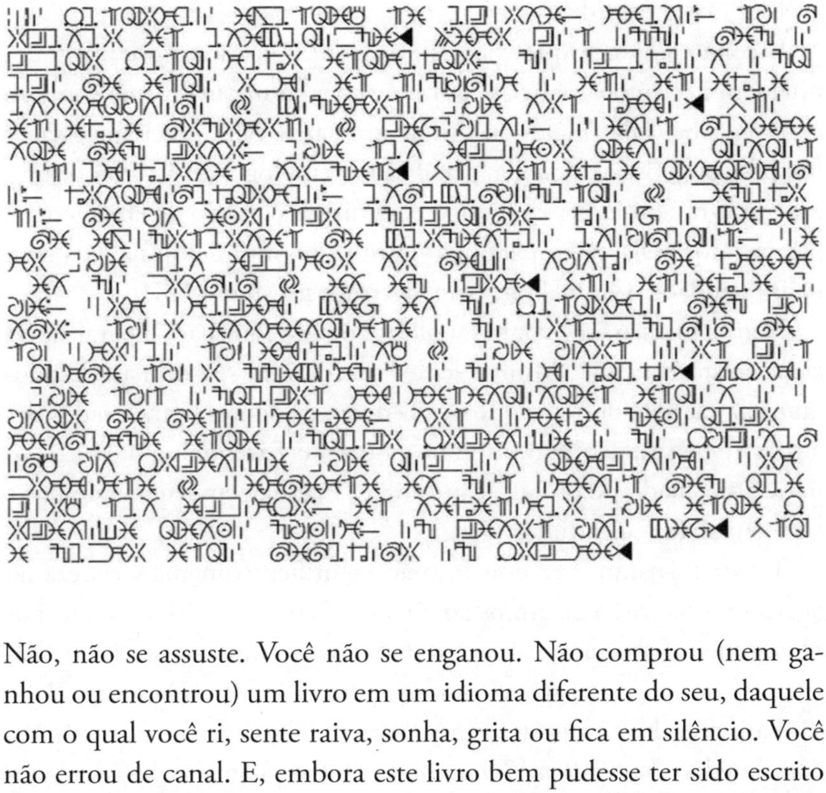

Não, não se assuste. Você não se enganou. Não comprou (nem ganhou ou encontrou) um livro em um idioma diferente do seu, daquele com o qual você ri, sente raiva, sonha, grita ou fica em silêncio. Você não errou de canal. E, embora este livro bem pudesse ter sido escrito pelos Observadores, os personagens enigmáticos e carecas da série de ficção científica *Fringe* que viajam no tempo, usam chapéu, leem a mente e gostam de comida picante, não é o caso.

Deparar-se com um texto em outro idioma dispara um alarme dentro da cabeça. Talvez você se desespere, olhe para os lados e comece a suar. Tudo acontece em menos de um segundo. Algo compreensível e banal para milhões de pessoas talvez soe mais estranho ao seus ouvidos que o mandarim, o kinglon, o húngaro, o na'vi, o élfico ou o dothraki, uma das línguas da saga *Game of Thrones*.

Para muitos, essa coisa estranha chamada ciência é tão intimidante quanto abrir uma caixa e encontrar um manual de instruções em urdu. Ela desperta neles (e nelas) sintomas viscerais, como enjoo, tontura, vertigem e desequilíbrio. Eles são tomados pela incerteza do desconhecido, daquilo que, à primeira vista, parece – e só parece – incompreensível, alheio e distante.

Mas existe remédio.

Isso não significa que você esteja doente. Por mais que insistam, ninguém *deve* saber ciências "porque sim", da mesma forma que não *devemos* saber falar inglês ou dirigir um carro. Mas precisamos saber um pouco de física, biologia, genética e cosmologia (assim como algumas palavras em inglês e o básico para dirigir em caso de emergência) para sermos mais livres, para nos virarmos no mundo ou na vida com mais facilidade. Ou melhor: para vivermos no século XXI.

Nem é preciso esforço: basta olharmos ao redor para reparar que a ciência está em tudo. Minhas lentes de contato, seu celular, desodorantes, a raquete do tenista Roger Federer, os dentes branqueados das atrizes (e os rostos que transpiram botox), o Facebook e o Twitter, o passe antecipado de ônibus, camisinhas, maquiagem. Acima de nós e também abaixo. Em tudo.

Talvez possamos ver essa invasão científica com mais clareza ao ligarmos a televisão ou irmos ao cinema. Tanto nas séries quanto nos filmes, ideias, conceitos e imagens de todos os ramos possíveis ou imagináveis da ciência surgem como os verdadeiros protagonistas. Não ganham prêmios Oscar ou Emmy, mas estão lá, cada vez mais visíveis. Na comédia *The Big Bang Theory*, tudo está impregnado de física, neurociência, biologia e engenharia. Além de adorarem ficção científica e super-heróis, Sheldon, Leonard, Howard e Raj falam sobre o colisor de partículas (LHC) situado na Suíça, a teoria das cordas, a Estação Espacial Internacional, o telescópio Hubble, a matéria escura, o gato de Schrödinger e o bóson de Higgs. A hipótese do multiverso (ou dos universos paralelos) é o pilar central de *Fringe*. Sem a química, não existiria *Breaking Bad*. *Iron Man* é uma grande propaganda dos exoesqueletos. Curtimos melhor o filme *Prometheus* se soubermos o que são exoplanetas e conhecermos o estado atual do projeto SETI, que busca civilizações extraterrestres. E compreendemos *O exterminador do futuro* se soubermos o que é a singularidade tecnológica. Já entendemos: a ciência e a ficção científica são irmãs gêmeas separadas no nascimento.

Devemos aprender ciência não por obrigação ou porque alguém mandou. Precisamos saber um pouco sobre ciência para vivermos mais tranquilos: para não sentirmos náusea, não nos sentirmos desorientados, para combatermos aqueles que veem milagres, fantasmas, duendes, portais cósmicos e o fim do mundo em todos os cantos. A ciência é um antídoto contra a estupidez humana.

Talvez isso não nos torne mais felizes (ou talvez sim), mas saber um pouco de ciência nos ajuda a ver o mundo de outra maneira – e a sempre ter algo de interessante na manga para dizer em uma festa, um encontro de amigos ou mesmo na academia – e também nos estimula a arriscar respostas para as perguntas mais indecifráveis da história da humanidade: "de onde viemos?", "onde estamos?" e "para onde vamos?".

Por mais que seja sempre recomendável se perder sem culpa em cidades que não conhecemos e caminhar por suas ruas deixando-nos levar apenas pela fome e pela infinita curiosidade de conhecer outras formas de viver, ser e estar, levar um guia no bolso não faz mal a ninguém. E este livro é isso: um GPS para que você não fique atordoado diante da avalanche de notícias científicas que nos invadem quando abrimos um jornal ou acessamos uma página na internet. Apesar do que o título promete, o que você tem em mãos não é *meramente* um livro de ciência. De forma alguma é um ensaio enciclopédico, como o genial e sempre recomendável *Breve história de quase tudo*, de Bill Bryson. Há muito deixou de ser possível compactar o mundo para lê-lo como um objeto único. Inumeráveis, e até mesmo musicais, estas cadeias de palavras e signos de pontuação são outra coisa: um manual de instruções para que você não se perca na areia movediça de nossa era científica.

É claro que propor uma cartografia *total* da ciência é tarefa impossível. Não existe uma, mas muitas maneiras de se fazer ciência, assim como há várias formas e estilos de questionar o mundo. Há quem se deslumbre com o resplendor da novidade, enquanto outros, em silêncio e longe das câmeras, procuram a impressão digital de nossa existência, o DNA de nossa época. Mas da mesma forma que a pior pergunta é aquela que deixamos de fazer, o mapa mais incompleto é aquele que jamais traçamos.

A seu modo, cada livro – como este – é uma cápsula do tempo. Cada um encerra, no espaço infinito que se estende entre suas palavras, o clima de sua época. Assim como as revistas científicas funcionam como termômetro da imaginação científica e tecnológica de cada década ao narrar não apenas atos de descoberta, mas todos os sonhos, os pesadelos, os medos e as esperanças, os livros resguardam o núcleo essencial de um momento histórico, protegendo-o do fluir do tempo, da avalanche de dados insignificantes que nos soterra com o *tsunami* que chamamos de atualidade.

Este livro não foge de sua promessa; desafia-a, tentando fazer com que muita gente passe a gostar daquilo de que poucos gostam. Como os livros lidos mais de uma vez em diferentes épocas de nossa vida, *Tudo o que você precisa saber sobre ciência* é um livro infinito, um livro em contínua expansão. Dialoga com outros livros, com outros tempos, com outras pessoas, inclusive com outros mundos. Nenhum livro é uma ilha.

Entre outras coisas – um retrato filtrado de nosso presente científico, um recorte de cinquenta conceitos básicos que estão na moda no campo da ciência (cada um, cabe apontar, acompanhado por sua própria trilha sonora) –, este livro é também um curso de língua estrangeira. E um curso relâmpago: além de seu panteão de santos, seus próceres, seus Messi, seus estereótipos imortais, seus vencedores e perdedores, a ciência tem e emprega uma língua própria, com vocabulário e gramática exclusivos, com suas próprias voltas e becos sem saída linguísticos. O mais curioso é que não se trata de um idioma secreto ou, pior, de uma dessas línguas mortas que um dia deram forma e som aos sonhos de um povo distante, absorvido pela história e cuja lembrança foi extirpada de nossa memória.

A linguagem da ciência não é privada, mas é sísmica. Como as placas tectônicas, as ideias científicas parecem acomodadas. Até que nosso ponto de apoio estremece e sacudimos ao ritmo de um terremoto conceitual. Percebemos como estávamos enganados: as ideias não são estáticas. Não são dogmas. Não estão escritas em pedra. Na verdade, movimentam-se à mercê do magma incansável do conhecimento humano. Algumas ideias evoluem e sobrevivem. Outras são desafiadas para um duelo, entram em crise e morrem.

Falar de células-tronco, biologia sintética, geoengenharia e ciborgues também é, no fundo, um exercício literário. Uma lembrança do que é essencial, mesmo que invisível, em nossa vida. Embora não percebamos, estamos cercados de palavras. Dançamos ao seu ritmo. Somos alvos de um encantamento cada vez que evocamos uma palavra para lançá-la ao mundo, como rojões ou ônibus espaciais que saltam na atmosfera. Embora, em cada lançamento, algo fique para trás: o esqueleto ainda quente das palavras permanece em nosso paladar, e seu rastro dá voltas em nossa mente.

"Os homens se tornaram instrumentos de seus instrumentos", observou com genialidade há duzentos anos o poeta e filósofo Henry David Thoreau. Pode-se dizer o mesmo das palavras. A eficácia excede o uso. Somos zumbis das palavras. E, como veremos, sobretudo de palavras científicas. Como as metáforas que ajudam a apreender espacialmente coisas que não enxergamos (o genoma como um livro, o conectoma como um mapa das rotas cerebrais), as palavras que pensamos nos pensam.

O mesmo acontece quando mergulhamos no vocabulário científico: termos como "carne *in vitro*", "*doping* cerebral", "neurônios-espelho" e "fotossíntese artificial" fazem mais do que anunciar o espírito de nossa era. Eles também levam nossa imaginação a locais que achávamos que jamais visitaríamos e nos fazem balançar de um lado para o outro como se estivéssemos no setor mais apinhado de um show no estádio do Maracanã.

E, não menos importante: ler sobre ciência é participar dela. Se, como disse certa vez o escritor Alan Pauls, ler não é senão desgarrar-se, intrometer-se, irromper em um mundo sereno, estas páginas não são mais que um convite para a ocupação. A ciência *deve* ser uma casa invadida. Se não for aberta por dentro, devemos abrir suas janelas pelo lado de fora. As fechaduras precisam ceder, desmoronar diante de nossas perguntas.

Conhecer o mundo da ciência e das ideias é o primeiro passo para progredirmos, o passo que mais exige bravura e coragem de nós, mesmo que sintamos vertigens. Não devemos esquecer que a ciência não pertence *apenas* aos cientistas. É sua, é minha, é de todo mundo. Chegou a hora de abrirmos as portas e reivindicá-la.

F. K.[1]

Nota

1. O texto – na língua dos Observadores, personagens enigmáticos da série *Fringe* – com que este prólogo começa diz:

> *A história existe; ela se impõe e reina, e seu domínio é inevitável. Mas, para além do âmbito estritamente histórico, a grande ambição desta obra é saudar essa espécie corajosa e desafortunada que nos criou. Essa espécie sofrida e mesquinha, pouco diferente dos macacos, que, no entanto, tinha tantas nobres aspirações. Essa espécie perturbada, contraditória, individualista e belicosa, de ilimitado egoísmo, por vezes capaz de arroubos inusitados de violência, mas que jamais deixou de acreditar na bondade e no amor. Essa espécie que, pela primeira vez na história do mundo, soube enfrentar a possibilidade da própria superação; e que, alguns anos mais tarde, soube colocá-la em prática. Agora que seus últimos representantes estão a ponto de desaparecer, parece-nos legítimo prestar esta última homenagem à humanidade; uma homenagem que também terminará se apagando, perdida nas areias do tempo; no entanto, é necessário que essa homenagem ocorra, ao menos uma vez. Este livro é dedicado ao homem* (fragmento de *As partículas elementares*, de Michel Houellebecq).

1. Dinossauros com penas

Nem *Uma linda mulher*, nem *Pulp Fiction*. Os verdadeiros ícones pop da década de 1990 foram os dinossauros. Todos e cada um deles: o tiranossauro e sua graciosa postura de carnívoro; o braquiossauro, o simpático colosso de pescoço alongado; e o *triceratops* com seus chifres afiados, retratados e resgatados no tempo pelo escritor norte-americano Michael Crichton e por Steven Spielberg em *Jurassic Park*, a saga de filmes que, com uma ou outra imprecisão científica, deu origem de uma vez por todas à dinomania, a devoção irrestrita de adultos e crianças por esses animais que ainda geram questões de todos os tipos entre os paleontólogos.

Embora muitos pesquisadores falem desses animais como se os houvessem visto, na verdade o que temos é uma abundância de fósseis, interpretações e especulações. Talvez jamais cheguemos a conhecer certas características dos dinossauros: "qual era a cor?" ou "como era o sexo desses animais que dominaram a Terra durante cerca de 160 milhões de anos?". Mas claro que isso não impede o surgimento de novas hipóteses semana após semana e ano após ano, tampouco a publicação de novos artigos e notícias sáurios. Ou novas saídas a campo, em que os paleontólogos realizem novas descobertas sobre a vida e a morte desses representantes de um mundo que já não existe, de um mundo perdido, dessas espécies que tanto nos cativam, seja porque foram gigantescas, porque nos dão medo ou, simplesmente, porque, no fundo, nos lembram que nossa passagem por este planeta também é temporária.

A descoberta de um pequeno fóssil exposto em uma estepe deserta pode derrubar ideias há muito enraizadas, mudando de uma tacada só nossas imagens estereotipadas. Não seria a primeira vez: algumas décadas atrás, os dinossauros eram vistos (todos eles) como animais lentos, estúpidos e escamosos, de movimentos quase robóticos e cérebro do tamanho de uma noz, incapazes de cuidar de suas crias. Até que começaram a soprar novos ares paleontológicos, fazendo com que novas ideias ganhassem força: os dinossauros eram dotados de certa

Você sabia que... até o momento foram descobertas (e batizadas) cerca de 700 espécies de dinossauros?

inteligência, não eram tão pesados, talvez até fossem criaturas sociais e de sangue quente. Quem sabe alguns deles não fossem traiçoeiros e sanguinários, máquinas de matar perfeitas de um ponto de vista evolutivo. Como se acredita cada vez mais, é possível até mesmo que muitos tivessem o corpo coberto de penas.

Se pensarmos bem, é um grande choque. Muitas das imagens com as quais crescemos e que alimentaram nossas expedições imaginárias ao passado remoto caíram por terra, uma após a outra. E isso é incrivelmente interessante: até dá vontade de ler, observar e aprender mais. O curioso é que, muito tempo atrás, suspeitava-se que os dinossauros fossem cobertos de penas. Para sermos precisos, desde 1861, um ano após a publicação de *A origem das espécies*, de Charles Darwin, quando trabalhadores encontraram na Alemanha, no local hoje conhecido como sítio paleontológico Solnhofen, ossos fossilizados de um animal estranho com penas e do tamanho de um pavão. Era um *Archaeopteryx* ("pena antiga"), espécie que teria vivido 150 milhões de anos atrás. Foi uma das descobertas paleontológicas mais importantes de todos os tempos, já que é uma prova muito valiosa da evolução, de que os animais se adaptam ao meio ao longo do tempo. Durante muitos anos, acreditou-se que aquela seria a primeira espécie de ave, mas estudos paleontológicos recentes revelaram que o *Archaeopteryx* era, na verdade, um dinossauro com penas.

Os restos dos primeiros exemplares de dinossauros com penas vieram à luz na China em meados dos anos 1990: espécies com nomes estranhos, como *Sinosauropteryx*, *Protarchaeopteryx*,

Cemitério de dinossauros

Assim como os Estados Unidos e a China, a Argentina é um dos países do mundo onde mais dinossauros foram descobertos. Entre as últimas descobertas, estão o *Austroraptor*, uma espécie carnívora que viveu na Patagônia há 70 milhões de anos, *Bicentenaria argentina*, um dinossauro caçador que viveu na atual região de Río Negro, e o *Eoabelisaurus mefi*, um carnívoro com mais ou menos 6 metros de largura encontrado em Chubut.

Dilong e *Ornithomimus*, impuseram uma nova imagem, um *look* diferente. Desde então, as reconstruções de dinossauros realizadas por paleoartistas são ricas em penas.

Novas pistas surgiram em 2001 – dessa vez, presas no âmbar. As portas do passado voltavam a se abrir: naquelas cápsulas do tempo, pedaços de resina solidificada que conservaram no interior conteúdos biológicos como plantas e insetos durante milhões de anos, os paleontólogos da Universidade de Alberta (Canadá) encontraram onze penas de dinossauros com cerca de 85 milhões de anos. A descoberta, realizada em um depósito de carvão, mostra que esses animais se adaptaram ao meio em transformação desenvolvendo uma penugem especializada para o voo e a natação subaquática. Outros pesquisadores, contudo, acreditam que as penas não surgiram para o voo, mas para ajudá-los a manter o equilíbrio enquanto corriam ou para cortejar as fêmeas, como fazem os pavões-reais de hoje. Os dinossauros também eram galanteadores.

Ainda assim, mais que um adorno estético, as penas são a chave para compreendermos a razão, por mais surpreendente que seja, por que os dinossauros não desapareceram. Sim, você leu certo. Os dinossauros continuam entre nós. Como explica com maestria o paleontólogo argentino Ricardo N. Martínez, a famosa extinção dos

Retroevolução

Jack Horner é um dos paleontólogos mais prestigiados do mundo. Não apenas foi conselheiro técnico de Steven Spielberg para os filmes *Jurassic Park*, como também tem ideias geniais. A última delas: fazer a evolução retroceder. "Pegaremos um embrião de galinha e, por meio da engenharia genética, faremos ele dar marcha à ré no tempo até libertar o dinossauro que tem dentro de si: reverteremos os processos genéticos que levaram os dinossauros a se transformar em aves", revelou recentemente. O resultado será um animal completamente novo: o "frangossauro" (ou "dinofrango"), com várias características físicas dos dinossauros, como garras e dentes. "É uma questão de encontrar os genes corretos", diz. "Se tudo correr bem, ele existirá em cinco anos. Se tivermos azar, em sete, no máximo."

> "Se quisermos aprender mais sobre os dinossauros, precisamos criar um: isso pode nos ajudar a saber mais sobre a evolução, o desenvolvimento e até mesmo contribuir para avanços médicos importantes."
>
> **Jack Horner, paleontólogo norte-americano.**

dinossauros não foi total. Certas linhagens de dinossauros não se esvaíram: são as aves de hoje. Estritamente falando, as aves são dinossauros. Desde o avestruz até a galinha que comemos com purê ou batatas assadas. "Sempre se fala, por um lado, da era dos dinossauros que dominaram a Terra durante 160 milhões de anos e, por outro, da era dos mamíferos, que começou no final do Cenozoico", conta Martínez. "E, na realidade, hoje em dia há 9.600 espécies de aves no mundo. E apenas 4.500 espécies de mamíferos. Continuamos vivendo na era dos dinossauros."

Assim como nós, seres humanos, somos primatas e assim como as baleias são mamíferos, apesar do seu "corpo de peixe", o beija-flor, o rouxinol, o avestruz, o pardal e o mais formoso dos cisnes são todos dinossauros do grupo dos terópodos. Cada vez que vemos uma pomba em uma praça, estamos vendo o descendente longínquo de um tiranossauro rex.

Cronologia

1677
Um estranho osso foi recuperado em uma mina próxima a Oxford, na Inglaterra. À época, foi interpretado como um "resto petrificado de elefante ou gigante humano".

1763
O naturalista inglês Richard Brookes descreveu o fóssil encontrado em 1677, que batizou de *Scrotum humanum* por sua semelhança com as genitais masculinas. A Comissão Internacional de Nomenclatura Zoológica descartou esse nome e o batizou de *Megalosaurus bucklandi*.

1822
O geólogo inglês Gideon Mantell descobriu os restos de um iguanodonte.

1852
Charles Dickens mencionou o *Megalosaurus* no primeiro parágrafo de seu romance *A casa soturna*.

1873
Teve início a chamada "guerra dos ossos" entre os paleontólogos norte-americanos Edward Cope e Othniel Marsh. Houve

Em poucas palavras:

A imagem que tínhamos dos dinossauros mudou drasticamente nos últimos vinte anos.

Trilha sonora

"20th Century Boy", T-Rex.
"Dinosaur", Ke$ha.

---

episódios de espionagem, roubo, fraude, sabotagem, destruição de fósseis e ataques pessoais.

1929

O paleontólogo alemão Friedrich von Huene encontrou os restos do *Antarctosaurus wichmanianus* na província de Río Negro, na Argentina.

1987

Foram descobertos ossos fossilizados do *Argentinosaurus huinculensis* em Chubut. É o maior dinossauro do mundo.

Século XXIII

O paleontólogo norte-americano Peter Dodson estima que existiram cerca de 1.850 gêneros de dinossauros, dos quais apenas 30% foram descritos. O pesquisador prevê que 75% dos gêneros ainda não descobertos serão encontrados no período de 60 a 100 anos. Em 140 anos, chegaremos a 90%. Ou seja, os paleontólogos de dinossauros terão trabalho pelo menos até o século XXII ou XXIII.

2. Neandertal

Estudar a evolução humana, ou seja, como nos tornamos o que e quem somos, é mais ou menos como montar um quebra-cabeça. Mas, em vez de vinte ou cem peças, ele possui milhares, centenas de milhares, milhões. Ou muito mais. Cada vez que os paleoantropólogos acham que encontraram um caminho para encerrar o jogo, acabam percebendo que não, ainda faltam muitas peças. Ou pior: talvez nunca seja possível completá-lo e ver a grande imagem de nossa história. Uma (ou melhor, várias) dessas peças são os nossos primos, os Neandertais.

Hoje, não lembramos, mas muito tempo atrás, nós, os *Homo sapiens*, dividimos o planeta com diversas espécies de humanos, todas elas descendentes de criaturas parecidas com os símios e que, há mais de 6 milhões de anos, passaram a caminhar em pé na África. De lá, elas seguiram por caminhos separados e se dispersaram pelo mundo em diferentes ondas migratórias, diferenciando-se ao longo do caminho.

A evolução humana nunca foi um processo linear, mas uma história repleta de fracassos, experimentos, vários impulsos e becos sem

Cronologia

1829
Descoberto o primeiro fóssil de neandertal na Bélgica. Não foi reconhecido como um humano extinto.

1848
Encontrado um crânio de neandertal em Gibraltar.

1856
Achados fósseis neandertais – o espécime "Neandertal 1" no Vale de Neander, próximo a Dusseldorf, na Alemanha. Foi a primeira descoberta "oficial".

1864
O geólogo William King propôs o termo *Homo neanderthalensis*.

1909
Os neandertais fizeram sua primeira aparição na ficção: os franceses Joseph Henri Honoré Boex e Séraphin Justin François Boex publicaram *A guerra do fogo*, obra levada ao cinema por Jean-Jacques Annaud em 1981.

1979
Um esqueleto encontrado na França ao lado de instrumentos de pedra demonstrou que os neandertais já tinham uma forma de cultura há 45 mil anos.

Você sabia que... o arqueólogo inglês Steven Mithen garante que os neandertais curtiam sons e ritmos semelhantes aos dos grupos de rap contemporâneos?

saída em que as espécies de hominídeos competiram avidamente para sobreviver. Nós sobrevivemos, fomos bem-sucedidos. Mas outros não, foram experiências fracassadas, perderam-se na profundeza dos tempos. Foi o caso do *Homo neanderthalensis*, que viveu dezenas de milhares de anos atrás (muitíssimo mais que o período de nossa própria estadia neste planeta) na Europa e no norte da Ásia.

Mas um dia, há 28 mil anos, eles desapareceram. Talvez não tenha sido de repente, mas em ondas. Talvez algum desses indivíduos – fortes, corpulentos e de cérebro grande (inclusive, maior que o nosso), caçadores de baixa estatura, mas bem fornidos, inteligentes, talvez ruivos e de pele clara, dotados de fala, de rosto comprido, nariz muito grande e quase sem queixo – tenha vivido sozinho durante décadas sob o triste título de "o último neandertal".

Agora não sabemos como eles chamavam a si mesmos. Mas sabemos que viveram por muito tempo e que seus filhos cresciam de modo mais rápido que os nossos. Os primeiros fósseis de neandertal foram

1983
O paleoantropólogo Erik Trinkaus publicou um estudo sobre os restos de um neandertal encontrado em uma caverna no Iraque: era um indivíduo incapacitado que sobreviveu graças aos cuidados de seus pares.

2007
Levantou-se a hipótese de que existiram neandertais ruivos e de pele clara.

2010
Foi realizado o primeiro esboço do genoma neandertal. Obtiveram-se as primeiras evidências de que três subgrupos de neandertais viveram na Europa.

2011
Concebeu-se a hipótese de que os neandertais trocavam suas mulheres com outros clãs.

2012
Investigadores do Museu de Ciência Natural de Estocolmo, na Suécia, concluíram que os neandertais já estavam em via de extinção na Europa quando os humanos modernos entraram em cena.

Neandertal Park

George Church, especialista em biologia sintética, criou polêmica recentemente ao sugerir a ressurreição de um grupo de neandertais por meio da engenharia genética. "Podemos clonar qualquer tipo de mamífero, de modo que é muito provável que possamos clonar um humano. E por que não?", disse o cientista. Ele estima que, para tanto, seriam necessários em torno de 30 milhões de dólares. Só falta – além do dinheiro – uma mulher para a gestação.

descobertos oficialmente em 1856 na caverna Feldhofer, em pleno Vale de Neander, na Alemanha. Daí o nome pelo qual os conhecemos. Suas primeiras imagens divulgadas não lhes faziam jus: durante décadas, foram descritos como selvagens, brutos, completos inúteis, uma aberração evolutiva.

Mas as últimas descobertas arqueológicas e suas correspondentes interpretações paleoantropológicas mostram-nos como uma espécie que enterrava seus mortos e se organizava socialmente em clãs de até trinta indivíduos. Também eram vaidosos: fabricavam adornos como colares, pintavam os corpos, usavam penas de aves de rapina para fins ornamentais e possuíam um pensamento simbólico com cultos e ritos xamânicos (acredita-se, inclusive, que alguns clãs praticavam o canibalismo). E desenvolveram uma habilidade até então única: dominavam o fogo e o utilizavam para cozinhar não apenas os animais que caçavam, mas também plantas e hortaliças. No sítio de Abric Romaní, na Espanha (um paraíso para as descobertas de neandertais), foram encontradas mais de duzentas fogueiras desde 1983.

E sabemos que cuidavam de seus pares, como demonstram os restos do chamado "velho de Shanidar", encontrados em uma caverna nos montes Zagros, no Iraque: seu esqueleto mostrava feridas graves em um braço, deformidades em ambas as pernas e uma pancada na cabeça que quase o cegou quando ainda era adolescente. A arqueóloga Penny Spikins, da Universidade de York, garante em seu livro *How compassion made us human* [Como a compaixão nos tornou humanos, em tradução livre] que aquele homem não teria sobrevivido em um mundo tão adverso até os 35 anos – como foi o caso – sem a ajuda dos membros de seu clã.

No entanto, certo dia 100 mil anos atrás, apareceu no Oriente Próximo, o verdadeiro reino Neandertal, um novo personagem, o *Homo*

> "Alguns neandertais tiveram filhos com humanos modernos. Por isso, os neandertais não estão totalmente extintos. É como se vivessem um pouco em alguns de nós."
>
> **Svante Pääbo, biólogo sueco.**

sapiens, mais alto e magro, de crânio arredondado e nariz não tão grande. Ninguém sabe como foi que aconteceu, mas aconteceu: em algum momento, o *Homo sapiens* e o *Homo neanderthalensis* se encontraram. Como revelam os registros descobertos em cavernas de Skhul e Kafzeh, as duas espécies alternaram o domínio da região.

O primeiro contato entre as duas espécies humanas ocorreu na Europa cerca de 40 mil anos atrás. Talvez tenham se enfrentado ao longo de séculos em conflitos sangrentos e intermináveis. "A batalha entre ambas as espécies foi uma grande partida de futebol: os neandertais jogaram muito bem, mas perderam a partida", revelou alguns anos atrás o arqueólogo israelense Ofer Bar-Yosef.

Mas também há quem garanta que houve miscigenação, encontros sexuais entre neandertais e *Homo sapiens*, dos quais resultou, por exemplo, um garoto que viveu 24 mil anos atrás e que, segundo descobertas de João Zilhão, da Universidade de Barcelona, e do paleoantropólogo Erick Trinkaus, da Universidade de Washington em Saint Louis, nos Estados Unidos, tinha traços de neandertal e de humanos modernos. Era um híbrido.

Os outros

Svante Pääbo, do Instituto Max Planck de Antropologia Evolutiva em Leipzig, na Alemanha, é talvez o maior conhecedor de neandertais do mundo. O biólogo sueco é líder do Projeto "Genoma Neandertal", que em 2010 apresentou resultados surpreendentes, publicados na revista *Science*. No artigo, afirmava-se que entre 1% e 4% do DNA que carregamos em cada uma de nossas células é herança direta dos neandertais. A pesquisa indica que os neandertais e os *Homo sapiens* tiveram relações sexuais esporádicas, provavelmente em algum ponto do Oriente Médio ou do norte da África, entre 80 mil e 50 mil anos atrás. O DNA do neandertal também revela que o autismo e a esquizofrenia são exclusividade dos *Homo sapiens*. E que a cura de ferimentos e o desenvolvimento cognitivo deste último podem ser vantagens evolutivas.

A ideia predominante, contudo, é outra: a de um desaparecimento forçado. Pesquisadores como Paul Mellars, da Universidade de Cambridge, garantem que os grupos de humanos modernos – equipados com tecnologias superiores de caça e ferramentas – que se espalharam pela Europa eram dez vezes maiores que as populações de neandertais já estabelecidas na região. Os neandertais resistiram enquanto puderam. Recuaram até regiões mais periféricas do continente e, por fim, após alguns milhares de anos, mais precisamente durante a última era glacial, deram adeus à Terra.

Em poucas palavras:

Os neandertais não foram nossos ancestrais, mas uma ramificação ou espécie paralela.

Trilha sonora

"Neanderthal", Zoé.

3. Pós-genética

Para grandes acontecimentos, grandes anúncios. Em 26 de junho de 2000, o então presidente norte-americano Bill Clinton anunciou na Casa Branca que o genoma humano havia sido decodificado. No jantar, em que estavam presentes os cientistas que lideraram com competência o projeto – Francis Collins, do setor público, e Craig Venter, do privado –, não faltou nenhum dos toques diplomáticos abundantes em atos políticos.

Com pompa e tom orgulhoso, como aquele que aflora quando escapamos com elegância de uma situação delicada, Clinton anunciou, na posição de embaixador da espécie, que a humanidade estava diante do "mapa mais espantoso jamais realizado" – muito embora se tratasse de um primeiro esboço –, coordenadas que evoluíram durante 3 bilhões de anos para nos tornar o que somos. Fiel ao *status* de marco histórico, a descrição das instruções genéticas para criar e fazer a manutenção de um ser humano foi acelerada pela produção de promessas (desenvolvimento de novos tratamentos contra doenças hereditárias, erradicação do câncer, fim do envelhecimento) e freada pelos medos decorrentes (discriminação genética, violação da privacidade, fabricação de monstros). O genoma abriu uma zona livre para a imaginação.

Agora sabemos quantos genes possuímos – cerca de 25 mil. E também que somos 98% gorilas (independentemente de nossa postura ideológica): aproximadamente 2% do genoma nos separa deles, nossos primos evolutivos. O oceano do código genético começou a ser cartografado. E começou de trás para a frente. Mas resta saber o que existe em suas profundezas.

Ninguém é perfeito

Está provado. Todos temos defeitos. Cientistas britânicos descobriram que uma pessoa saudável tem, em média, 400 mutações, ou seja, 400 defeitos genéticos. Alguns são inócuos e silenciosos, mas outros foram vinculados a doenças cardíacas e cânceres. Esse resultado advém do Projeto 1.000 Genomas, que traça um mapa das diferenças genéticas entre os seres humanos.

"Os principais benefícios do Projeto Genoma Humano ainda não chegaram à população em geral."

Craig Venter, geneticista e um dos "pais" da iniciativa.

Em pouco mais de uma década, saltamos da genética à proteômica, ou seja, ao estudo das proteínas em seu conjunto, que produzem os genes, os motores da vida e também das doenças. Novos empreendimentos nasceram, como o Projeto 1.000 Genomas (para catalogar as variações genéticas humanas), o Projeto Genoma Pessoal (o estudo do genoma de dez pessoas) ou o Varioma Humano (para analisar as variações genéticas que afetam a saúde).

Foram criados prêmios milionários para desvendar as chaves genéticas das pessoas centenárias, e quadros mostrando o perfil genético de seus donos entraram na moda. Foram descartadas as ciências "ômicas" (como a embriogenômica, epigenômica, expressômica, metabolômica, toxicogenômica), e o DNA foi jogado no lixo. Os oportunistas de sempre patentearam 20% do genoma humano, e foram realizadas pesquisas faraônicas, como o Genographic Project, para rastrear a origem comum dos 7 bilhões de seres humanos. A medicina personalizada cresceu, a "nutrigenômica" (nutrição personalizada) surgiu, e o código genético de chimpanzés, minhocas, moscas, mamutes, ornitorrincos, aves, ratos (e muitas outras espécies) foi decifrado, assim como o de tomates, batatas, bananas, arroz,

Cronologia

1997
Estreia de *Gattaca*, "o" filme da era do genoma.

2001
Publicados os resultados do Projeto Genoma Humano nas revistas *Nature* e *Science*.

2002
Início do Projeto HapMap, um catálogo de variações genéticas da espécie humana, a partir da análise do DNA de 269 indivíduos de populações iorubá da Nigéria e han de Pequim, de japoneses de Tóquio e de residentes de Utah, nos Estados Unidos.

2005
Começo do Projeto Genográfico, uma iniciativa para compreender as migrações ao longo da história com base na análise genética de centenas de milhares de pessoas.

2006
Lançado o Projeto Varioma Humano, um estudo das variações genéticas que afetam a saúde humana. Teve início o Projeto Genoma Pessoal.

2007
James Watson, o "pai" do DNA, sequenciou seu próprio genoma.

Você sabia que... desde 2001 a velocidade da leitura do DNA aumentou em 50 mil vezes?

melancia, laranja e melão (dentre outros) para melhorar a produção e recuperar o sabor de muitos deles, que perdemos há muito tempo.

No entanto, o tempo passou, e a bioinformática avançou com grande velocidade, mas o discurso esperançoso que sustentava essa epopeia científica sofreu seus primeiros baques. De alguma maneira, nossa paixão foi esfriando. Embora centenas de genes relacionados a muitas doenças hereditárias raras e causadas por um punhado de modificações tenham sido identificados, as grandes doenças assassinas da humanidade, como o câncer e o diabetes (que, pelo que acreditávamos, já estariam erradicadas a essa altura), ainda não desapareceram.

Os cientistas admitem que o Projeto Genoma Humano definiu um antes e um depois para a biologia molecular – e muitas outras áreas da ciências –, mas que o conhecimento adquirido não teve muitas aplicações médicas. Assim, o tom foi diminuindo. Os sonhos grandiloquentes foram erradicados por afirmações cobertas de prudência. "O genoma não servirá para curar o câncer", diz agora Craig Venter, "mas ajudará os pesquisadores a saber como evitar certos tipos de tumores".

2008
Teve início o Projeto 1.000 Genomas. Foi sequenciado pela primeira vez o genoma do câncer de um indivíduo.

2009
Lançado o Projeto Proteoma Humano. Difundiram-se as análises genéticas personalizadas.

2010
Começou o Projeto do Genoma de Câncer Pediátrico.

2012
Foram apresentados os resultados finais da Enciclopédia de Elementos do DNA (*Encode*, em inglês). Foi lançado o Archon Genomics X Prize para revelar as pistas que pessoas com mais de 100 anos escondem em seus genes.

2012
Investigadores britânicos demonstraram que o genoma humano não contém apenas estruturas de dupla hélice, mas também de quatro filamentos. O especialista em informática Yaniv Erlich encontrou uma falha de segurança na base de dados de um dos maiores projetos de pesquisa genética, o Projeto 1.000 Genomas.

A primeira tribo

Que os atuais (e anteriores e próximos) seres humanos provêm da África é coisa que sabemos faz tempo. O que ainda não sabíamos era quais populações são mais parecidas com os primeiros humanos. Agora sabemos: a análise do genoma de 220 pessoas de 11 populações subsaarianas confirmou que os boxímanes San – vários povos africanos de caçadores-coletores que se comunicam por meio de estalidos – descendem diretamente dos primeiros humanos modernos, aqueles que evoluíram no sul da África há mais de 100 mil anos. Os cientistas da Universidade de Witwatersrand em Johannesburgo, na África do Sul, e da Universidade de Uppsala, na Suécia, responsáveis pela pesquisa, esperam que seu trabalho tenha efeitos positivos: durante os últimos séculos, esses agrupamentos vêm padecendo de uma extinção intensa e continuada.

Como em tudo na vida, essa questão atrai visões pessimistas e otimistas. Alguns alegam que o Projeto Genoma Humano decepcionou, e outros apontam de forma lúcida que a genômica não é uma meta, mas um ponto de partida. O neurobiólogo Pierre Magistretti pertence ao último grupo. E é mais poético: "Se a decodificação do genoma foi como a descoberta de nosso alfabeto interior, agora vem a melhor parte: descobrir a maneira como cada ser humano escreve, utilizando essas mesmas letras, seu próprio romance".

Em poucas palavras:

O Projeto Genoma Humano foi um divisor de águas para a biologia.

Trilha sonora

"Map of the Human Genome", Kevin Hearn & Thin Buckle.

4. Genomania

Mal o norte-americano James Watson e o inglês Francis Crick publicaram na revista *Nature* de abril de 1953 um dos artigos científicos mais importantes da história da ciência (seu título, um tanto técnico, era "Estrutura molecular dos ácidos nucleicos", o DNA se tornou um ícone moderno, a Mona Lisa da biologia. De repente, aquela molécula encontrada em grande parte de nossas células e que abriga o manual de instruções para a fabricação e o funcionamento de todos os seres vivos, desde uma lagarta anônima até um elefante africano do tamanho de um ônibus, era coroada como selo e símbolo visual da atividade científica. A dupla hélice destronava o cogumelo nuclear e o modelo planetário do átomo de Rutherford e Bohr, aquele que representa o poder da energia atômica e condensa a aventura da física para desvendar aquilo que chamamos de "realidade".

E, desde então, o DNA nos rodeia. Foi reproduzido na cultura popular ao ponto de sua presença ter se tornado sufocante. De fato, fala-se na dupla hélice em todos os cantos: nas pinturas *Paisagem com borboleta* (*O grande masturbador em paisagem surrealista com DNA*), de 1957, e *Galacidalacidesoxyribonucleicacid*, de 1963, de Salvador Dalí, nas esculturas do norte-americano Tom Otterness, no coelho fluorescente de Eduardo Kac, em propagandas de cremes antirrugas, em filmes como *Gattaca* e nas séries policiais, como chave para a resolver crimes ou enigmas. DNA é o nome da revista gay mais vendida da Austrália, e praticamente todo mundo entende do que estamos falando quando alguém, no metrô ou em uma festa, menciona as três letras mais cativantes da ciência.

Em apenas duas gerações, o DNA deixou a obscuridade acadêmica para se integrar à linguagem cotidiana, embora esteja aqui, dentro de nós, há milhões de anos, inclusive desde antes de sermos humanos. Como certa vez apontaram as sociólogas Dorothy Nelkin e Susan Lindee em *The DNA Mystique: The Gene as a Cultural Icon*, em quase sessenta anos, o DNA se tornou uma entidade sagrada como a alma, uma entidade invisível, mas material, por meio da qual é possível

Você sabia que... se fosse desenrolado e esticado, o DNA de uma célula de seu corpo teria 2,04 m?

compreender a essência da vida humana, o significado, a história e a razão de muitos de nossos comportamentos.

Com o início do século XXI, o Projeto Genoma Humano não fez senão aprofundar o processo que já havia começado com um filme: de *Jurassic Park* (1993) para cá, palavras até então balbuciadas por poucos passaram a ser mastigadas por muitos. Agora, "gene", "DNA", "cromossomo", "genoma" e "mutação" podem sair sem grandes surpresas tanto da boca de uma criança de 7 anos amante da paleontologia como de um rapaz de 17 fanático pelos super-heróis mais genéticos, os *X-Men*.

Mas assim como houve uma invasão retórica, também houve uma avalanche de ideias falsas. O genoma foi

Saudáveis preocupados

As distorções midiáticas da genética e a indústria farmacêutica impulsionaram uma nova hipocondria: os "saudáveis preocupados", aquelas pessoas que acham que adoecerão no futuro. São eles os principais consumidores de um segmento cada vez mais milionário, o dos testes genéticos, muitos dos quais não têm nenhuma validade ou aplicação clínica. Não são mais que horóscopos genéticos.

Cronologia

1920
A genética nem sempre gozou de boa reputação. Seu primeiro nome foi eugenesia ("nascer bem"), e durante grande parte do século XX foi utilizada como discurso para justificar políticas discriminatórias.

1994
No livro *The Bell Curve*, Richard J. Herrnstein sugeriu que as diferenças nos índices de coeficiente intelectual entre o que ainda eram consideradas raças tivessem origem genética. O jornal *The New York Times* publicou na primeira página: "Descoberto o gene gay".

1998
A Organização das Nações Unidas proclamou a Declaração Universal sobre o Genoma Humano e os Direitos Humanos, elaborada pela Unesco. "Ninguém poderá ser objeto de discriminação genética", diz a declaração.

2005
Em seu livro *The God Gene: How Faith is Hardwired into our Genes*, o geneticista Dean Hamer sugeriu a existência do "gene de Deus", o VMAT2, como responsável

mitificado. Os genes se revelaram o fetiche de nossa era científica. Ao mesmo tempo que a genética se transformava em uma aliada dos direitos humanos, permitindo identificar filhos de desaparecidos, na Argentina, por exemplo, e que o sequenciamento dos genomas de várias espécies incentivava o fantasma da manipulação que já havia deixado sem dormir o insone H. G. Wells em *A ilha do doutor Moreau*, os equívocos se espalharam: os genes foram endeusados. O reducionismo havia entrado em cena. Habituamo-nos ao "geneísmo", o anúncio constante do descobrimento do "gene da" maldade, homossexualidade, fidelidade, felicidade, juventude e milhares de outras notícias simplórias.

"A humanidade não pode ser desvinculada de sua própria biologia, mas tampouco está presa a ela."

Richard Lewontin, geneticista norte-americano.

"Os genes não têm vida própria. Não são bons nem maus", aponta o médico e geneticista Víctor Penchaszadeh. "Continua-se a falar no 'gene de', como se fossem capazes de determinar sozinhos como as pessoas vivem. Hoje, sabemos que todas as características humanas dependem de uma interação complexa e contínua ao longo do tempo entre a constituição genética (os genes que herdamos de nossos pais) e nosso ambiente."

---

pela propensão a experiências religiosas e místicas.

2007
James Watson, um dos descobridores da dupla hélice do DNA, incitou uma polêmica ao declarar: "As políticas na África fracassam porque se baseiam na crença equivocada de que nossa inteligência seja igual. Existe um desejo de igualdade, mas quem tem empregados negros sabe que as coisas não são assim".

2008
Cientistas britânicos descobriram o "gene da obesidade", conhecido como FTO.

2012
Pesquisadores do Departamento de Epidemiologia e Bioestatística da Universidade do Sul da Flórida alegaram ter encontrado o "gene da felicidade das mulheres".

2013
Cientistas mexicanos anunciaram que haviam isolado o "gene da maldade" em hamsters.

As raças não existem

Há duas maneiras de detectar se um interlocutor entende ou não de ciência: ver se ele confunde "clima" com "tempo" (a primeira palavra se refere aos processos climatológicos ao longo de pelo menos cinquenta anos, e a segunda às condições meteorológicas atuais ou de amanhã) e se continua falando em raças no século XXI. Os geneticistas expurgaram há muito tempo o conceito de "raça" do vocabulário, uma construção mais social e política que científica. Como escreveu a neurologista italiana Rita Levi-Montalcini: "Só existe uma raça: a humana". A análise de DNA de humanos demonstrou que a variabilidade genética em nossa espécie às vezes é até maior entre indivíduos de uma mesma população que entre pessoas de continentes diferentes. O DNA de dois desconhecidos é quase (99,9%) idêntico.

Rodeada por uma aura de incompreensibilidade, a palavra DNA adquiriu em uma década contornos esotéricos. Nesses momentos, tudo indica que o importante é ter um bom DNA: para ser feliz, para ser saudável, para triunfar. Para ser o melhor. Até Federer e Messi são louvados por seus genes.

Com razão, os cientistas criticam a "genomania", lembrando que somos mais que os nossos genes. Nossa carga genética não é tão importante quanto a interação com o ambiente, o lugar onde nascemos, o entorno onde nos movimentamos, a alimentação e a educação que recebemos, o fato de recebermos ou não amor. É o antigo debate entre destino e livre-arbítrio, em versão remixada para o século XXI.

Em poucas palavras:

A sequência de DNA não é suficiente para explicar um ser humano em toda a sua complexidade.

Trilha sonora

"Bad Genes", Possum Jenkins.

5. Microbioma

Não estamos sozinhos. Nunca. Nem quando nos trancamos no banheiro. Nem mesmo quando, cansados de tudo e de todos, vendemos nossos bens e decidimos mudar para uma ilha perdida e deserta, como aquelas de que ninguém nunca ouviu falar e que nem sequer aparecem nos mapas do Google Earth. Estamos acompanhados – sempre – por uma multidão de seres vivos. Nem milhares, nem milhões, mas bilhões de bactérias, vírus, fungos e micróbios, inquilinos leais e na maioria das vezes benignos que vivem sem maiores alardes no rosto, na pele, nos braços e nas pernas e também lá onde o sol não bate: o interior de nosso corpo.

Sem essas "ocupações", não conseguiríamos viver da maneira como vivemos. Seríamos diferentes, outros. O curioso é que, até não muito tempo atrás, eles eram considerados inimigos, invasores indesejáveis. Mas essa época se foi. Vivemos em uma nova, em que os celebramos. Somos gratos por estarem ali, ainda que pareçam monstros se vistos através de um microscópio.

Sua imagem mudou tanto que, há relativamente pouco tempo, eles finalmente receberam um nome. Todos eles formam o "microbioma", que é diferente em cada um de nós. E também heterogêneo: é composto por um número de bactérias e micróbios maior que o de pessoas que já viveram na Terra.

Para conhecê-los mais e melhor, em 2007, uma equipe de cientistas norte-americanos empreendeu uma missão titânica: dedicou o tempo e o trabalho necessários para catalogar essas bactérias, vírus e demais organismos. E formaram o Human Microbiome Project (Projeto Microbioma Humano), um esforço até então sem precedentes para

Globalizados

O Projeto Microbioma Humano é, na realidade, não um, mas muitos: à iniciativa dos institutos nacionais de saúde dos Estados Unidos (NIH), soma-se o Canadian Microbiome Initiative, o projeto MetaHIT da Europa e da China, o Human Gastric Microbiome de Cingapura, o MicroObes da França, o Australian Urogenital Microbiome Consortium e o Human MetaGenome Consortium do Japão.

saber mais sobre nós mesmos e nossos pequenos companheiros de viagem e de vida.

> "Se pegássemos todos os micróbios que estão no corpo e simplesmente fizéssemos a conta, teríamos dez vezes mais células microbianas que células humanas."
>
> **Lita Proctor, coordenadora do Projeto Microbioma Humano dos Estados Unidos.**

Para esse fim, investigadores dos institutos nacionais de saúde dos Estados Unidos coletaram amostras do microbioma de mais de duzentos homens e mulheres com boa saúde e idade entre 18 e 40 anos, enquanto, do outro lado do Atlântico, um projeto europeu chamado MetaHIT estudou 124 pessoas. Os resultados desses censos foram apresentados em 2012 e são muito interessantes, pois começam a revelar uma "sociologia microbiana": há mais de 10 mil tipos diferentes de organismos no corpo de um ser humano saudável. No seu e no meu.

A maior diversidade microbiana é encontrada no trato intestinal e na boca. E a vagina é o local (nas mulheres, obviamente) com menos tipos diferentes de bactérias, tendo os *Lactobacillus* como gênero mais abundante. Na cavidade oral, são abundantes os gêneros *Streptococcus*, *Haemophilus*, *Actinomyces* e *Prevotella*. Na pele, *Propionibacterium*, *Corynebacterium* e *Staphylococcus*. E os *Bacteroides* predominam nas fezes. Os nomes não importam muito. Importa que esses microrganismos existem em grande número e são muito diversificados.

Um dos locais mais povoados é o cólon. Nele, vivem entre 1 bilhão e 100 bilhões de microrganismos por centímetro quadrado. Já no intestino vivem cerca de dois quilos de micróbios. O que é uma sorte: sem esses companheiros que constituem a chamada "microflora intestinal", teríamos dificuldade para extrair energia da comida ou absorver vitaminas. Além disso, eles formam o órgão mais extenso de defesa do organismo: a mucosa intestinal tem uma função de barreira. Os micróbios cumprem um papel crucial no desenvolvimento e no funcionamento do sistema imunológico intestinal.

Como ocorre com nossas impressões digitais, a combinação de bilhões de micróbios que vive em nosso aparelho digestório é praticamente única em cada indivíduo. E, ao que parece, a comunidade de bactérias em determinada pessoa não muda muito ao longo do tempo. Elas se instalam. E não arredam pé.

Você sabia que... o microbioma feminino é mais complexo e diversificado que o masculino?

Do outro lado da pele, a coisa é parecida: segundo dados do projeto Belly Button Biodiversity, da Universidade Estadual da Carolina do Norte, nos Estados Unidos, o umbigo é colonizado por 2.369 tipos

Eu, o superorganismo

"Devemos começar a encarar o ser humano como superorganismos", aponta a bióloga molecular Julie Segre, do Instituto Nacional de Pesquisa do Genoma Humano dos Estados Unidos. Ela tem razão: o estudo do microbioma terá imenso impacto cultural e psicológico. Esses microrganismos não são estranhos. São parte de nós. Quando comemos, eles comem. Quando corremos ou jogamos futebol, eles correm e jogam futebol. Inclusive, coevoluem com nossos micróbios como um mecanismo de defesa contra os patógenos. Somos superorganismos com dois genomas: o genoma humano herdado geneticamente, com uns 25 mil genes, e o microbioma humano ambiental, adquirido por meio de mais de 1 milhão de genes. Com as atenções cada vez mais voltadas para o microbioma, a humanidade mudou para sempre: somos 90% micróbios.

Cronologia

2001

O biólogo molecular norte-americano Joshua Lederberg cunhou a palavra "microbioma".

O pesquisador David N. Fredricks, da Escola de Medicina da Universidade de Stanford, nos Estados Unidos, publicou um artigo na revista *Journal of Investigative Dermatology Symposium Proceedings*, apontando a diversidade dessas comunidades bacterianas. "A axila pode ser tão diferente do tronco quanto uma selva tropical é de um deserto", escreveu.

2007

Teve início o processo de seleção de pessoas para o Projeto Microbioma Humano. Foram recrutados 600 indivíduos. Examinaram-se pele, cáries, partes íntimas e cavidades nasais. Não podiam ser muito magros nem muito gordos. A metade foi recusada. Por fim, foram selecionadas 242 pessoas (129 homens e 113 mulheres) e extraídas 11.174 amostras de 18 partes do corpo.

de bactérias, como o *Staphylococcus epidermidis*, a espécie mais comumente encontrada na pele humana. "A selva microbiana de cada pessoa é tão rica, colorida e dinâmica", afirmou Robert Dunn, diretor desse megaestudo, "que, provavelmente, seu corpo hospeda espécies que nenhum cientista jamais estudou".

Eles estão ali. Desde o nascimento, convivemos com esse contingente de seres vivos quase invisíveis, diminutos e imperceptíveis em uma relação de harmonia e benefícios mútuos. Até que o equilíbrio (ou pacto de não agressão) seja interrompido, e o que era uma colonização pacífica se torne uma infecção, levando-nos a adoecer. Isso pode ocorrer de muitas maneiras: por exemplo, quando nos machucamos e uma fissura se abre na muralha mais perfeita que se possa imaginar, a pele. Então, os alarmes disparam. E nossas defesas se organizam para combater o inimigo e repelir o ataque.

2010

Pesquisadores espanhóis demonstraram que é possível modificar a composição da flora intestinal com "transplantes fecais". Alguns experimentos demonstraram que a bactéria *Clostridium difficile* pode ser eliminada pela introdução de enemas com fezes de um indivíduo saudável.

2012

Um grupo de pesquisadores espanhóis identificou mais de 700 espécies de bactérias no leite materno.

Um estudo da Escola de Medicina da Universidade de Maryland, nos Estados Unidos, chegou à conclusão de que as bactérias da vagina mudam ao longo da vida de uma mulher.

Yang-Xin Fu, patologista da Universidade de Chicago, escreveu que, para reduzir ou aumentar o peso de um indivíduo, é preciso manipular o seu microbioma.

Em poucas palavras:

Em nosso corpo, há mais bactérias, vírus e micróbios que células humanas.

Trilha sonora

"Superficies de placer", Virus.
"Virus", Björk.

6. "DNA lixo"

Vivemos rodeados de lixo. Nas ruas, os esqueletos de um almoço (ou de um jantar?), um teclado com as teclas "A" e "P" gastas pelas marteladas infligidas pelos dedos e um par de sapatos carcomidos pelo tempo se misturam e acumulam em imensas formações geológicas, a cada esquina, todos os dias. Compartilhamos a vida, o espaço e o tempo com o lixo, ao ponto de acumularmos pilhas de rejeitos até mesmo dentro de nós: no intestino e ainda mais para dentro, no núcleo das células, onde estão os fios do chamado "DNA lixo", segmentos cada vez menos demonizados pelos biólogos, relatos de nosso devir evolutivo, de nossas vitórias e derrotas contra os vírus ao longo de milhares de anos.

Além de expulsar do vocabulário científico a palavra "raça", de reafirmar nosso parentesco íntimo e próximo com os chimpanzés (o ser humano é aproximadamente 99% chimpanzé) e revelar que, geneticamente, estamos mais próximos dos ratos que dos gatos, uma década atrás o Projeto Genoma Humano também concluiu que cada indivíduo é, literalmente, um lixo. Aberta a caixa de Pandora – o nosso livro da vida, o manual de instruções para construir e fazer funcionar um corpo humano –, achou-se em um primeiro momento que apenas 3% do genoma tinha uma função aparente e codificava (ou seja, fabricava) proteínas. Ou, como se disse, é como se, em uma biblioteca com duzentos livros, apenas seis significassem alguma coisa. E os 97% restantes? Esse resto, que não contém instruções como os genes e já era conhecido havia décadas embora ainda não soubéssemos sua proporção, foi batizado pelo japonês Susumu Ohno de "*junk DNA*" (ou "DNA lixo"), enquanto o sempre

Adentrando a selva

Mais que uma conclusão, o projeto Encode é um passo a mais na longa e complexa tarefa de decifrar o significado da sequência do genoma humano. "É como abrir um armário e encontrar um emaranhado de cabos", explicou Mark Gerstein. "Parece-se mais com uma selva densa", agregou o biólogo inglês Ewan. O desafio agora é tentar decifrá-lo. Já estão nesse caminho o projeto modENCODE (Model Organism Encyclopedia of DNA Elements) e Gencode.

Você sabia que... se fossem impressos em um mural todos os dados genéticos coletados pelo projeto Encode, ele mediria 16 m de altura e teria 30 km de largura?

polêmico Richard Dawkins o chamou de "DNA egoísta", uma bagunça de sequências repetitivas e aleatórias que nadam em todos os cromossomos e, não muito tempo atrás, eram considerados imprestáveis, uma espécie de pano de fundo para os genes protagonistas. Não faltou

Interruptores quebrados

Outra das grandes descobertas realizadas pelo Projeto Encode foi que as regiões do genoma antes vistas como lixo são responsáveis por várias doenças complexas, como diabete, lúpus, esclerose múltipla e artrite reumatoide. Ou seja: muitas das mudanças ou variações hereditárias que geram essas doenças não estão nos genes, mas nos milhões de interruptores que regulam a atividade genética nesses desertos genômicos que até então ninguém sabia como interpretar. Além disso, essas novas revelações ajudarão a entender o papel desempenhado pelo meio ambiente na aparição dessas doenças: explicarão, por exemplo, por que, no caso de gêmeos idênticos, pequenas mudanças na exposição ao ambiente podem ativar esses interruptores e fazer com que um dos irmãos fique doente e o outro não.

Cronologia

1972
O japonês Susumo Ohno cunhou o termo "DNA lixo".

2003
O Projeto Genoma Humano concluiu que apenas 3% do nosso genoma contém genes.
Foi lançado o projeto Encode, cujo objetivo era identificar todos os elementos funcionais presentes no genoma humano. Ou seja: catalogar cada letra do genoma que "tem alguma função". Participaram 442 pesquisadores de 32 instituições, com um custo de 228 milhões de dólares. Foram estudados 147 tipos de células humanas e realizados 1.600 experimentos.

2004
Pesquisadores norte-americanos e alemães descobriram que certas zonas do à época chamado "DNA lixo" são encarregadas de acender e apagar os genes necessários para que, após a fecundação, o embrião se desenvolva de maneira correta.

quem os visse como "pseudogenes", "genes satélites" ou resíduos de vírus ancestrais que invadiram o genoma humano há milhões de anos – ou seja, antes de nos tornarmos humanos – e, por comodidade ou conveniência, ficaram acampados ali.

> "O que antes víamos como 'DNA lixo' são elementos regulatórios. Parte das diferenças entre um indivíduo e outro reside na eficácia desse sistema de controle."
>
> **Mike Snyder, biólogo da Universidade de Stanford, nos Estados Unidos, um dos principais pesquisadores do Encode.**

No entanto, o tempo passou e o demonizado "DNA lixo" deixou de ser tão desprezado. Os "textos absurdos" do livro da vida na verdade não são tão imprestáveis quanto se acreditava. Os encarregados por essa espécie de retratação e essa "sacudida" na ciência foram os participantes do projeto internacional Encode, a grande enciclopédia dos elementos do DNA, um consórcio internacional de pesquisadores liderado pelo National Human Genoma Research Institute, a mesma instituição norte-americana que dirigiu o Projeto Genoma Humano. Seu principal resultado, apresentado em setembro de 2012 nas revistas *Nature*, *Science*, *Genome Biology* e *Genome Research*, foi mostrar que o genoma humano não era como o imaginado. O que era chamado de "lixo" não era lixo.

Com base nessa espécie de continuação do Projeto Genoma Humano, acredita-se hoje que 80% do genoma se encontra ativo em algum tipo de célula de nosso corpo. Do até então (e agora não mais)

2006
Uma análise matemática do genoma humano realizada por uma equipe da IBM sugeriu que o "DNA lixo" podia ser útil.

2007
Publicados os primeiros resultados do trabalho-piloto do projeto Encode, em que foi analisada a funcionalidade de 1% do genoma humano.

2008
James Noonan, biólogo da Universidade de Yale, publicou na revista *Science* um artigo apontando que uma dessas sequências genéticas até então consideradas "DNA lixo" desempenhava um papel crucial na formação da mão, ativando genes essenciais para o desenvolvimento do polegar, do punho e do antebraço.

2012
Em vinte artigos publicados em revistas científicas, foram apresentados os resultados do projeto Encode, o anúncio mais importante para o campo da biologia desde o sequenciamento do genoma humano.

chamado "DNA lixo" depende, por exemplo, a importante função de ativar os genes adequados no momento certo. Ou seja, a maior parte do DNA funciona como um grande painel de controle elétrico composto por quase 4 milhões de interruptores que acendem e apagam os genes dentro de nossas células. Embora todas as células contenham os mesmos genes, apenas uma parte deles se encontra ativada em cada uma, de acordo com sua função. Hoje, os pesquisadores sabem que aquilo que era chamado de "DNA lixo" faz com que uma célula hepática funcione como célula hepática, que as do cabelo produzam queratina sem se confundir e que um neurônio funcione como neurônio. Algo muito básico, mas muito fundamental.

A reinterpretação do "DNA lixo" também fará com que vários conceitos fundamentais da biologia sejam repensados. Até agora, acreditava-se que o DNA fosse organizado como uma espécie de fio, em que os genes eram fragmentos ou unidades independentes separadas por buracos nos quais só havia "DNA lixo". Essa imagem linear foi substituída por outra, a tridimensional: de agora em diante, concebe-se o DNA enrolado, como um ovinho no núcleo das células. As regiões distantes (se fosse possível estender todo esse ovinho de DNA) estão tão próximas umas das outras que interagem entre si. Além disso, os genes atuam em rede, compartilhando informações.

O impacto do trabalho foi tão grande que muitos biólogos afirmam que precisarão mudar sua forma de estudar o assunto. "No início da primeira década do século XXI, o Projeto Genoma Humano foi algo semelhante a tirar uma foto da Terra vista do espaço em que não apareciam estradas, restaurantes, o tráfego", comentou Eric Lander, biólogo do Instituto de Tecnologia de Massachusetts (MIT). "Agora, os cientistas deram um *zoom* que permite ver esse código de forma detalhada. O projeto Encode é o Google Maps da genética."

Em poucas palavras:

O que até agora se chamava de "DNA lixo" é, na realidade, fundamental para o funcionamento do nosso corpo.

Trilha sonora

"Tell me Where it Hurts", Garbage.

7. Medicina personalizada e participativa

O biólogo norte-americano Leroy Hood gosta de dar nome para tudo. Esse pioneiro da biomedicina é atraído especialmente por siglas que ficam na cabeça. Por isso, não se cansa de falar do advento da "medicina 4P" sempre que lhe perguntam como ele vê a saúde em um futuro próximo. Os P correspondem a *previsão, prevenção, personalização* e *participação*. "No que ainda resta desta década, os médicos começarão a sequenciar com agilidade e baixo custo o genoma de cada indivíduo, e essas informações começarão a fazer parte de sua ficha médica", repete o fundador do Instituto de Biologia de Sistemas de Seattle, nos Estados Unidos. "Contaremos com dispositivos capazes de medir 2.500 proteínas relevantes de diversos sistemas de órgãos para supervisionar nosso próprio estado de saúde. Guiados por uma abordagem holística, novos computadores analisarão enormes quantidades de dados para detectar genes defeituosos ou perturbações causadas pelo ambiente."

Preventiva e presciente, a atenção médica deixará aos poucos de focar apenas o tratamento de doenças e passará a preservar a boa saúde. E não somente isso: além do digital (com a integração da biomedicina e da tecnologia da informação), a medicina irá se tornar personalizada. Será voltada para o indivíduo e as interações únicas e peculiares entre seus genes e o entorno.

Apesar da opinião dos deterministas genéticos, os genes com os quais viermos ao mundo não serão tão importantes quanto o ambiente com que interagimos, os alimentos que comemos, as atividades físicas que realizamos. Saber que nem tudo está escrito em nossos genes trará mais liberdade. Mas, sobretudo, a medicina personalizada potencializará a sensação (e o fato) de que somos únicos.

Os medicamentos irão se adaptar a nós, e nós a eles. Então, entrará em jogo a farmacogenética. "É um ramo da medicina genômica que utiliza as informações do genoma humano para compreender melhor por que as pessoas respondem de maneira distinta aos medicamentos", conta o geneticista mexicano Gerardo Jiménez Sánchez. “Saber isso facilitará a prescrição de medicamentos e doses baseadas no perfil genético de cada indivíduo. Atualmente, a Secretaria de Alimentos e Medicamentos dos Estados Unidos (FDA) já autorizou 114 testes para identificar o perfil genético de indivíduos antes da administração de medicamentos.”

> "Cada vez mais pacientes desejam saber o que está acontecendo em seu corpo. A medicina personalizada chegou. Estamos imersos nela."
>
> **Francis Collins, geneticista e um dos "pais" do Projeto Genoma Humano.**

Além de definir os melhores tratamentos farmacológicos para cada um de nós, o conhecimento detalhado de nosso DNA possibilitará que os médicos ofereçam recomendações pessoais para prevenir doenças complexas, como diabetes, hipertensão arterial ou alguns tipos de câncer. Também permitirá determinar qual é a melhor dieta para nosso organismo e qual atividade física é ideal para cada um. De fato, já estão surgindo empresas de diagnósticos genéticos, como a 23andMe, fundada por Anne Wojcicki, ex-esposa de Sergey Brin, cofundador e ex-presidente do Google, e Linda Avey, uma bióloga americana. Avey se desligou em 2009 para focar suas pesquisas na doença de Alzheimer e criou a Brainstorm Research Foundation.

Mas, sobretudo, a medicina será participativa. O paciente deixará de ser aquele que padece, que arrasta seu corpo até um hospital para ser examinado pelo olho treinado de um médico. Da passividade, passaremos à ação, ao controle de nossa própria saúde. Aquilo que acontece dentro do nosso corpo deixará de ser um mistério graças aos nossos computadores de bolso, aos controles biométricos de toda sorte e aos novos biossensores. As tatuagens deixarão de ser meros adornos em nossa pele para registrar o que acontece sob ela. Desenvolvida pela Universidade Northeastern (Estados Unidos), uma tatuagem subcutânea dotada de nanossensores já permite monitorar 24 horas por dia a saúde da pessoa em que foi aplicada. Ao serem enfocados com uma câmera de iPhone, os nanossensores dessa “tatuagem-sensor” são ativados e transmitem informações de suas reações diante do contato com diferentes substâncias do sangue, como o nível de oxigênio, glicose ou até mesmo álcool.

Você sabia que... em 2012 o italiano Roberto Preatoni, que sofria de câncer cerebral, *hackeou* seu próprio boletim médico e divulgou-o na internet para encontrar uma cura?

Tarefa semelhante é realizada por um novo dispositivo eletrônico do setor médico personalizado, batizado de "MiniME" pela empresa sueca Ergonomidesign. O MiniME se conecta a sensores biométricos colocados previamente em nosso corpo através da tecnologia RFID (Radio Frequency Identification). Entre os dados que recolhe, estão a pressão arterial, a frequência cardíaca, a temperatura corporal, a

Hackear a saúde

Todo avanço científico traz benefícios e inconvenientes. A decodificação rápida e barata de nosso genoma pode provocar atos de discriminação no trabalho, assim como certos implantes e próteses correm o risco de serem *hackeados*. Por exemplo, cibercriminosos poderiam interferir no funcionamento de dispositivos médicos e alterar seu funcionamento, do mesmo modo que roubam informações na internet ou desfiguram um site. "É possível *hackear* carros, telefones celulares, bombas sem fio de insulina e desfibriladores automáticos implantados em nosso corpo", explica Avi Rubin, professor de ciência da computação da Johns Hopkins University, nos Estados Unidos. "Qualquer artefato com *software* é vulnerável. Para os delinquentes, este também é o início de uma nova era."

Cronologia

2009
O preço de análise do DNA de uma pessoa caiu de 100 mil para 3 mil a 5 mil dólares.

2010
O Serviço Nacional de Saúde da Grã-Bretanha começou um programa-piloto de exames genéticos e terapias personalizadas para pessoas com câncer.

O professor de nanoengenharia Joseph Wang, da Universidade da Califórnia, desenvolveu cuecas com um biossensor eletrônico no elástico que ficam em constante contato com a pele e medem a pressão arterial, o ritmo cardíaco e outros sinais vitais.

2011
Dez anos após o Projeto Genoma Humano, cerca de 20% dos genes humanos foram patenteados.

Cientistas espanhóis desenvolveram uma camiseta que monitora a temperatura e a frequência cardíaca e permite localizar os pacientes dentro do hospital.

glicemia, o colesterol e a hemoglobina. Além disso, um emoticon informa ao usuário se as leituras estão dentro ou fora dos parâmetros normais. O curioso é que o usuário pode conectar o dispositivo a uma mesa Surface, da Microsoft, para arquivar os dados em seu histórico clínico e enviá-los ao seu médico para fins de controle. Assim, qualquer pessoa que disponha dessa tecnologia perceberá distorções em sua saúde e identificará doenças para tratá-las a tempo.

Agora, resta saber a opinião dos convênios, planos de saúde e seguradoras.

Impacto

Uma medicina previsora, personalizada, preventiva e participativa terá forte impacto na saúde de muitos indivíduos. O biofísico norte-americano Gregory Stock, por exemplo, acha que isso será bom. "Nós, humanos, estamos assumindo o controle de nosso processo evolutivo", afirma. "Por enquanto, vivemos o dobro de tempo dos mamíferos mais próximos de nós. Sem dúvidas, a primeira pessoa que viverá até os 150 anos já está viva."

2012

Com dados do Projeto 1.000 Genomas, cientistas britânicos do Instituto Wellcome Trust Sanger, em Cambridge, descobriram que uma pessoa saudável tem, em média, 400 mutações em seu DNA. A maioria é "silenciosa" e não afeta a saúde, embora elas possam causar problemas quando transmitidas a gerações futuras. Sabe-se que, dos 20 mil genes de um ser humano, 2.200 são previsíveis e acionáveis, ou seja, os cientistas podem presumir o que acontecerá se alguém os tiver.

A empresa californiana Life Technologies anunciou o lançamento de um equipamento que permitirá a leitura completa do DNA por 1.000 dólares.

2020

Estima-se que até esta data a análise genética será uma ferramenta rotineira de diagnóstico na oncologia.

Em poucas palavras:

A medicina se tornou previsora, preventiva, personalizada e participativa.

Trilha sonora

"I Know", Placebo.

8. Células-tronco

Assim como ocorreu no início do século XX com os raios X ou em meados do século XIX com a microbiologia que explodiu nas mãos de Louis Pasteur, hoje as células-tronco perigam se transformar (ou serem transformadas) na solução mágica para aplacar todos os males da humanidade. Mais promessa que realidade, atualmente essas células capazes de se converter em qualquer um dos 220 tecidos do organismo se encontram no epicentro da chamada "medicina regenerativa". Semana após semana, novos avanços e descobertas confirmam certas hipóteses médicas ou estendem um sempre necessário véu de prudência diante das possibilidades oferecidas por essas células: desde tratar doenças neurodegenerativas até reparar qualquer órgão, como o coração, os olhos e os ossos. E até mesmo devolver aos carecas uma cabeleira respeitável.

O que mais atrai os cientistas nas células-tronco obtidas em embriões humanos (que precisam ser destruídos no processo; daí a controvérsia em torno do assunto) é, sem dúvida, sua versatilidade: diferente dos neurônios ou dos miócitos (ou seja, as células do coração), cuja forma permanece igual durante a vida do organismo ou das pessoas que os abrigam, as células-tronco têm a peculiaridade de adotar as características de qualquer um dos tecidos que constituem o corpo humano. Como se fossem pessoas que praticam ioga desde bebê, essas células são capazes de se espichar e se transformar em outra coisa. Até os dentes conseguem se regenerar com elas: pesquisadores brasileiros, por exemplo, cultivaram dentes de um rato com base nessas células quase mágicas, para então implantá-los no próprio animal.

No caso da doença de Alzheimer, da doença de Parkinson, da esclerose múltipla e do diabetes, o motivo pelo qual o acionamento das células-tronco é pesquisado com tanto fervor é crucial: essas doenças se caracterizam pela morte de células (neuronais naquelas e pancreáticas nesta última), de modo que a regeneração com base em injeções de células-tronco (a chamada "terapia celular") é mais que animadora.

"As células-tronco são células sem diferenciação ou função específica, já que não passaram por certas etapas de amadurecimento. Podem

Você sabia que... na polpa dos sisos existem células-tronco?

ser extraídas do cordão umbilical de um recém-nascido ou da medula óssea de um adulto por meio de técnicas de clonagem", conta a biotecnóloga Natalia Periolo. "Por intermédio de mecanismos de

Turismo celular

Com as primeiras notícias sobre os benefícios das células-tronco, surgiu também um negócio milionário: o "turismo celular". E o principal destino é a China, onde mais de cem clínicas oferecem (sobretudo em sites na internet) terapias sem autorização com células-tronco para pacientes que pagam milhares de dólares para se curar de diversos transtornos, como autismo, esclerose múltipla, síndrome de Down, diabetes, cirrose, distrofia muscular, doenças autoimunes, lesões ósseas, disfunção erétil e muitos outros. Para cada injeção para tratar a doença de Alzheimer (com células provenientes de fetos abortados), paga-se uma quantia entre 3.600 e 6.000 euros. Um artigo publicado recentemente na revista *Nature* comparou esses polêmicos tratamentos à prática da lobotomia de quase um século atrás. Essas enganações também são abundantes na Rússia, na Tailândia e no Japão.

Cronologia

1908
O russo Alexandr Maksimov propôs o nome "células-tronco".

1960
Jospeh Altman descobriu a neurogênese.

1978
Descobriu-se que as células-tronco presentes no sangue do cordão umbilical humano são transplantáveis.

1998
Encontrado um meio de obter células-tronco de embriões de rato.
James Thomson, da Universidade de Wisconsin, nos Estados Unidos, conseguiu realizar o primeiro cultivo de células-tronco embrionárias humanas.

2002
Constituída a Sociedade Internacional para a Pesquisa de Células-Tronco.

2003
Descobertas novas fontes de células-tronco maduras em dentes infantis.

2004
Houve um falso anúncio da criação de células-tronco embrionárias. Tratava-se de uma fraude do cientista coreano Hwang Woo-suk.

2007
Uma descoberta acidental na Universidade da Pensilvânia, nos Estados Unidos, con-

manipulação genética e certo tipo de proteínas, é possível induzir a sua transformação e favorecê-la em células bem definidas, como células ósseas, musculares, oculares ou neurônios, para depois se proliferarem."

"Em dez anos, os órgãos transplantados provirão de células-tronco embrionárias."
Irving Weissman, pesquisador da Escola de Medicina da Universidade de Stanford.

Nos últimos anos, contudo, as células-tronco começaram a brotar de todas as partes: diversos grupos de cientistas conseguiram criá-las com amostras de sangue e até mesmo da pele do próprio paciente a tratar. Isso é crucial: ao serem reconhecidas como próprias pelo sistema imunológico, elas não são vistas pelo organismo como exércitos de invasores e, portanto, não são rejeitadas. Pesquisas como essas abrem as portas para um campo mais que interessante: alimentam a esperança de que, em um futuro não tão distante, seja possível utilizar as próprias células de pessoas doentes para tratar, por exemplo, de um coração problemático. O corpo curaria o próprio corpo. É sabido que a rejeição é um dos grandes problemas dos transplantes. E o uso de células-tronco poderia ser a solução, o grande trunfo para salvar milhões de vidas.

---

seguiu recuperar o pelo de ratos feridos. Alguns laboratórios começaram a explorar o uso de células-tronco para curar a alopecia.

2009
Suspensão do veto contra pesquisas com células-tronco embrionárias nos Estados Unidos. Barack Obama revogou a ordem de George W. Bush que proibia a utilização de fundos federais para esse tipo de pesquisa.

2012
O Canadá se tornou o primeiro país a aprovar um fármaco com células-tronco, o Prochymal (não disponível no Brasil), voltado para o tratamento da doença do enxerto contra hospedeiro (DECH) em crianças, a principal causa de mortalidade ligada a transplantes. Foram criadas células-tronco com base no sangue.
Concedido o Prêmio Nobel de Medicina ao britânico John Gurdon e ao japonês Shinya Yamanaka, que descobriram em separado um modo de reprogramar as células.

O herói caído

Após clonar um cão, o biotecnólogo sul-coreano Hwang Woo-suk publicou em 2004 um artigo na revista *Science* em que garantia ter clonado pela primeira vez embriões humanos de diversos pacientes e, com base neles, obtido células-tronco. Um ano depois, a verdade veio à tona: Woo-suk havia falsificado dados. Foi condenado a dois anos de prisão por um tribunal de Seul por mau uso de fundos estatais e violação de leis bioéticas.

Ou não. Essas linhas de pesquisa deram origem a esperanças e expectativas de todos os tipos, muitas vezes infladas pelo marketing ao seu redor que, por outro lado (é preciso admitir), também alimenta a ciência. O negócio das células-tronco avança mais depressa que as pesquisas científicas: apesar de muitos estudiosos questionarem a utilidade disso, multiplicam-se as empresas e os charlatões que se oferecem para armazenar em bancos particulares desde cordões umbilicais a dentes de leite, fluidos menstruais e até mesmo gordura extraída por lipoaspirações para uma incerta utilização médica no futuro (o inefável "por via das dúvidas"). As células-tronco incitaram um fenômeno recente, do qual se aproveitam aqueles que as promovem com *slogans* os mais diversos e curiosos, como "a mina de ouro da biologia", o "unguento amarelo" ou a "bala mágica" para recuperar tecidos danificados: propagandas que sempre terminam por misturar realidade e ficção. Em seu desespero, familiares de pessoas adoecidas caem feito presas diante de falsas promessas científicas. Confundem o presente com a sempre atraente etiqueta de "em um futuro ainda distante". O fato é que, em dez anos de pesquisa com células-tronco, nenhuma doença foi curada.

Embora diversos testes – polêmicos e sem controle – tenham ocorrido, como a injeção de neurônios no cérebro de pessoas com doença de Parkinson, transplantes de células-tronco após um enfarte para regenerar um coração avariado, para restaurar medulas espinhais em pessoas após acidentes ou utilizar contra determinados tipos de leucemia, os tratamentos com essas células ainda são experimentais, e seus riscos e benefícios, incertos. Além disso, ainda há muitas perguntas a responder. Por exemplo, não existe apenas um único tipo de célula-tronco, mas vários, com características, funcionalidades e aplicações distintas.

Motivo de entusiasmo ou esperança terapêutica, as células-tronco abriram as portas de uma revolução médica que já começa a percorrer tubos de ensaios, placas de Petri e laboratórios para recriar, como fábricas biológicas, os tecidos danificados pelo uso (e abuso) no impiedoso cotidiano da vida.

Em poucas palavras:

As células-tronco são capazes de se transformar em qualquer um dos 220 tecidos do organismo.

Trilha sonora

"Karma Chameleon", Culture Club.

9. Biomimética

À primeira vista, a Torre Eiffel e o velcro não têm muito em comum. Mas se olharmos com um pouco mais de atenção, descobriremos que compartilham de uma mesma origem oculta: as duas invenções foram diretamente inspiradas pela natureza. Para a construção da gigantesca torre metálica de Paris, o engenheiro Gustave Eiffel se baseou nos trabalhos de um professor de anatomia de Zurique chamado Hermann von Meyer acerca da distribuição das fibras de um osso da perna humana (o fêmur) e da forma como se articula com a bacia, suportando grande parte do peso corporal.

A origem do velcro, por sua vez, é igualmente curiosa. Em 1948, o engenheiro suíço George de Maestral saiu para dar uma volta pelas montanhas com seu cão. Ao retornar, percebeu surpreso que os dois tinham carrapichos fortemente grudados no corpo. Então, analisou no microscópio aqueles espinhos flexíveis com a peculiar característica de se prenderem uns aos outros (e a qualquer tecido). E uma lâmpada acendeu em sua cabeça. Após meses de experimentos, patenteou sua invenção, que consistia em duas tiras de náilon (que, ao serem unidas, grudavam com perfeição), com o nome de velcro (contração das palavras *velvet*, que significa "veludo", e *crochet*, "gancho"). Desde então, o sistema pegadiço de fechamento pode ser encontrado tanto em fraldas de bebê como em trajes de astronautas.

Ao longo da história, o ser humano recorreu à natureza como fonte de inspiração e aprendizagem. O motivo é óbvio: em milhões de anos de evolução e luta pela sobrevivência, tanto plantas quanto animais desenvolveram soluções eficientes para os mais diversos problemas. Na natureza, os organismos também operam conforme critérios de funcionalidade, otimização e economia (mais por menos). Já no século XVI, Leonardo da Vinci se inspirou nas aves e nos insetos para construir suas máquinas voadoras. "Para poder dispor de uma máquina voadora, devemos imitar os morcegos", escreveu em 1505.

Parafusos, hélices, pinças, seringas e fechos são apenas algumas das criações decorrentes dessa escola. Embora, é claro, essas invenções

"A natureza é a única empresa que não quebrou em 4 bilhões de anos."

Frederic Vester (1925-2003), bioquímico alemão.

não sejam resultado da mais pura originalidade; a natureza as inventou antes. As experiências desse tipo foram tantas (e tão variadas) que hoje se pode falar até mesmo da existência de uma ciência encarregada de estudar de maneira sistemática esses intercâmbios. Assim nasceu a biomimética (do grego *bios*, "vida", e *mimesis*, "imitação"). Essa nova disciplina, que reúne biólogos, arquitetos e engenheiros, foi institucionalizada apenas em 1991, quando a divisão de Pesquisa Científica da Força Aérea dos Estados Unidos inaugurou um departamento destinado exclusivamente a procurar na natureza formas, materiais e *designs* que pudessem ser trasladados para o âmbito militar.

Aparentada à biônica, disciplina que aproxima a biologia da eletrônica, essa nova ciência encontrou em certos centros acadêmicos vários adeptos com fins menos belicosos. Um dos institutos mais importantes é o Centro de Biomimética da Universidade de Reading (Grã-Bretanha). Lá, as pesquisas vão desde o estudo dos ossos (humanos, por sua dureza, e de aves, por sua leveza), madeira (por sua eficiência energética) e cascos de tartarugas (por sua resistência).

A teia de aranha – mais resistente que o aço ou a aramida dos coletes à prova de balas –, por exemplo, serviu de base para a invenção do náilon, uma fibra têxtil sintética. Hoje, pesquisadores da Universidade de Hannover, na Alemanha, estudam as propriedades desse biomaterial para desenvolver uma pele artificial, útil no tratamento de queimaduras ou na fabricação de linhas cirúrgicas biodegradáveis. Outros, por sua vez, voltaram seu olhar para o mundo aquático. Engenheiros do Instituto de Tecnologia de Massachusetts (MIT), em Boston, nos Estados Unidos, assumiram a tarefa de observar com cuidado o atum, em especial a forma de seu corpo, que permite que se desloque em alta velocidade e mude de direção com facilidade espantosa. Disso resultou sua versão artificial: o "robotuna", que os cientistas utilizam ao estudar em seus laboratórios a melhor forma de adaptar um corpo para o deslocamento embaixo d'água em alta velocidade. Os resultados poderão ser aplicados no casco de barcos ou em submarinos.

Você sabia que... para desenvolver a estrutura interna do avião Airbus A380 seus fabricantes se inspiraram no esqueleto das águias?

Alguns desses experimentos podem ser vistos nas melhores piscinas do mundo. A empresa de indumentária esportiva Speedo também observou e aprendeu com os peixes. Em 1999, levou ao mercado um traje de banho especial para nadadores profissionais chamado Fastskin,

Biocópias

A empresa alemã Festo é uma das corporações que cultuam a "bioinspiração", ou seja, a arte de se inspirar em seres vivos e de movimentos elegantes que, após milhões de anos de tentativa e erro, conseguiram se adaptar de forma eficiente ao entorno. Um dos organismos a que os cientistas dedicaram a atenção foi a medusa e seu incrível sistema de propulsão. E assim desenvolveram duas versões artificiais: *AquaJelly* e *AirJelly*. Com o tempo, a Festo desenvolveu uma espécie de zoológico artificial. Seus pesquisadores criaram pinguins artificiais (*AquaPenguin* e *AirPenguin*), aves (*SmartBird*), uma arraia (*Aqua Ray*) e projetaram até mesmo um braço robótico flexível baseado em uma tromba de elefante.

Cronologia

105 a.C.
Os chineses aprenderam a fazer papel observando as vespas.

1914
Inaugurado o parque Güell, do arquiteto catalão Antoni Gaudí, que se inspirou na natureza para suas construções.

1935
O inglês Percy Shaw criou os refletores "olho de gato" baseado em uma experiência pessoal: ao sair de uma estrada, os olhos de um gato sobre uma cerca ao lado da via refletiram a luz de seu carro. Assim, ele conseguiu ver o perigo e se esquivou. Então, desenhou refletores formados por uma lente esférica e um espelho para serem instalados nas margens das estradas.

2004
Inspirando-se nas coníferas, o inglês Julian Vincent desenvolveu uma roupa inteligente que se adapta a mudanças de temperatura.

2006
A Mercedes-Benz apresentou um "carro biônico", cuja resistência e aerodinâmica extraordinárias se baseiam

baseado nas propriedades hidrodinâmicas da pele de um tubarão. A malha reproduz as escamas em forma de V (chamadas dentículos) dos tubarões, que reduzem a turbulência e o atrito da água ao redor do corpo. Depois do uso (e abuso) nos Jogos Olímpicos de Pequim em 2008, contudo, esses trajes foram proibidos em provas oficiais.

O trem-bala e o pássaro

O *design* da cabine do trem-bala japonês Shinkansen imita a maneira como o guarda-rios ou *Alcedo atthis*, uma ave de bico comprido, mergulha na água. A ideia partiu do engenheiro Eiji Nakatsu, aficionado pela observação de aves, que um dia percebeu que o mergulho desse pássaro é tão aerodinâmico que não provoca nenhum ruído.

Além disso, existe grande diferença entre imitação e inspiração. É o que pensa Steven Vogel, professor de Biomecânica na Universidade de Duke (Estados Unidos), que após anos de estudo chegou à conclusão de que, em lugar de imitar a natureza, o melhor é observá-la, buscar analogias e abstrair conceitos e ideias. Na verdade, tem muita razão: às vezes, cópias seguidas à risca podem conduzir a fracassos descomunais. Por exemplo, se tentássemos voar imitando a estrutura das asas dos pássaros (como queria fazer Leonardo da Vinci), poderíamos nos estatelar no chão.

---

em um peixe tropical, o peixe-vaca.

2009

O engenheiro Roger Frechette desenhou o arranha-céu Pearl River Tower na cidade chinesa de Guangzhou, baseando-se nas esponjas do mar para aproveitar com maior eficiência o vento e o sol e economizar 60% de energia.

2011

Pesquisadores da Universidade de Harvard, nos Estados Unidos, desenvolveram um novo material que imita a força, a rigidez e a versatilidade da cutícula do exoesqueleto dos grilos. Batizado de "Shrlik", é biodegradável e biocompatível. Pode ser usado em operações cirúrgicas e para fabricar sacolas, fraldas e embalagens.

2012

Realizado na Costa Rica o Biomimética Fashion Show, desfile em que 49 estilistas exibiram suas criações inspiradas em orquídeas, na cobra-real e no extinto pássaro dodô, dentre outros.

Em poucas palavras:

A biomimética é a ciência que imita e se inspira no *design* da natureza.

Trilha sonora

"Mother Nature's Son", The Beatles.
"Nature Boy", Nick Cave & The Bad Seeds.
"Bees", Animal Collective.

10. Biologia sintética

Diferentemente dos físicos, os biólogos sustentam – mais poética que factualmente – que o *big bang* não aconteceu uma vez, mas várias. A primeira grande explosão ocorreu há 13,75 bilhões de anos, quando, do nada e de repente, surgiu algo: tempo, gravidade, espaço. Mas não foi a única explosão. Há cerca de 3.850 bilhões de anos, outro acontecimento que faz a palavra "colossal" parecer insuficiente ocorreu sem que ninguém se desse conta. Em silêncio e, talvez, na mais completa escuridão, surgiu um personagem exclusivo (por ora e até onde sabemos) nesta rocha que gira em torno de uma bola de gás perdida em um segmento externo da Via Láctea e que se chama "Terra": a vida. Da matéria inanimada, surgiu a matéria animada.

Foi uma espécie de segundo *big bang*. Embora, entusiasmados, alguns biólogos sugerem agora que, por trás dele, outro estaria sendo gestado. Dessa vez, ele não ocorrerá em uma Terra escura ou em charcos quentes, mas dentro dos laboratórios. Ali, a vida estaria tomando um novo rumo. E uma nova disciplina científica, a biologia sintética, seria a responsável por guiá-la.

Filha bastarda da engenharia genética e da biologia de sistemas, essa disciplina emergente abre caminho com um desejo insistente: projetar e construir organismos vivos da mesma maneira que os engenheiros mecânicos projetam e constroem automóveis. Ou, como gostam de se gabar alguns biólogos sintéticos: adestrar as células e conseguir fazer com que organismos vivos realizem funções que não desempenham normalmente. Em vez de programar códigos de computador, esses *biohackers* começam a programar o DNA, a molécula básica da vida que armazena todas as ordens para que as células funcionem e se reproduzam.

"A biologia é uma ciência, mas também pode ser vista como uma tecnologia", aponta o biólogo norte-americano Drew Endy, da Universidade de Stanford. "Enquanto os engenheiros aprendem um punhado de leis básicas, desenham alguns circuitos, constroem um computador com a forma e as características que desejam e programam um *software*

Você sabia que... os biólogos sintéticos pretendem desenvolver novas plantas capazes de sobreviver em Marte?

para executar o que desejam, nós pretendemos obter algo semelhante, mas com organismos vivos: construir, por exemplo, um microrganismo que seja pequeno o suficiente para penetrar no interior de uma célula e, uma vez lá, fazer o que nos seja conveniente com uma sequência genética também projetada por nós."

Bioterrorismo personalizado

Nem todo mundo se entusiasma com essa nova ciência. "A biologia sintética trará novas formas de bioterrorismo", prognostica o criminologista Marc Goodman, fundador do Future Crimes – um grupo que analisa os cenários futuros abertos pelas novas tecnologias. "Ela ajudará os criminosos a criar biotoxinas jamais vistas. Poderá haver ataques personalizados para o genoma de cada pessoa ou grupo de pessoas. Os biocrimes de hoje em dia são semelhantes aos crimes cibernéticos do início dos anos 1980. Poucos reconhecem o problema." Ainda assim, há cientistas que se preocupam, como Raik Grünberg, do Centro de Regulação Genômica de Barcelona, na Espanha. "As empresas que realizam sínteses de genes dispõem de 'listas negras' de sequências que são potencialmente perigosas", conta. "É muito importante que exista uma cultura de alta segurança e padrões éticos dentro da comunidade científica."

Cronologia

1912
O biólogo francês Stéphane Leduc utilizou pela primeira vez o termo "biologia sintética".

2003
O biólogo e empresário norte-americano Craig Venter construiu o primeiro genoma sintético de um vírus.

2004
Realizada a primeira edição do Campeonato Internacional de Máquinas de Engenharia Genética (IGEM), em que equipes de estudantes universitários recebem a mesma caixa de componentes biológicos padrão (*biobricks* ou "tijolos biológicos"), com os quais devem construir um sistema biológico inédito.

2005
Craig Venter fundou a empresa Synthetic Genomics, que conta com um contrato de 600 milhões de dólares com a companhia petrolífera Exxon Mobil para produzir algas que possam reter dióxido de carbono por meio da fotos-

> "A biologia sintética mudará não apenas a ciência e a tecnologia, mas também a cultura."
>
> **Drew Endy, biólogo sintético norte-americano da Universidade de Stanford.**

Faz tempo que a natureza deixou de ser considerada a identidade criadora por antonomásia. A engenharia adentrou a biologia e a transformou para sempre. Como já ocorreu anos atrás com o anúncio da decodificação do genoma humano, os biólogos fazem promessas grandiosas, do tipo que há muito perdeu a aura espantosa de ficção científica. Eles anunciam uma nova era na fabricação de medicamentos em grande escala ou de vacinas em 24 horas. Microrganismos serão transformados em fábricas vivas para produzir biocombustíveis, e explosivos ou agentes tóxicos serão detectados em locais de difícil acesso. Promete-se a cura da malária e soluções para as mudanças climáticas.

Um dos grandes entusiastas da synbio (acrônimo em inglês de "synthetic biology") é justamente o geneticista Craig Venter, um dos pais do Projeto Genoma Humano, o doutor Frankenstein de nossa época. Em 2003, por exemplo, ele anunciou que havia conseguido criar artificialmente um vírus capaz de atacar bactérias. Após ser injetado em uma célula, o vírus Phi X174 começou a se reproduzir. Uma carreira de criação de vida artificial havia começado. Os anos passaram, e Venter tentou algo mais ambicioso. Aperfeiçoou sua técnica e foi em busca de mais: após mais de quinze anos de trabalho, ele

---

síntese para gerar biocombustíveis.

2008
Craig Venter criou um cromossomo bacteriano artificial. Ele copiou o genoma de uma célula de uma espécie e o inseriu em outra.

2012
Os geneticistas George Church e Sriram Kosuri, da Universidade de Harvard, nos Estados Unidos, escreveram um livro em uma molécula de DNA: *Regenesis*, do próprio Church.

Mais de cem organizações não governamentais pediram maior vigilância internacional sobre a biologia sintética. Exigiram uma moratória para a liberação e o uso comercial de organismos sintéticos e seus produtos até que os riscos potenciais sejam completamente compreendidos.

2013
Pesquisadores como James Chappell e Paul Freemont, do Centre for Synthetic Biology and Innovation, da Inglaterra, garantiram que a biologia sintética vem estimulando uma nova revolução industrial.

Parafusos, genes e vírus

Em 2002, soaram os primeiros alarmes. O bioquímico argentino Jerónimo Cello e o geneticista Eckard Wimmer, da Universidade de Nova York, nos Estados Unidos, causaram uma grande reviravolta na comunidade científica ao recriarem o vírus da poliomielite em laboratório a partir de instruções e componentes sintéticos baixados da internet. Os cientistas demonstraram que basta conhecer o genoma de um vírus para recriá-lo em um tubo de ensaio.

e sua equipe desenvolveram sequências de DNA em um computador. Então, sintetizaram-nas em laboratório e as uniram pouco a pouco, até obterem o genoma completo (e sintético) de uma bactéria chamada *Mycoplasma mycoides*, que acabaram por introduzir em outra célula receptora de outra espécie, chamada *Mycoplasma capricolum*. Em pouco tempo, o novo *software* genético – batizado de Mycoplasma mycoides JCVI-syn 1.0 – apropriou-se da bactéria, extraiu seu genoma natural e controlou seu maquinário interno, conseguindo dar instruções à célula para que produzisse determinadas proteínas. Em poucos segundos, ela se transformou em uma espécie diferente.

A expressão "vida artificial" figurou com excessiva leviandade nas manchetes dos grandes jornais, embora os biólogos saibam que esse feito científico não tenha sido alcançado. O que a equipe de Venter fez foi abrir as portas para novos produtos, serviços e formas de se conceber o que é e o que não é um organismo vivo. "Essa é a primeira espécie autorreprodutora que temos no planeta cujo pai é um computador. Será uma ferramenta muito poderosa para tentarmos projetar o que gostaríamos que a biologia fizesse. Mudou meu ponto de vista sobre a definição da vida e sobre como ela funciona", apontou o pesquisador em uma conferência. "Estamos entrando em uma nova era científica, limitada apenas pela imaginação."

Já não somos capazes apenas de ler o código genético. Agora, também sabemos escrevê-lo.

Em poucas palavras:

Com uma visão da engenharia, a biologia sintética tenta criar organismos biológicos programáveis.

Trilha sonora

"Synthetic", Spineshank.

11. Nanociências

Como qualquer pessoa comum, os cientistas gostam de apostar. E muito. Para se distrair, para buscar um momento de diversão e adrenalina, para socializar e fazer amigos, vão a cassinos e a hipódromos. Há inclusive quem aposte em segredo na loteria, por menores que sejam as probabilidades de ganhar. Apesar da imagem de racionalidade extrema que muitos deles (e delas) irradiam, não conseguem recusar um convite ao risco. É por isso que muitos pesquisadores também se divertem desafiando uns aos outros. Em 29 de dezembro de 1959, por exemplo, o físico Richard Feynman (um dos cientistas mais importantes do século XX) olhou com determinação para a plateia em uma conferência no Instituto de Tecnologia da Califórnia, nos Estados Unidos, e lançou não um, mas dois desafios às pessoas presentes no auditório: pagaria mil dólares a quem fosse capaz de criar um motor menor que 8 mm^3 e a quem conseguisse escrever os 24 volumes da *Enciclopédia Britânica* na cabeça de um alfinete, ou seja, reduzir o texto em 25 mil vezes. Quase sem querer (ou saber), esse Prêmio Nobel de Física havia aberto as portas do desconhecido. Havia dado à luz um novo campo científico, de domínios íntimos, liliputianos, virgens. Nasceram as nanociências.

Tendo a Guerra Fria e a largada da corrida espacial como pano de fundo, o mundo olhava tanto para cima como para baixo. A eletrônica havia encontrado seu caminho na miniaturização. E Feynman, um grande provocador, tinha certeza de que era possível descer mais alguns degraus: em teoria, nada impedia a manipulação de conjuntos de átomos e seu reordenamento preciso, como se fossem tijolos 1 bilhão de vezes menores que 1 m, um "nanômetro", ou seja, do tamanho de um vírus. E fazer isso embora, como muitos comprovaram mais tarde, o comportamento da matéria mude abaixo de um certo tamanho. As leis que a regem são distintas. O tamanho importa: nesse mundo ínfimo em que as coisas não pesam quase nada, a gravidade não importa muito.

Um ano após a famosa conferência de Feynman, um engenheiro eletrônico chamado William McLellan reivindicou o prêmio: de fato,

Você sabia que... as nanopartículas estão presentes em pneus, pinturas antirriscos e até nas raquetes do argentino Juan Martín del Potro?

havia conseguido fabricar um motor funcional de 250 microgramas composto de treze partes. Para o segundo desafio, foi preciso esperar até 1985, quando Tom Newman, estudante de pós-graduação da Universidade de Stanford, escreveu a primeira página do romance *Um conto de duas cidades*, de Charles Dickens, na cabeça de um alfinete utilizando um raio de elétrons.

Desde então, as nanociências (um entrecruzamento entre a química, a física, a biologia, a matemática, a informática e a eletrônica) invadiram a imaginação coletiva mundial. Ano após ano, esse leque de disciplinas revoluciona o mundo com construções em uma escala ainda difícil de imaginar. Elas também deram origem a uma "nanomania". "A nanotecnologia curará o câncer, limpará a contaminação e acabará com a fome no mundo", pressagiou em 1986 – com boa dose de exagero – o engenheiro Eric Drexler.

No fundo, tanto fascínio é compreensível: década após década, tecnociências e disciplinas de todos os tipos disputam e alternam o protagonismo dos sonhos e fantasias (e também pesadelos) tanto da comunidade científica como da população em geral. Há quatro

O nascimento da nanomedicina

Não há aplicação mais impactante da nanotecnologia que aquela que vem sendo desenvolvida na área da saúde. Embora seja uma área muitas vezes bombardeada por sonhos um tanto desmesurados (nanodrogas contra a obesidade, a cegueira e a velhice?), já existem resultados concretos. O PubMed, a maior biblioteca médica *on-line*, tem em seu acervo perto de 17 mil artigos científicos relacionados a medicamentos desenvolvidos com nanotecnologia, de 1991 até os dias de hoje. Nesse momento, estão sendo realizados testes de nanopartículas que melhoram a circulação sanguínea. Também vêm sendo desenvolvidos nanotubos de carbono e monocabos para detectar rapidamente doenças complexas, como o câncer, e vírus, como o da gripe e o HIV. Até emplastros vêm sendo criados para administrar citrato de sildenafila, conhecido popularmente como Viagra.

"As nanociências consistem na montagem de ponta a ponta de sistemas complexos. Nos próximos anos, em vez de fazer coisas cada vez menores, conseguiremos criar coisas que se montem sozinhas com base em instruções iniciais. Os chips dos computadores, em vez de serem feitos, irão se fabricar sozinhos."

Harold Kroto, Prêmio Nobel de Química de 1996.

décadas, o posto era ocupado pela energia nuclear. Mais de quinze anos atrás, pela biotecnologia. No início do século XXI, chegou a vez da engenharia genética. E, agora, tudo indica que as nanodisciplinas – nanoengenharia, nanomedicina, nanomateriais, a nanofotônica... ou seja, uma torre de Babel em que confluem conhecimentos de várias disciplinas – tornaram-se as rainhas do mundo científico.

E também uma indústria pujante: segundo um relatório do governo britânico publicado em 2015, o mercado nanotecnológico internacional atingirá um trilhão de dólares. Estados Unidos, Japão, Grã-Bretanha, Israel, Austrália, Alemanha e China lideram o *ranking* de países com mais pesquisas, patentes e financiamento nanotecnológico. Só na China, existem 800 empresas dedicadas ao desenvolvimento de produtos nano de todos os tipos.

Já é possível obter no mercado 720 produtos, incluindo alimentos, cosméticos e fármacos que contêm nanopartículas. A ciência do

Cronologia

1959
O físico Richard Feynman advertiu em uma conferência no Instituto Tecnológico da Califórnia: "Do meu ponto de vista, os princípios da física não se opõem à possibilidade de manejar as coisas átomo por átomo".

1966
Estreia do filme *Viagem fantástica*, baseado no livro de Isaac Asimov, com Raquel Welch. Conta a jornada de um grupo de cientistas que reduzem seu tamanho ao de uma partícula e entram no corpo de um pesquisador para sabotar o tumor que o está matando.

1970
Desenvolvida a primeira nanoestrutura: um lipossoma.

1974
O japonês Norio Taniguchi utilizou pela primeira vez a palavra "nanotecnologia" em um artigo científico.

1981
O físico suíço Heinrich Rohrer e o alemão Gerd Binning desenvolveram o microscópio de efeito túnel, que permite a manipulação de átomos.

pequeno e seus nanoprodutos já estão entre nós. A nanotecnologia está em coisas imperceptíveis, como nas embalagens de biscoitos com nanopartículas que impedem a entrada de oxigênio e garantem maior durabilidade. Também está nos *tupperwares,* recobertos dessas partículas para evitar a entrada de ar quando estão hermeticamente fechados e assim conservar melhor os alimentos. Bolas de tênis, golfe e boliche são compostas de nanopartículas, que as tornam ao mesmo tempo mais leves e resistentes. Há máquinas de lavar roupa que utilizam nanopartículas para esterilizar as peças e geladeiras que as utilizam para combater a proliferação de bactérias. Nanocristais de hidroxiapatita – o componente principal da dentina existente nos dentes – já são adicionados aos cremes dentais. E já existem nanotubos de carbono, tão leves quanto irrompíveis, que reforçam raquetes de tenistas como Juan Martín del Potro e Roger Federer.

Nanorrobôs

Por mais que ainda sejam ideias e especulações, os nanorrobôs capazes de percorrer veias e artérias e consertá-las por dentro são as figuras mais atraentes da nanomedicina. Ainda assim, já existem nanorrobôs rudimentares carregados por bactérias e um muito especial chamado "NanoWalker", construído com fragmentos de DNA. Mede apenas 10 nanômetros de altura.

1985
O químico inglês Harold Kroto descobriu os fulerenos, macromoléculas de carbono individuais utilizadas para fazer nanotubos.

1989
Pesquisadores do Almaden Research Center da IBM manipularam com precisão 35 átomos de xenônio para constituir o logo da empresa de informática.

1999
Surgiram no mercado os primeiros produtos com nanotecnologia.

2002
Michael Crichton publicou *Presa*, um *tecnothriller* em que nanorrobôs inteligentes fogem ao controle humano e se transformam em entes autônomos, autorreplicantes e perigosos.

2010
Criado um nanorrobô capaz de mover átomos e moléculas.

2012
Desenvolvido um método em impressoras 3D para a fabricação de esculturas com estruturas tão pequenas quanto um grão de areia.

Espera-se também que, dentro de pouco tempo, estejamos vestindo ternos e camisetas feitos de tecidos com propriedades antimanchas e que não amassam ou que utilizemos filtros para tornar a água potável e retirar contaminantes do ar. Mais que isso: prognostica-se que as futuras aplicações nanotecnológicas – com os chamados MEMS ou sistemas microeletromecânicos – multipliquem a eficiência das fontes renováveis de energia, impulsionem a medicina regenerativa e acelerem o desenvolvimento de computadores mais potentes.

Além disso, as nanociências prometem extinguir as injeções. Atualmente, bioquímicos do mundo todo trabalham para desenvolver estruturas nanométricas, ou nanobjetos (quase vinte vezes menores que as células), as mais diversas para servirem de veículo para fármacos, ou seja, para que possam transportar um medicamento diretamente ao órgão, tecido ou ponto do corpo desejado, e a nenhum outro. Com uma pílula, um emplasto, um creme: com os nanomedicamentos, daremos adeus às agulhas.

Em poucas palavras:

As nanodisciplinas serão as rainhas da ciência no século atual.

Trilha sonora

"Nano Song", Dan Hope.

12. Grafeno

Mais resistente e forte que o aço, flexível, impermeável e capaz de conduzir eletricidade, o grafeno, um "nanomaterial" de carbono com apenas um átomo de espessura, promete se tornar a estrela do século XXI. Se ao menos a metade do que se diz sobre ele for verdade, será possível elaborar, por exemplo, produtos que antes eram difíceis ou impossíveis de desenvolver: desde computadores ultravelozes até baterias supereficientes, telas tácteis flexíveis e até capas de invisibilidade.

Toda época tem seu material idolatrado, um composto a respeito do qual todos falam maravilhas e que não demora para ser coroado como o material capaz de mudar – para melhor – nossa vida. Aconteceu, por exemplo, com o náilon nos anos 1930: da noite para o dia, esse material sintético passou a ser encontrado em praticamente tudo: meias masculinas e femininas, almofadas, zíperes, cordas de violão, paraquedas, fios de pesca e até nas escovas de dente.

E, agora, chegou a vez do grafeno. Embora sua estrutura tenha sido descrita há mais de oitenta anos, foi isolado e fabricado em laboratório pela primeira vez em 2004. Os entusiastas vendem-no como um material mágico, retirado de um filme de ficção científica: em um futuro não muito distante, garantem, o grafeno transformará tudo ao nosso redor – nossas camisetas, as janelas dos edifícios, os vidros dos carros, uma simples folha de papel – em dispositivos eletrônicos. O segredo está em suas propriedades extraordinárias. Como os diamantes, o carvão e o grafite da ponta do lápis, o grafeno é composto inteiramente de carbono. Mas, diferentemente desses materiais, os átomos de carbono do grafeno se distribuem em camadas bidimensionais: o grafeno é

> **Empurrão solar**
>
> O grafeno pode ser o material que dará à energia solar o empurrão de que tanto precisa para se consolidar como uma energia verde e lucrativa. Além de ajudar a baixar os custos de produção das células fotovoltaicas, esse material poderia incrementar a quantidade de energia gerada por elas. A adição de grafeno ao dióxido de titânio utilizado em painéis solares aumenta sua condutividade.

> "O grafeno nunca substituirá o silício. Simplesmente, fará algumas coisas que o silício não é capaz de fazer. É como os barcos e os aviões. Os aviões nunca substituíram os barcos."
>
> **Walt de Heer, físico holandês.**

ultrafino (seus átomos de carbono se agrupam de acordo com um modelo que lembra um favo de mel), transparente, flexível e impermeável, possui grande condutividade elétrica e, além de tudo, é duzentas vezes mais resistente que o aço. "Bastará apertar um botão em um pacote de biscoitos para saber os ingredientes e as calorias", garante o belga Jan Genoe, do Instituto Imec de Nanoeletrônica de Lovaina. "Em alguns anos, veremos telas desse material por toda parte."

Com o grafeno, os celulares poderiam se tornar quase tão finos e flexíveis como o papel e ser praticamente indestrutíveis. O material também poderia abrir caminho para placas solares flexíveis: os metais convencionais não absorvem luz. O grafeno, por sua vez, se incorporado a um painel solar, facilitará a transmissão de energia para diversos dispositivos. E tem mais: "um papel eletrônico que possa ser enrolado", garante um dos descobridores do grafeno, Konstantin Novoselov. Cientistas da Universidade Sungkyunkwan, em Seul, na Coreia do Sul, se adiantaram: em 2010, construíram a primeira tela tátil desse material.

Cronologia

1930
Descoberta a estrutura do grafeno.

1947
O físico canadense Philip R. Wallace foi um dos primeiros a explorar a teoria do grafeno como ponto de partida para entender as propriedade eletrônicas do grafite.

1987
O termo "grafeno" foi empregado pela primeira vez.

2004
Os físicos Andre Gueim e Konstantin Novoselov isolaram pela primeira vez camadas individuais de grafeno em laboratório.

2009
A IBM fabricou transistores de grafeno que operam a 100 gigahertz (100 Ghz).

2010
Konstantin Novoselov e Andre Gueim receberam o Prêmio Nobel de Física por suas pesquisas relacionadas ao material.

2011
O telescópio espacial Spitzer detectou vestígios de camadas de grafeno no espaço. Isso se deu em duas galáxias: a Grande Nuvem de Magalhães e a Pequena Nuvem de Magalhães. Em um episódio de *The Big Bang Theory*, "The Einstein

Você sabia que... a China lidera a corrida do grafeno, pois é o país com mais patentes referentes ao material?

Pode ser dobrada e enrolada. As principais fabricantes de aparelhos celulares já têm desenvolvidos protótipos com grafeno. E prometem baterias que poderão ser totalmente recarregadas em poucos minutos.

Para saber quais serão as tecnologias que vão abalar as estruturas nos próximos anos, não basta verificar o número de artigos científicos publicados sobre um tema. Também é preciso seguir o dinheiro. O caso do grafeno não é exceção: desde 2004, foram publicados mais de 9 mil artigos científicos sobre o material. Na Grã-Bretanha, por exemplo, foram investidos 26 milhões de euros para financiar nos próximos anos projetos científicos de diversas universidades. No Brasil, em 2016, foi inaugurado o MackGraphe, Centro de Pesquisas Avançadas em Grafeno, Nanomateriais e Nanotecnologias da Universidade Presbiteriana Mackenzie, em São Paulo, com um orçamento de 20 bilhões de dólares e a colaboração do Centre for Advanced 2D Materials (CA2DM), da Universidade Nacional de Cingapura. Um dos motivos é o fato de que o material poderia mudar toda a indústria dos

Approximation", Sheldon Cooper apareceu em sua casa estudando o comportamento de elétrons em uma lâmina plana de grafeno. Uma imagem dessa cena apareceu na revista *Reviews of Modern Physics*.

2012
A empresa finlandesa Nokia decidiu incorporar o grafeno aos sensores das câmeras de seus telefones celulares.

2020
Data em que os pesquisadores acreditam que terá início a produção de grafeno com a qualidade e a quantidade necessárias para que seja aplicado à comunicação sem fio de alta velocidade.

2030
Prevê-se que, até lá, será possível pensar na construção de pequenas sondas de grafeno para transportar fármacos teleguiados contra tumores.

Materiais que mudaram o mundo

O grafeno passa a integrar uma família de materiais que estão ao nosso redor e fazem com que nossa vida – e o planeta – transcorra como transcorre. Um exemplo é o cobre, apreciado pela maneira como conduz a eletricidade. É encontrado nos cabos elétricos e na maioria dos fios telefônicos que dão acesso à internet. Com o germânio foram feitos os primeiros transistores, e hoje ele pode ser encontrado na fibra óptica, em sistemas de visão noturna e em amplificadores de guitarra. Seu império, contudo, foi fugaz. Foi rapidamente substituído pelo silício, o segundo elemento mais abundante na crosta terrestre, com o qual são fabricados os transistores dos chips. Será que agora que o grafeno vem com tudo os empresários do Vale do Silício, a Meca tecnológica de San Francisco, nos Estados Unidos, mudarão seu nome para Vale do Grafeno?

transistores, componentes básicos dos computadores. Como sugere Novoselov, os dispositivos de grafeno podem ser incrivelmente rápidos para a transmissão de informações. Isso se deve à natureza única dos elétrons do grafeno, sua mobilidade e sua velocidade. Assim, o grafeno poderia multiplicar a velocidade da internet em dezenas de vezes.

Suas propriedades são tão alardeadas que ele é candidato a se tornar o substituto perfeito do silício: não falta quem garanta que ele permitirá a criação de microprocessadores com um átomo de espessura, 500 vezes menores e dez vezes mais rápidos que os equivalentes de silício. Além disso, seu uso generalizado permitiria o fim da utilização de outros materiais mais caros e contaminantes, como o óxido de titânio ou o óxido de estanho.

Por ora, o problema é o custo da produção em massa. Mas essas dificuldades não aplacam as expectativas. Como disse recentemente Andre Gueim, um dos descobridores do grafeno: "Com frequência, a imaginação corre de modo mais rápido que a razão. Isso faz parte da natureza humana. Mas, no caso do grafeno, há fogo por trás da fumaça. Normalmente, um material novo demora entre quinze e trinta anos para passar do âmbito acadêmico para o industrial. E depois, mais dez para ser produzido em série. Ainda não se passaram nem oito anos e o grafeno já está no âmbito industrial".

Em poucas palavras:

O grafeno já é alardeado como o "material do século XXI".

Trilha sonora

"Flexible", Depeche Mode.
"Cabron", Red Hot Chili Peppers.

13. Fotossíntese artificial

O inglês Ian McEwan não só é um dos autores mais celebrados dos últimos vinte anos, como também um dos escritores mais científicos. Em seus romances, a ciência é um pano de fundo que serve de veículo para a exploração da natureza humana. *Amor sem fim* tem como protagonista um cientista fracassado chamado Joe Rose, que se torna um jornalista ultrarracional perseguido por um maluco apaixonado. Seu "neurorromance" *Sábado* concentra-se em um dia da vida do neurocirurgião Henry Perowne e na ameaça da incerteza (terrorista, neste caso). E *Solar* (obra de ficção mais vendida na Inglaterra, em 2009) é protagonizado por Michael Beard, um físico e Prêmio Nobel, especialista em ciências climáticas, que descobre uma maneira de produzir energia limpa enquanto leva uma vida pessoal desastrosa: preguiçoso, egoísta e mentiroso, Beard rouba a ideia de um estudante de pós-doutorado e acaba acusado pelo assassinato de um homem inocente.

Além de ser uma sátira de costumes e das deformações de ego do meio científico, *Solar* aborda um sonho mais que atual e febril: a busca pela fotossíntese artificial, uma energia (sem dúvida a mais verde delas) que, com a nanotecnologia, promoverá o florescimento da tecnologia solar e promete se tornar uma alternativa à extração de petróleo como motor da civilização.

Basta ir até a sacada para comprovar: as plantas são as principais coletoras de energia do planeta. Graças a um pigmento (e uma molécula) chamada clorofila que banha suas folhas, elas capturam energia em forma de luz e a convertem em energia química. Não muita, mas o suficiente para se manterem vivas (e nos manter vivos), como vêm fazendo há milhões de anos. Transformam matéria inorgânica, o dióxido de carbono, em orgânica, a glucose, e liberam o oxigênio, que torna possível a vida na Terra. Nesse ato silencioso e eficaz, pode residir a

Você sabia que... em uma hora a Terra recebe do Sol mais energia do que a quantidade total utilizada pela humanidade em um ano?

solução para todos os nossos problemas energéticos. A questão não é apenas imitar a natureza, mas potencializá-la, adaptá-la ao uso, muitas vezes descabido.

"Ainda não conseguimos copiar a fotossíntese, mas temos um plano de viagem que já nos conduziu por metade do caminho até o nosso destino, que é superar esse desafio, um dos mais difíceis enfrentados pela humanidade."

Richard Cogdell, biólogo da Universidade de Glasgow, na Escócia.

"E se, em vez de recorrermos a combustíveis fósseis, ao vento ou à energia nuclear, pudéssemos obter energia usando folhas como aquelas que as plantas verdes usam para capturar a energia do Sol?" A pergunta ronda há anos a cabeça e os pensamentos de Daniel Nocera, químico do Instituto de Tecnologia de Massachusetts (MIT) e um dos pesquisadores mais envolvidos com esse campo tão recente de pesquisa. Embora as "folhas de laboratório" não tenham sido inventadas no século XXI, até agora essas células solares eram frágeis e caras demais para competir com os combustíveis fósseis na hora de prover energia.

Até que, em 2011, Nocera entrou no edifício em que estava sendo realizada a 241ª reunião da Sociedade Norte-Americana de Química, esperou sua vez de falar e apresentou sua invenção mais recente, que deixou todos os presentes boquiabertos: uma célula solar do tamanho de uma carta de baralho que simula o processo utilizado pelas plantas verdes

As algas ao resgate

A natureza ainda tem muito a ensinar e a oferecer. As algas, por exemplo, são cada vez mais utilizadas para reduzir nossa dependência de combustíveis fósseis. Conhecido como oilgae, algaeoleum ou biocombustível da terceira geração, esse biodiesel, chamado de "B20", é utilizado em aviões e está disponível em postos de gasolina de San Francisco. As algas têm diversas vantagens: crescem muito rapidamente, são encontradas em mares, rios e açudes e se distribuem em mais de 40 mil espécies (embora acredita-se que o número possa chegar a 100 mil). Na realidade, o sonho de dirigir um veículo movido a algas ressuscita cada vez que o preço do petróleo dispara. Em 1978, os Estados Unidos deram início ao Programa de Espécies Aquáticas em resposta à crise petroleira. O programa terminou em 1996 em decorrência da escassez de resultados.

Poder verde

As algas estão na moda. E não é sem motivo: mês após mês, são descobertas novas aplicações para elas, como proteger os dentes contra as cáries. Há quem desenvolva protetores solares com seus elementos químicos e quem elabore novos anestésicos com seus compostos para proporcionar alívio mais duradouro. Já outros as utilizam para produzir biscoitos e molhos saudáveis e, é claro, para fazer sushi.

para transformar a luz do sol e a água em energia. "Essa folha artificial é promissora enquanto fonte barata de energia elétrica para residências de países em desenvolvimento. Nosso objetivo é fazer com que cada lar tenha sua própria central elétrica", ele declarou em alto e bom som, com um grande sorriso no rosto.

Formada por uma placa de silício, componentes eletrônicos, catalisadores de baixo custo (de cobalto e fosfato) e substâncias que aceleram as reações químicas, a folha artificial de Nocera fica em um recipiente com 3,7 L de água e, ao receber luz do sol, produz energia ao decompor as moléculas de água em seus componentes, o hidrogênio e o oxigênio, que alimentam as pilhas de combustível.

Nocera garante que, com uma garrafa cheia de água e quatro horas de luz solar, sua folha artificial pode gerar 30 kW de eletricidade, o suficiente para abastecer uma casa inteira durante um dia. Como se não fosse o bastante, a invenção pode funcionar de forma contínua durante mais de um mês e é dez vezes mais eficiente que uma folha natural.

Cronologia

1912
O químico italiano Giacomo Ciamician publicou na revista *Science* sua ideia sobre uma possível alternativa energética para os combustíveis fósseis: centrais energéticas alimentadas por "bosques de tubos de vidro que cobrirão planícies inteiras", em cujo interior a luz solar seria empregada de modo tal que o ser humano aproveitaria "o protegido segredo das plantas".

1994
Estabelecido o Consórcio para a Fotossíntese Artificial na Suécia, que reuniu trabalhos científicos das universidades de Lund, Estocolmo e Upsala.

1998
O químico John Turner, do Laboratório Nacional de Energias Renováveis em Boulder, no Colorado (Estados Unidos), desenvolveu a primeira folha artificial. Embora fosse altamente eficiente na realização da fotossíntese, o dispositivo era pouco prático, pois era

A nanotecnologia desempenhará um papel crucial em invenções desse tipo: nanotubos de carbono poderão aumentar a eficiência do processo de transformação da energia solar em eletricidade e deixar para trás um dos maiores problemas da busca pela fotossíntese artificial perfeita: a velocidade das reações.

Só está faltando a natureza se incomodar e abrir um processo por violação de propriedade intelectual.

Em poucas palavras:

Uma "folha artificial" pode gerar energia suficiente para abastecer uma casa durante um dia inteiro.

Trilha sonora

"Warning", Green Day.

---

composto de metais raros e caros, além de ser instável e ter vida útil de apenas um dia.

2011

Durante a 241ª reunião da Sociedade Norte-Americana de Química, o cientista Daniel Nocera, do MIT, apresentou uma célula solar avançada.

Um grupo de cientistas da Penn State University, nos Estados Unidos, criou um pequeno dispositivo biológico alimentado por energia solar que dobra a eficiência da natureza para produzir hidrogênio.

Proposta a criação de um Global Artificial Photosynthesis Project (Projeto Global de Fotossíntese Artificial) para reunir os avanços desse ramo científico.

2012

A empresa Panasonic desenvolveu um sistema de fotossíntese artificial que transforma o dióxido de carbono em material orgânico com a iluminação da luz solar.

14. Adaptação climática

Há quinze anos, era apenas uma conjectura. Nada mais que isso. Hoje, contudo, além de angariar hora após hora e dia após dia maior respaldo empírico, a adaptação climática se tornou tanto uma experiência palpável e cotidiana quanto uma das expressões idiomáticas mais repetidas, divulgada com uma carga potente de inevitabilidade. Longe de ser uma moda ou tendência passageira, as mudanças climáticas estão se tornando um traço inerente da terceira rocha a partir do Sol, assim como sua velocidade de rotação (1.690 km por hora), seu diâmetro (12.756 km) e sua inclinação (23,45°).

O século XX testemunhou o surgimento da bomba atômica, de vírus letais (e manipulados), computadores superinteligentes, aceleradores de partículas, inteligência artificial, animais clonados e viagens espaciais. E também a domesticação (limitada, mas eloquente) da energia, que nos levou a um nível inusitado de dependência e extrema submissão que se evidencia a cada vez que cai um disjuntor ou ocorre um grande apagão, o que gera um sentimento incontrolável de retorno ao primitivo, desamparo e desolação. O ser humano está tão acostumado a viver em um mundo energético com gasolina para os carros, eletricidade para a televisão, o computador e a geladeira e megachaminés para suas empresas que a necessidade de reduzir o consumo soa sempre como um alerta. Mas, ao lado dos benefícios, a tecnologia (que sempre se apresentou como "libertadora", capaz de salvar milhões de vidas e melhorar o bem-estar de muitas outras) traz um malefício: um dano colateral para o próprio (e único) habitat de que dispomos.

Pela primeira vez na história do planeta, o ser humano foi alçado à categoria de ameaça – tanto a si mesmo como às demais espécies que coabitam a Terra. A ameaça não vem apenas de fora (a colisão de um asteroide ou a trajetória de um cometa), mas de dentro, da mesma alteração dos ritmos cíclicos da natureza que ocorreram durante eras. O ser humano mexeu no termostato climático e, agora, sofre as consequências.

Você sabia que... 2,7 bilhões de pessoas correm o risco de enfrentar conflitos bélicos incitados pelas mudanças climáticas?

Cada época tem seus medos, seus forjadores do apocalipse: as invasões bárbaras, a peste negra, o Armagedon termonuclear, o desvario genético, o *bug* do milênio, as profecias maias. No entanto, talvez nenhum tenha a mesma dimensão das mudanças climáticas, por sua persistência e impacto global.

Na realidade, mudanças climáticas sempre existiram, assim como a extinção de espécies, com idas e vindas de eras de gelo ao longo dos 3,8 bilhões de anos de existência da vida na Terra. As evidências demonstram: ossos de baleia descobertos nos desertos africanos, assentamentos agrícolas na Groenlândia, rastros de vinhedos na Inglaterra, registros de camadas de gelo sobre o Tâmisa na época em que os gelos polares chegavam quase até o Equador e as florestas equatoriais se estendiam quase até os polos... Mas o que ocorre agora é diferente: o ser humano acelerou incrivelmente esse processo, até um ritmo tão veloz que será difícil para muitas espécies se adaptar às novas temperaturas, aos ciclos hídricos, ao nível do mar, aos deslocamentos das zonas frias e quentes e às novas e inconstantes correntes marítimas. Além da queima de carvão, petróleo e gás natural (que libera gases causadores do

O prognóstico de hoje

Na falta de bolas de cristal, os climatologistas lançam mão de simulações e modelos para configurar cenários futuros: acredita-se que, no planeta inteiro, a temperatura aumentará (durante o século XX, o mundo aqueceu 0,7°C), o nível do mar irá se elevar, e a gravidade e a frequência de inundações, secas e tempestades serão incrementadas. A Argentina, por exemplo, está à beira da tropicalização: chove, em média, 20% mais que quarenta anos atrás, e as tempestades intensas se tornaram mais frequentes. Além disso, durante o século passado, o mar subiu 17 cm na desembocadura do Rio da Prata, e calcula-se que nas próximas décadas ele subirá outros 50 cm. O clima dos próximos vinte ou trinta anos já foi determinado: as mudanças climáticas que estamos sentindo não são consequência das emissões atuais, mas daquelas ocorridas décadas atrás.

"A mudança climática é o problema mais grave que o mundo enfrenta."

David King, assessor científico do governo britânico.

efeito estufa), essa aceleração é ocasionada pelas mudanças no manejo da terra, pela desertificação, pela degradação do solo e pela perda de biodiversidade.

Além do derretimento das calotas polares, do Katrina, dos invernos primaveris em Moscou e do inclemente granizo portenho, a marca mais famosa dessa intensa atividade climatológica talvez seja o buraco da camada de ozônio, um alerta escrito no céu do qual a maioria das pessoas lembra quando se espreguiça na beira da praia deitada de barriga para cima. No *ranking* de impopularidade, ela é seguida pela corrente do El Niño (e La Niña), os megafuracões e a chuva ácida (fenômeno detectado pela primeira vez na década de 1850 em Manchester, um dos principais centros da industrialização britânica).

No entanto, talvez o mais preocupante não seja tanto o clima extremo, mas sua repercussão geopolítica. "As mudanças climáticas representarão o maior desafio social da modernidade, ameaçando as oportunidades de sobrevivência de milhões de pessoas e obrigando-as a migrações massivas", conta o sociólogo e psicólogo social alemão Harald Welzer, autor de *Guerras climáticas: por que mataremos*

Cronologia

1938
O engenheiro britânico Guy Callendar publicou um artigo em que, com base em dados coletados entre 1890 e 1938, estabelecia uma conexão entre o aumento das concentrações de dióxido de carbono na atmosfera e o aumento da temperatura na Terra. Ele apontava que o aquecimento – que, a seu ver, ocorria lentamente – seria benéfico para a humanidade.

1992
Reúne-se no Rio de Janeiro a Cúpula da Terra.

2005
Entrou em vigor o Protocolo de Kyoto, o mais ambicioso acordo internacional com o intuito de mitigar as mudanças climáticas. Ele obrigava juridicamente os países industrializados a cortar suas emissões de gases de "efeito estufa" (dióxido de carbono, metano, óxido nitroso, hidrofluocarbonetos, perfluorocarbonetos e hexafluoreto de enxofre).

e seremos mortos no século XXI. "Este século não testemunhará apenas migrações massivas, mas também guerras por recursos, conflitos violentos entre todos os que pretendem se alimentar a partir de um mesmo pedaço de terra ou beber da mesma fonte de água que se aproxima do esgotamento. Dentro de algum tempo, será difícil distinguir os refugiados climáticos dos refugiados de guerra, porque as novas guerras serão condicionadas pelo clima, e as pessoas fogem da violência."

Poder verde

Segundo o alemão Harald Welzer, já teve início a "primeira guerra climática". Foi em Darfur, no Sudão. Muitas vezes interpretado como um enfrentamento exclusivamente étnico entre tribos árabes e africanas, na realidade o genocídio iniciado em julho de 2003 irrompeu por fatores climáticos: no norte do Sudão, o deserto avançou 100 km para o sul nos últimos quarenta anos, e a falta de chuvas estimulou a migração de 80 mil pessoas famintas.

Embora os processos sociais não transcorram de forma linear, é impossível ignorar a conformação de um novo cenário global em que a desregulada máquina do clima será um novo fator de instabilidade política, no qual até as palavras sofrem seus efeitos. No jargão dos cientistas atmosféricos, já não se fala em solução, mas em "mitigação" e "adaptabilidade" a um mundo mais quente, em um *revival* deteriorado do sempre presente *slogan* darwiniano: "adapte-se ou morra".

2010
As mudanças climáticas deixaram de ser discutidas em um restrito âmbito literário de ação: aquele dos artigos científicos, dos relatórios do Painel Intergovernamental de Mudanças Climáticas, de revistas e canais de divulgação científica. E se tornaram uma preocupação internacional.

2012
O físico Richard Muller, à frente do Berkeley Earth Project, que até então assumia uma postura cética diante das mudanças climáticas, finalmente reconheceu o impacto humano sobre o fenômeno. Reuniu-se a cúpula de mudanças climáticas em Doha, no Qatar. Se não agirmos com urgência, o prognóstico é de um aumento de 3 a 5°C no século XXI. A concentração de gases causadores do aquecimento global na atmosfera aumentou até 20% desde 2000.

Em poucas palavras:

Já não se fala em "solução" para as mudanças climáticas, mas em mitigação e adaptação.

Trilha sonora

"I'll Take the Rain", R.E.M.
"Bad Day", R.E.M.
"Black Rain", Soundgarden.
"Butterflies & Hurricanes", Muse.
"Electrical Storm", U2.
"Here Comes the Sun", The Beatles.
"Only Happy When It Rains", Garbage.
"Pray for Rain", Massive Attack.
"Rain", Madonna.

15. Geleiras em debandada

Se fosse apenas pela definição geológica, uma geleira não seria mais que uma massa anônima de gelo, bilhões de flocos de neve que se acumularam pacientemente uns em cima dos outros sobre uma superfície, para depois se compactarem ao longo de milhares de anos. No entanto, as geleiras também são muito mais que isso. Nelas, convivem o passado, o presente e o futuro: em épocas remotas, essas reservas do recurso mais valioso da Terra, a água doce, dominaram o planeta, estendendo-se por vastas regiões hoje ocupadas por cidades, estádios, estradas e *shopping centers*. Foram testemunha de eras em que os seres humanos não eram nem sequer uma ideia. E ao seu ritmo constante, avançando e recuando, funcionaram como uma das engrenagens da máquina climática da Terra.

No entanto, há quase duzentos anos, aconteceu algo que não estava nos planos. Com sua voracidade energética, com suas fábricas e chaminés, com seus gases lançados sem culpa ou arrependimento na atmosfera, o ser humano interferiu nesse maquinário milenar e o alterou para sempre. E as geleiras sentiram o baque. Foram as primeiras que começaram a sucumbir diante do aquecimento global.

Até agora, elas se espalhavam por 10% da superfície do globo e continham cerca de 75% da água doce da Terra. Esses dados, contudo, são coisa do passado. O aumento global das temperaturas e as variações na precipitação impactaram fortemente as geleiras, formações que, se fossem seres vivos, há muito encabeçariam a lista de "espécies ameaçadas de extinção".

Em virtude de sua contribuição (como recurso hídrico, fonte de energia hidrelétrica gerada pelo degelo ou marcos naturais e turísticos) e de seu papel fundamental no ciclo climático de uma região, as geleiras há muito deixaram de ser vistas apenas como um elemento qualquer da paisagem de um país para se tornarem parte de seu patrimônio natural. A imagem que tínhamos desses blocos de gelo mudou em algum momento das últimas décadas. E agora eles precisam de proteção contra os avanços humanos predatórios (a megamineração, por exemplo)

"O degelo dos glaciares 'ressuscitará' micróbios pré-históricos, bactérias presas e preservadas nos polos há 420 mil anos."

John Priscu, especialista em ecologia microbiana da Universidade do Estado de Montana, Estados Unidos.

e de um levantamento criterioso. Ao fim e ao cabo, saber quantas geleiras existem e em que estado se encontram é fundamental para orientar as políticas de preservação. Na América do Sul, por exemplo, estima-se que as geleiras ocupem 25.500 km^2, dos quais 75% ficam no Chile (até 2007, foram registradas 1.835 geleiras, com uma superfície total de 15.498,8 km^2 de gelo). A Argentina é a seguinte da lista, com cerca de 15% da área total de geleiras sul-americanas.

Os glaciólogos (ou seja, os cientistas que estudam geleiras) preferem não se ater tanto às fronteiras políticas. No caso da Patagônia, preferem falar do "Campo de Gelo Patagônico Sul" para se referir a uma grande vastidão de gelo continental com 250 km de norte a sul, que começa junto à cordilheira dos Andes e é a terceira mais extensa do mundo, logo após a Antártida e a Groenlândia. Ela é composta por cerca de 49 glaciares, como o Perito Moreno (com 258 km^2), o Viedma (978 km^2) e o Upsala (902 km^2) do lado argentino e o Jorge Montt, Pio XI, O'Higgins, Bernardo, Tyndall e Grey do lado chileno.

Mesmo assim, não se sabe ao certo o número exato de geleiras no planeta. Por isso, existem iniciativas internacionais, como o World Glacier Inventory (http://wgms.ch) e o Global Land Ice Measurements

Cronologia

1885
O geólogo suíço Albert Heim publicou o primeiro tratado de glaciologia.

2006
Segundo dados do Patronato dos Monumentos Naturais dos Glaciares Pirenaicos, as geleiras dos Pirineus espanhóis perderam 55% de sua extensão entre 1980 e 2006.

2007
O Painel Intergovernamental sobre as Mudanças Climáticas da Organização das Nações Unidas (ONU) garantiu que as geleiras do Himalaia desaparecerão até 2035. No entanto, seus membros tiveram que ratificar a informação. Os dados com os quais trabalhavam estavam equivocados. Esse episódio ficou conhecido como *glaciargate*.

2010
Um grupo de pesquisadores chilenos confirmou que o glaciar Jorge Montt regrediu um quilômetro. Desprenderam-se 260 km^2 do glaciar Petermann, ao noroeste da Groenlândia.

Você sabia que... as geleiras retêm mais de 75% da água doce do mundo?

from Space (http://www.glims.org), que pretendem elaborar um inventário global de geleiras. Na Argentina, por exemplo, a Lei nº 26.639 estipula a preservação dos glaciares e determina que o Instituto Argentino de Nivologia, Glaciologia e Ciências Ambientais (Ianigla/Conicet) realize um censo. "O objetivo consiste em identificar, mapear e descrever todas as geleiras da Cordilheira. A enorme extensão e o caráter inacessível de diversas áreas tornam necessária a obtenção de

As águas descem turvas

O derretimento das geleiras tem consequências insuspeitas. Por exemplo, o afloramento de resíduos descartados por centenas de exploradores que visitaram o Himalaia. "Surgem na superfície botas, luvas, restos de comida, bandeiras e tubos de oxigênio vazios", conta o fotógrafo norte-americano Davi Breashears. "Mas as mudanças não se restringem à paisagem. Preocupam-nos as consequências políticas, econômicas e sociais do derretimento das geleiras. O fenômeno está provocando o transborde dos lagos glaciais que acumulam a água do degelo, o que ameaça as populações ribeirinhas. Caso haja uma interrupção no fornecimento de água nas próximas décadas, certamente haverá conflitos políticos, e a zona ficará ainda mais instável do que já é."

A ONU revelou que as geleiras da Patagônia que cobrem parte da Argentina e do Chile são as que desaparecem mais rapidamente por causa das mudanças climáticas. São seguidas pelas do Alasca e suas cordilheiras costeiras.

2012

Um estudo global realizado com os satélites Grace, da NASA, concluiu que as geleiras do planeta estão perdendo cerca de 148 bilhões de toneladas de gelo (162 km^3) a cada ano. Os territórios da Antártida e da Groenlândia perdem outros 80 bilhões de toneladas. Isso provoca um aumento anual de 1,5 mm no nível dos oceanos.

2080

De acordo com os prognósticos do Projeto de Adaptação ao Impacto do Retrocesso Acelerado de Geleiras nos Andes Tropicais do Equador, as geleiras do país andino desaparecerão até esta data, o que alterará o ecossistema das grandes montanhas e o volume de água disponível para consumo humano.

O terceiro polo

Uma pesquisa conduzida pelo geógrafo Tobias Bolch, da Universidade de Zurique (Suíça), publicada na revista *Science*, concluiu que as geleiras da cordilheira do Himalaia (a terceira maior reserva de gelo do mundo, conhecida como "o terceiro polo") estão perdendo de 15 a 20 m de longitude anualmente. Entre 2003 e 2009, foram 12 bilhões de toneladas por ano.

informações por meio de fotografias, sensores remotos e imagens de satélite", conta o doutor em geografia Mariano Masiokas, pesquisador do Conicet e do Ianigla, centro de estudos de Mendoza, que tentará descobrir quantos corpos de gelo existem no país, qual o volume equivalente de água e quais mudanças enfrentaram no passado.

Mas não é a primeira vez que eles são estudados: glaciólogos argentinos, por exemplo, constataram que algumas geleiras vêm perdendo área – caso da San Lorenzo Noreste, que perdeu mais de 20% de sua superfície entre 1984 e 2004 (entre 1979 e 2008, a redução chega a 32%), ou da Ameghino, situada no Parque Nacional dos Glaciares, na província argentina de Santa Cruz, que retrocedeu 4 km nos últimos oitenta anos.

Um dos efeitos do aquecimento global é a retração das massas de gelo no planeta inteiro. E, obviamente, as geleiras da América do Sul não estão imunes.

Em poucas palavras:

O aumento das temperaturas globais provoca a redução das geleiras, a principal fonte de água doce do mundo.

Trilha sonora

"I Need to Wake Up", Melissa Etheridge.
"Earth Song", Michael Jackson.
"It's the End of the World", R.E.M.

16. Geoengenharia

Mudar a Terra de órbita, envolver o planeta com milhões de minissombrinhas para conter os raios solares, cobrir desertos e ilhas com um plástico isolante para refletir a luz em direção ao espaço, fertilizar o mar com ferro para produzir plantas devoradoras de dióxido de carbono. Desvairadas, disparatadas ou atraentes, as propostas da "geoengenharia" ou "engenharia planetária", uma recente e controversa disciplina científica, são levadas cada vez mais em conta como parte de um plano alternativo para fazer frente ao aquecimento global, interferindo diretamente na frágil e imprescindível máquina climática do planeta.

Como em tudo, há dois tipos de cientistas: os que criticam e aguardam e aqueles que não se contentam em ficar de braços cruzados e partem para a ação. Pertence a esse segundo tipo um pequeno grupo de climatologistas, físicos, biólogos e oceanógrafos que, aos poucos, perdem o medo de se declarar geoengenheiros, uma tribo polêmica que pensa em *hackear* o planeta e se dispõe a fazê-lo, modificando de propósito as condições do meio ambiente e atenuando o quanto for possível os primeiros sintomas do apocalipse climático: o degelo dos glaciares e das calotas polares, o avanço da chuva ácida, as inundações e secas, a desertificação e os outros males dos quais qualquer criança de 8 anos já está a par.

Os novos engenheiros do clima partem de uma premissa simples: se foi o ser humano que desequilibrou o complexo ciclo da natureza, é o ser humano que deverá consertá-lo. Nada de esperar e ficar assistindo a camada de ozônio se expandir, encolher e voltar a se expandir. Há iniciativas para todos os gostos. Até seria possível dizer que o número de propostas é igual ao de geoengenheiros no mundo. Algumas ideias são extremas; outras, modestas. E algumas são delirantes, como alterar a órbita do planeta e construir sombrinhas no espaço para resfriar a superfície da Terra. Muitas propostas beiram a loucura, mas nem por isso devem deixar de ser estudadas. E nem tudo se restringe à teoria: na China, nuvens foram bombardeadas com iodeto de prata para provocar chuva e limpar a areia da cidade Pequim.

Você sabia que... cientistas escoceses propõem detonar um asteroide e utilizar a nuvem de pó resultante como guarda-chuva para bloquear raios de Sol?

Não é um tema simples: alterar as condições climáticas em uma região do planeta poderia alterá-las também em outras zonas. Inclusive, alguns acreditam que isso poderia alterar os padrões cíclicos das migrações de animais ou que essas iniciativas levariam a disputas geopolíticas. O experimento de um empresário norte-americano chamado Russ George, que atirou 120 toneladas de pó de ferro no oceano Pacífico utilizando um barco de pesca alugado com o intuito de estimular o crescimento de algas que sequestram dióxido de carbono, poderia provocar secas na Índia, por exemplo. Então, a quem cabe decidir? Quem diz "sim" ou "não" a esses megaprojetos? E se o remédio for pior que a doença?

Incerteza

Em novembro de 2011, o projeto SPICE (Injeção Estratosférica de Partículas para a Engenharia Climática) estava a ponto de ser inaugurado na costa leste do Reino Unido. O objetivo era carregar água com partículas de vários tipos por 20 km até a estratosfera, onde esses aerossóis serviriam de espelho para refletir a radiação solar. Por fim, em razão das críticas de sessenta ONGS, o experimento foi adiado.

Cronologia

1916

O norte-americano Charles Hatfield foi um dos primeiros a manipular o clima. Com uma fórmula secreta de 23 elementos químicos, garantia que podia fazer chover. O Conselho Municipal de San Diego o contratou para combater uma seca. E Hatfield liberou sua fórmula após construir uma torre. Choveu durante dezessete dias, os rios transbordaram, e dezenas de pessoas morreram. Hatfield acabou não recebendo nem um dólar sequer. Burt Lancaster interpretou sua história no filme *Lágrimas do céu* (1956).

1949

A geoengenharia desistiu de outra proposta ambiciosa: a "terraformação", a ideia de modificar uma lua ou planeta por completo até torná-lo habitável. Um dos primeiros a pensar nisso havia sido o escritor Jack Williamson.

Há bons motivos para debater, divulgar e pesquisar esses temas antes que as modificações provoquem conflitos diplomáticos internacionais. Nisso reside o maior medo dessa nova disciplina: o grau especulativo dos experimentos da geoengenharia, o fato de ela se basear em um processo de "tentativa e erro" que exige muita cautela.

> "A geoengenharia será feita por poucos, mas todos teremos de viver suas consequências."
>
> **Jim Thomas, do ETC Group, ONG canadense de proteção do meio ambiente (www.etcgroup.org).**

Um dos nomes mais repetidos nesses meios é o do astrônomo norte-americano Roger Angel, da Universidade do Arizona, pai da ideia das lentes orbitais refratoras: bilhões de lentes finas e estreitas, com cerca de 1 m de largura cada uma, que serviriam para desviar a luz solar da Terra. Atua na mesma linha de pesquisa o químico e oceanógrafo Wallace S. Broecker, da Universidade de Columbia, que bolou o plano de injetar na estratosfera (como fazem os vulcões em erupção) toneladas de dióxido sulfúrico por intermédio de uma frota de centenas de aviões, aumentando assim sua refletividade – ou seja, fazendo com que a luz ricocheteasse e voltasse para o espaço. Infelizmente, isso teria dois efeitos colaterais nada desejáveis: chuva ácida (muita) e a destruição da camada de ozônio.

John Latham, do Centro Nacional de Pesquisa Atmosférica dos Estados Unidos, por sua vez, propõe salpicar as nuvens de sal para

---

1998

O geofísico norte-americano Klaus Lackner inicia a construção de dispositivos com 30 m de altura, algo como árvores artificiais capazes de capturar CO_2 e armazená-lo debaixo da terra. "Nossas árvores sintéticas são mil vezes mais rápidas que uma árvore normal na hora de coletar CO_2", afirmou.

2000

Em Weyburn (Canadá), uma equipe de engenheiros começou os primeiros testes para comprimir cerca de 5 mil toneladas de dióxido de carbono em estado líquido. O objetivo: retirar diretamente o dióxido de carbono excedente da atmosfera, capturando-o no ar e armazenando-o em um depósito subterrâneo.

2010

A Convenção da Organização das Nações Unidas (ONU) de Diversidade Biológica decretou uma moratória de experimentos de geoengenharia no mar e no espaço, à exceção de estudos científicos em pequena escala.

ampliar a reflexividade e fazer com que os raios solares rebotem e voltem para o espaço.

Até Bill Gates está entre os geoengenheiros: o ex-presidente da Microsoft já investiu mais de 4,6 milhões de dólares do próprio bolso para estudar a viabilidade desses megaprojetos que buscam mitigar as mudanças climáticas com "soluções" como a injeção de partículas de dióxido de enxofre 45 km acima da Terra. Enquanto isso, patenteou um sistema para conter furacões por meio de uma frota de centenas de barcos que esfriam as águas superficiais da zona marinha onde esses monstros de vento e fúria são gerados.

Semear o oceano

Qualquer biólogo marinho (ou amante do mar) sabe que, como todas as plantas, o plâncton (algas minúsculas e unicelulares que são a base da alimentação da vida marinha) extrai carbono do CO_2 presente no ar durante a fotossíntese. Sendo assim, por que não potencializar essa admirável capacidade de absorção? Com esse objetivo, uma equipe internacional de 48 cientistas, na maioria indianos, embarcou no navio oceanográfico Polarstern e se dirigiu ao sudoeste do Atlântico para fertilizar as águas com seis toneladas de sulfato de ferro em pó em uma área de 300 km^2 e verificar se um número maior de fitoplâncton seria capaz de sugar dióxido de carbono da atmosfera. O experimento se chama Lohafex (*loha* é "ferro" em híndi; www.lohafex.com), e seus possíveis efeitos colaterais são desconhecidos.

Em poucas palavras:

A geoengenharia consiste na manipulação deliberada e em grande escala do clima para combater as mudanças climáticas.

Trilha sonora

"Rainmaker", Iron Maiden.

17. *Big Science*

Não é preciso ser um pintor vanguardista ou um profeta com delírios místicos de grandeza para antecipar o futuro; basta uma frase. "A arte sou 'eu'; a ciência somos 'nós'", afirmou no final do século XIX o biólogo francês Claude Bernard. E, ao fazê-lo, o pai da medicina experimental se antecipou à sua época em quase cinquenta anos. Sem saber, perscrutou um divisor de águas em que as ciências enquanto disciplinas, profissões e instituições deram um grande salto: o exato instante, no fim da década de 1930, em que a ideia de um pesquisador *amateur*, que fazia tudo por amor ao próprio pensamento e trabalhava em seu laboratório acompanhado apenas de suas ideias e inquietudes, começou a ruir.

Como os dinossauros já haviam feito mais de 65 milhões de anos atrás, os cientistas solitários e "de garagem" de pouco antes foram extintos. Os Newton, Einstein, Curie, Pasteur, Roentgen, Edison e outros exemplos de Quixotes da física, da química e da medicina deram um passo ao lado e entregaram seu protagonismo à comunidade, a equipes numerosas de pesquisadores coordenados para unir forças e neurônios para resolver um problema e alcançar mais rapidamente os objetivos. O cientista solitário que buscava destrinchar os segredos da natureza foi substituído pelo "grupo de pesquisa".

Com a guerra, as bombas, os campos de concentração e as crises econômicas típicas dos tempos de guerra, criou-se uma nova maneira de administrar e fazer ciência. Assim nasceu a *Big Science*, como foi batizada em 1961 pelo físico nuclear norte-americano Alvin Weinberg, diretor do Laboratório Oak Ridge e mais tarde Prêmio Nobel, ao se referir a projetos científicos "multi": multidisciplinares, multinacionais e multianuais.

A mudança não se deu apenas na escala dos experimentos. Pela primeira vez e com um ritmo crescente e constante, o mundo científico se vinculou ao mundo político. Presidentes, governantes e senadores viram na ciência uma força pujante, capaz de desestabilizar o tabuleiro (e o mundo) com achados e descobertas. Daí em diante,

"Quando os historiadores se debruçarem sobre o século XX, encontrarão nos grandes foguetes, aceleradores de alta energia e reatores gigantescos os símbolos de nosso tempo, assim como podemos reconhecer na catedral de Notre-Dame, de Paris, a essência da Idade Média."

Alvin Weinberg, físico nuclear norte-americano.

entenderam que os conflitos bélicos não seriam resolvidos no campo de batalha, mas em laboratório.

Foi assim que a ciência se transformou em uma usina, uma indústria dinâmica e voltada para a produção incessante. Ao longo do século XX, ela perdeu a aura de *hobby*, institucionalizou-se e até se profissionalizou. Ninguém achava mais que se "nascia" cientista. Na verdade, "tornava-se" cientista. E para isso eram necessários institutos, universidades, cursos, laboratórios, locais de treinamento para novos trabalhadores cuja força não podia ser vista em seus músculos, mas em seu cérebro.

A ciência e o mundo entraram em uma nova era, com leis e dinâmicas próprias: uma época em que predominou a busca por rentabilidade imediata por meio de aplicações práticas, interdisciplinaridade, sigilo e, sobretudo, em que foram apagadas as fronteiras entre ciência pura e aplicada. Tudo devia ter aplicação, um fim mensurável, quantificável, efetivo.

A invenção do ENIAC, o primeiro grande computador, em 1946, o desenvolvimento soviético do primeiro satélite artificial – o Sputnik

Cronologia

1940

Teve início o Projeto Manhattan para a fabricação das primeiras bombas atômicas em Los Álamos, nos Estados Unidos. Em 1945, ele empregava mais de 130 mil pessoas.

1957

Teve início a corrida espacial. Os Estados Unidos e a União Soviética competiram palmo a palmo pela exploração espacial, movimentando enormes orçamentos e grandes quantidades de cientistas.

1961

Alvin Weinberg cunhou o termo *Big Science*. Ele afirmou que a ciência padecia de três doenças: "burocratite", "revistite" e "dolarite".

1972

Aprovada a construção do Very Large Array, um observatório radioastronômico assentado no Novo México, nos Estados Unidos, e constituído de 27 antenas de rádio.

1983

Finalizada a construção do Super Kamiokande, um observatório de neutrinos situado no Japão. Trata-se

Você sabia que... o principal inimigo dos projetos de *Big Science* é a burocracia?

– no fim dos anos 1950 e o programa norte-americano para levar um ser humano à Lua nos anos 1960 são exemplos de casos que receberam o rótulo de *Big Science* ou "megaciência". Trata-se da ideia de que, por trás de um êxito (da exibição do orgulho de uma nação), não estavam indivíduos isolados, mas um grupo de pesquisadores, até então limitados por coordenadas políticas e geográficas rígidas, mas que agora formavam, enfim, uma comunidade.

Ciência faraônica

A primeira megaempresa científica foi o Projeto Manhattan, uma iniciativa ultrassecreta solicitada pelo presidente norte-americano Franklin Roosevelt por recomendação de Albert Einstein e Leó Szilárd em 1939. Esse projeto faraônico que levou ao desenvolvimento da primeira bomba atômica contou com um investimento de 2 bilhões de dólares e empregou 125 mil cientistas (e também provocou a morte de 220 mil seres humanos em Hiroshima e Nagasaki).

Assim, o destino do cientista na qualidade de figura, personagem e trabalhador se encaminhava para uma diluição no anonimato, constando em listas intermináveis de nomes lembrados apenas na hora do pagamento. Foi o que ocorreu nos anos 1990 com o

---

de um tanque de 40 m de altura com capacidade para 50 mil toneladas de água. Encontra-se em uma mina a 1 km da superfície.

1990

Teve início o Projeto Genoma Humano.

1993

Cancelado o *Superconducting Super Collider*. Batizado de *Desertron*, era um acelerador de partículas no estado do Texas, nos Estados Unidos.

1998

Teve início a construção da Estação Espacial Internacional com a colaboração das agências espaciais de doze países. Seu orçamento: 100 bilhões de euros.

2008

O Grande Colisor de Hádrons (LHC) do CERN teve um problema de funcionamento no sistema elétrico.

2009

Começou a funcionar no estado da Califórnia, nos Estados Unidos, a National Ignition Facility, o maior *laser* do mundo. Sua missão: encontrar a origem de uma energia limpa. Tem orçamento de 3,5 bilhões de dólares.

Projeto Genoma Humano: com orçamento de 90 bilhões de dólares, o ser humano foi totalmente desvendado com a produção, ao longo de quinze anos de pesquisas, do primeiro rascunho do manual de instruções da espécie, o código genético. Ou tal qual aconteceu com os cientistas que somaram forças no Centro Europeu de Física de Partículas (CERN) e em torno do Grande Colisor de Hádrons (ou LHC, a sigla em inglês), o superacelerador de partículas que estuda os menores tijolinhos da matéria e reúne milhares de cientistas de todo o planeta.

Em uma época em que, por definição e características estruturais da megaciência, não é possível que surjam novos Darwin, Einstein ou Newton, os cientistas (eles e elas) se hiperespecializam, deixando de lado a pretensão de conhecimento universal dos "homens renascentistas" de séculos passados, como Leonardo da Vinci. Assim, as figuras que se destacam não passam muitas vezes de construções midiáticas, criadas pela necessidade de dar um rosto ao cientista – um personagem ainda excêntrico no Ocidente.

Raios e centelhas cósmicos

O Observatório Pierre Auger, em Mendoza (Argentina), é outro exemplo de *Big Science* em que quatrocentos cientistas de dezessete países unem forças para tentar averiguar o que são os raios cósmicos de alta energia (partículas subatômicas que colidem o tempo todo com a atmosfera terrestre) e de onde vêm. Tecnicamente falando, o Observatório Pierre Auger não é um telescópio convencional, mas um telescópio distribuído. Por um lado, o complexo consiste em 24 telescópios de fluorescência que têm como objetivo captar a luz gerada pelo bombardeio dos raios cósmicos de alta energia na atmosfera; por outro, é composto por 1.600 detectores de partículas (tanques com 12 toneladas de água) com distância de 1,5 km entre si e espalhados por uma área chamada "Pampa Amarilla", com 3.000 km^2 (quinze vezes a superfície da cidade de Buenos Aires).

Em poucas palavras:

Os projetos *Big Science* são internacionais, colaborativos e de grande orçamento.

Trilha sonora

"Supercollider", Radiohead.

18. Cultivo e impressão de órgãos

Foi em 1953. Remington, a mesma empresa que, em 1872, transformou a maneira como escrevemos com o surgimento das máquinas de escrever, surpreendeu meio mundo ao apresentar um dispositivo hoje tão comum que parece quase invisível: a impressora. O portentoso UNIVAC I foi o primeiro computador a ser vendido ao público nos Estados Unidos e, em meados dos anos 1950, já contava com um aparelho de grande velocidade para transpor seus cálculos ao papel. Daquela época aos dias hoje, as impressoras não pararam de evoluir; tanto é que, atualmente, estão dispostas a dar uma nova cara para um campo que lhes seria estranho se estivessem restritas ao papel: a medicina.

Bexigas, rins, orelhas e corações artificiais. É cada vez maior o número de pesquisadores que garante que as filas de espera para receber transplantes irão se tornar história graças a duas técnicas que soam como ficção científica: o cultivo e a impressão de órgãos. Uma das chaves da cada vez mais emergente "medicina regenerativa" é a impressora 3D, aquela que, segundo o guru tecnológico Chris Anderson, provocará uma nova revolução industrial, ainda maior que o surgimento da internet. Assim como é possível criar em instantes brinquedos, alimentos e peças de reposição para máquinas tridimensionais e palpáveis com os materiais e o *software* apropriados, pouco a pouco, bioengenheiros como o norte-americano Hod Lipson, da Universidade de Cornell, arriscam-se a imprimir uma grande variedade de objetos biológicos, por exemplo, cartilagens das orelhas e de menisco do joelho. Em vez de tinta, as bioimpressoras (como a NovoGen, desenvolvida por uma empresa chamada Organovo) contam com géis de células-tronco extraídas da medula óssea dos pacientes e posteriormente cultivadas em laboratório. Os tecidos artificiais são impressos camada por camada. Solidificam-se e, após a maturação em uma espécie de forno, são implantados. O futuro prometido por essas tecnologias e por novos enfoques é estonteante: ainda em fase experimental, as bioimpressoras permitiriam dentro de não muito tempo o desenvolvimento de órgãos sob medida para as necessidades de cada paciente.

> "Imprimir um órgão é como construir um imenso arranha-céu, mas em nível microscópico, utilizando diferentes tipos de células e outros materiais em vez de vigas de aço, cimento e vidro."
>
> **Makoto Nakamura, bioengenheiro da Universidade de Toyama, no Japão.**

Hod Lipson já pensa no dia em que, bastando apertar alguns botões, qualquer médico poderá imprimir novas camadas de pele para uma vítima de incêndio ou fabricar sob demanda um órgão para um paciente com insuficiência renal.

À escassez de órgãos para transplante (coração, pâncreas, pulmões, rins), somam-se outras complicações: a incompatibilidade biológica e a rejeição do próprio organismo. O tamanho do corpo, o grupo sanguíneo e a idade, por exemplo, são alguns dos critérios que devem coincidir entre o doador e o receptor do órgão. Anthony Atala, contudo, aposta que essa situação mudará drasticamente nas próximas duas décadas. Diretor do Instituto Wake Forest de Medicina Regenerativa, dos Estados Unidos, esse urologista está na crista da onda de uma revolução que transformará, como se acredita, a qualidade de vida de milhões de pessoas, como já fez o sul-africano Christian Barnard, o primeiro a realizar um transplante de coração em 1967.

O laboratório de Atala é uma verdadeira fábrica de órgãos: desde que começou seus experimentos em 1990, ele cultiva ali bexigas, vasos sanguíneos e músculos. Atala é líder na ciência da regeneração de tecidos humanos. "Por que não desenvolver em laboratório órgãos do próprio paciente em vez de esperar por um transplante?", perguntou-se um dia. Em 2006, apresentou à sociedade uma bexiga artificial. Fabricados com células dos próprios pacientes (para evitar qualquer possibilidade de rejeição), esses órgãos foram implantados em sete jovens com idade entre 4 e 19 anos que sofriam de uma anomalia congênita que afetara o funcionamento da bexiga e causava problemas de incontinência. Foram os primeiros transplantes de órgãos humanos desenvolvidos em laboratório. As bexigas artificiais implantadas ainda não apresentaram nenhum sinal de deterioração. "É como levar uma torta ao forno", conta Atala. Para fabricar a bexiga sintética (um órgão estruturalmente simples se comparado a um coração ou pulmão), extrai-se um pequeno fragmento de tecido da bexiga para inseri-lo em meios de cultivo que permitam sua multiplicação. Em seguida, as células cultivadas são colocadas, camada por camada, sobre um molde ou matriz de colágeno tridimensional em forma de bexiga. Na sequência, essa estrutura biodegradável é colocada em uma incubadora que imita as condições de temperatura e oxigenação do organismo e, uma vez pronta, é implantada nos pacientes.

Agora, Atala e sua equipe trabalham para reproduzir essa experiência bem-sucedida com outras partes do corpo. Atualmente, cultivam

Um novo paradigma

A medicina regenerativa, ou engenharia de tecidos, e o desenvolvimento de órgãos artificiais são mais que uma moda. São uma tendência biomédica que se espalha pelo mundo. Na Inglaterra, o bioengenheiro Martin Wickham, do Instituto de Pesquisa Alimentar, criou um estômago artificial capaz de simular a digestão humana: imita as reações tanto físicas como químicas que ocorrem durante esse processo. A doutora Hung-Ching Liu, da Universidade de Cornell, está finalizando os detalhes do protótipo de um útero artificial no qual será possível desenvolver um embrião humano fora do corpo da mãe. E o professor Jake Barralet, da Faculdade de Odontologia da Universidade McGill, em Montreal, no Canadá, é conhecido por sua obsessão por imprimir ossos.

Cronologia

1938
O biólogo francês Alexis Carrel publicou o livro *A cultura de órgãos*, em que concebeu algumas das tecnologias hoje utilizadas para suturar vasos sanguíneos.

Anos 1990
O norte-americano Robert Langer fez suas primeiras contribuições para o novo campo da engenharia de tecidos: criou pele humana para tratar vítimas de queimaduras, uma medula espinhal para combater a paralisia, cartilagem e ossos artificiais.

1999
Estreou o filme *O homem bicentenário*. Seu protagonista, o robô Andrew (Robin Williams), desenvolve próteses de órgãos para robôs que também podem ser utilizadas por seres humanos.

2001
Anthony Atala obteve sucesso ao transplantar a seres humanos bexigas sintéticas cultivadas em laboratório.

2003
Thomas Boland, da Universidade Clemson, modificou impressoras de jato de tinta para imprimir proteínas

22 tecidos diferentes, desde válvulas de coração até músculos, pele e dedos. No momento, testam-nos em ratos com relativo sucesso: por exemplo, conseguiram implantar um coração e um fígado artificiais. "Se as salamandras podem regenerar patas, olhos, mandíbula, coração, rins, por que não podemos fazer o mesmo?", questiona. "Não devemos nos afobar. As coisas que são possíveis hoje eram um sonho vinte anos atrás."

Forma e função

Pesquisadores como Gabor Forgacs, fundador da Organovo, não acreditam que os órgãos artificiais dos próximos anos terão a mesma forma e aparência de nossos órgãos atuais, ainda que sua função seja similar. Forgacs prevê que um dos primeiros órgãos produzido sob demanda será o rim: "Pode ser que não se pareça tanto com um rim", diz, "mas funcionará exatamente da mesma forma".

Em poucas palavras:

Já estão sendo produzidos estômagos, úteros, sangue, pele, rins e corações bioartificiais.

Trilha sonora

"Flesh", Aerosmith.
"Who Wants to Live Forever", Queen.

---

com padrões especiais. "Esse avanço científico poderia ter um impacto tão grande quanto a prensa de Gutenberg", disse à época seu colega Vladimir Mironov.

2008
O biofísico Gabor Forgacs conseguiu imprimir veias humanas com base em células de frango.

2011
Paolo Macchiarini, do Hospital Universitário Karolinska, na Suécia, implantou uma traqueia sintética em um homem com câncer de traqueia avançado.

2017
A ETH Zurich imprimiu e testou um coração que bate 3 mil vezes por minuto e é capaz de manter um indivíduo vivo por 30 a 45 minutos.

2025
Neste ano, transcorre o filme *Repo Men: O resgate de órgãos* (2010), que conta a história de dois agentes encarregados de recolher órgãos artificiais que não foram pagos pelos usuários. Essas criações lembram os *artiforgs*, órgãos artificiais imaginados por Philip K. Dick em seus romances *Cantata-140* (1964) e *Ubik* (1969).

19. Taxonomia pop

Durante centenas de milhares de anos, talvez milhões, um pequeno escaravelho cego e amarronzado viveu na mais completa tranquilidade nas cavernas úmidas da atual Eslovênia. Inúmeras gerações desse inseto se sucederam, alheias a dramas e histerias humanos. Até que um dia, em 1932, ele teve o azar de cruzar o caminho de um homem de 52 anos chamado Oscar Scheibel. E, de repente, tudo mudou para esse animal de 5 mm. Com um único gesto, o entomologista nazista sentenciou sua morte: "dedicado ao senhor chanceler Adolf Hitler como expressão de meu respeito", escreveu Scheibel, que batizou o escaravelho recém-descoberto de *Anophthalmus hitleri*.

Desde então, ele deixou de ser apenas um inseto. Tornou-se um troféu, uma relíquia, a figurinha rara que todo colecionador de *memorabilia* nazista deseja ter para completar seu museu do horror. Seus caçadores, que chegam a pagar 1.000 euros por um exemplar, empurraram-no para o abismo da extinção. E tudo por causa de seu maldito nome.

A taxonomia é repleta de histórias de todos os tipos; algumas são relatos de injustiças; outras, de homenagens curiosas, de marketing científico, de tentativas de viver para sempre por meio de uma denominação. Desde a publicação em 1735 de *Systema naturae*, do naturalista sueco Carl von Linné (conhecido entre nós como Carlos Lineu), esta é a disciplina que melhor expõe a falsa cisão entre ciência e cultura. Lembra-nos de que a biologia e a entomologia, por exemplo, são expressões culturais tanto quanto a arte, o teatro e o cinema.

Para demonstrar que não vivem em uma bolha, cientistas de diversas áreas homenageiam de vez em quando seu cantor favorito (uma água-viva, uma aranha e um peixe têm o nome de Frank Zappa) ou destacam um escritor que os hipnotizou (existe uma aranha chamada *Bagheera kiplingi*, por causa de Rudyard Kipling, e um dinossauro, *Serendipaceratops arthurcclarkei*, por causa de Arthur C. Clarke). Ou demonstram respeito ao político de sua devoção, como provam o líquen *Caloplaca obamae* e os escaravelhos *Agathidium bushi*, *Agathidium rumsfeldi* e *Agathidium cheneyi*. Ao fazê-lo, outorgam a eles certa imortalidade, como alguém que dedica um livro a outra pessoa.

> "Se você é taxonomista e acaba mencionado em um artigo da revista *Rolling Stone*, sabe que chegou ao ápice do sucesso."
>
> **Quentin Wheeler, biólogo e diretor do Instituto Internacional para a Exploração de Novas Espécies da Universidade do Arizona, nos Estados Unidos.**

Os anos, os governos e os artistas passam, mas os nomes ficam. Embora vivamos em uma época dominada pelo efêmero, os nomes científicos das espécies, dos asteroides e das crateras permanecem, perduram como inscrições no registro civil da ciência.

A cada ano, cientistas de todos os tipos batizam 15 mil novas espécies de animais descobertas, das mais de 30 milhões que ainda restam, como se acredita, para serem encontradas e catalogadas. Exceto pela vez em que mudaram o nome do *Scrotum humanum* (primeiro osso de dinossauro descoberto na Inglaterra), o Código Internacional de Nomenclatura Zoológica é dos mais flexíveis do mundo: contanto que não ofenda ninguém, pode-se chamar uma samambaia de *Gaga germanotta*, em homenagem a Lady Gaga, ou um dinossauro australiano de *Qantassaurus*, nome de uma empresa aérea. Há uma aranha amarela que se chama *Heteropoda davidbowie*, uma viscacha denominada *Tympanoctomys loschalchalerosorum* e um vaga-lume que atende por *Cheguevaria Kazantsev*. Também é possível batizar uma vespa de *Polemistus chewbacca*, *Polemistus vaderi* e *Polemistus yoda*.

Com os anos, a taxonomia foi se tornando pop. Assim como ocorreu com a física quando, para explicar o bóson de Higgs, os engenheiros do CERN compuseram um rap. Ou quando "Gangnam Style" foi remixada pela NASA. Os últimos batismos científicos revelam até os gostos de biólogos e paleontólogos. Há aqueles que assistem a *The Big Bang Theory* e batizam uma abelha de *Euglossa Bazinga*, em virtude do bordão do personagem Sheldon Cooper, e os fanáticos pela saga *Exterminador do futuro* que batizaram uma mosca de *Agra schwarzeneggeria*.

Conta-se que, na década de 1950, um pesquisador quis batizar um parasita de *Peroni* como agradecimento a Juan D. Perón, mas o ambiente peronista o impediu. Talvez seja por isso que certos políticos e próceres argentinos sejam lembrados de forma mais celestial:

Você sabia que... o geólogo Adiël Klompmaker descobriu, em 2008, o fóssil de um caranguejo pré-histórico no dia da morte de Michael Jackson e, por isso, batizou-o de *Mesoparapylocheles michaeljacksoni*?

Laissez faire

Contanto que o nome proposto seja latinizado e não seja ofensivo, é permitido pelo Código Internacional de Nomenclatura Zoológica. O código ético de nomenclatura zoológica proíbe nomes insultantes ou que impliquem algum tipo de opinião política. Um escaravelho não pode ser chamado de Jesus Cristo ou Maomé, por exemplo. Há casos que se aproximam do limite, como o percevejo *Marichisme* – a pronúncia em inglês soa como "Mary, me beije".

há um asteroide batizado de (1588) Descamisada, por causa de Eva Perón. E existem o (1920) Sarmiento e o (2745) San Martín, que compartilham a órbita entre Marte e Júpiter com os bólides Jodie Foster, Mr. Spock e Rolling Stones, dentre outros.

Os escritores argentinos têm mais sorte. Em 2011, por exemplo, o paleontólogo Sebastián Apesteguía, pesquisador do Conicet, prestou homenagem a Julio Cortázar ao batizar de Cronópio uma de suas descobertas, um mamífero que vivia entre os dinossauros. "É uma dose de liberdade que conservamos",

Cronologia

1758
Carlos Lineu, pai da nomenclatura científica, batizou de *Bufo bufo* o sapo comum para humilhar seu rival, o francês Georges Leclerc, conde de Buffon. Desde então, já foram batizados cerca de 1,8 milhão de seres vivos diferentes no mundo.

1993
Os trilobitas são uma classe extinta de artrópodes. Foram descritas quase 4 mil espécies deles. Uma delas se chama *Struszia mccartneyi*, batizada nesse ano em homenagem ao cantor Paul McCartney.

1995
Um aracnídeo australiano foi batizado de *Draculoides bramstokeri*.

2005
A casa de apostas pela internet GoldenPalace.com pagou 650 mil dólares pelo direito de batizar uma nova espécie de macaco descoberta pela Wildlife Conservation Society no Parque Nacional Madidi, na Bolívia. Assim, o macaco tem três nomes: lucachi, tití de Madidi ou macaco

conta. "Quando precisei nomear um gênero extinto de serpentes com patas, um dos nomes em que pensei foi *Maradonophis*, porque as patas da serpente eram muito robustas, mas no fim mudei de ideia."

Logo, terá uma chance para se redimir. Quem sabe ele não dedique a próxima a Lionel Messi.

Um presente para a eternidade

Há quem dê chocolates, flores, roupas e anéis como presente de aniversário. Já outros são mais originais e presenteiam com a eternidade. Como? Batizando uma nova espécie com o nome do homenageado. É esse o serviço original prestado pela Biopat (http://biopat.de), associação de cientistas sediada na Alemanha que, desde 1999, oferece em troca de uma doação (que varia de 2.500 a 6 mil dólares) batizar com o nome de um filho, amigo ou esposa um ser vivo ainda não catalogado. "Há centenas de milhares de novas espécies que ainda não têm nome", aponta Michael Ohl, do Museu de História Natural da Universidade Humboldt, de Berlim. "Pela Biopat, oferecemos à população a possibilidade de colocar um nome querido em escaravelhos, rãs, orquídeas, lagartixas, borboletas, medusas e vespas."

GoldenPalace (*Callicebus aureipalatti*).

2007

Cientistas espanhóis descobriram em cavernas de Castellón y Tarragona um invertebrado cavernícola de seis patas que batizaram de *Gollumjapyx smeagol*, em homenagem ao personagem de *O senhor dos anéis*, de J. R. R. Tolkien.

2008

A empresa finlandesa Nokia batizou com seu slogan "*Connecting people*" ("Conectando as pessoas") uma nova espécie de verme marinho da costa da Califórnia. Para tanto, pagou 6.300 euros ao Instituto Scripps de Oceanografia de San Diego, dos Estados Unidos, responsável pela descoberta da espécie, hoje chamada de *Nectopopulus* (latinização de "conectando as pessoas"). Só naquele ano, foram descritas 18.516 novas espécies.

2010

Um escaravelho foi batizado de *Hydroscapha redfordi* em homenagem ao ator Robert Redford.

Em poucas palavras:

Como forma de homenagem, os cientistas batizam novas espécies com nomes de atores, músicos e políticos.

Trilha sonora

"Say my Name", Destiny's Child.
"My Name is", Eminem.
"Name", The Goo Goo Dolls.

20. Memória

Dependendo da escala de tempo que usamos para encará-lo, pode parecer muito ou pouco, mas o estudo sistemático de uma função tão crucial quanto a memória começou há apenas cem anos, quando o russo Ivan Pavlov, além de treinar cães salivantes, despojou-a de qualquer interpretação fantasmagórica e a situou dentro das fronteiras da biologia. Em décadas, ela deixou de ser um "grande mistério" e se tornou "apenas um mistério – uma redução bastante significativa, se considerarmos que o funcionamento do cérebro não é muito mais acessível que o centro da Terra ou os limites do universo.

Encerrada há algum tempo a "década do cérebro" (1990-2000) e superado o dualismo cérebro/mente, a memória vem sendo desvendada, e cada pesquisa a despoja mais de seus mistérios.

"Parece básico, mas a memória consiste fundamentalmente em guardar coisas que estão fora do cérebro, que pertencem ao mundo", diz, como quem recita um poema, o pesquisador Iván Izquierdo, talvez o argentino que mais saiba sobre a memória (inclusive, foi um dos primeiros no mundo todo a investigar seus mecanismos). "Transformamos as exterioridades que percebemos por meio de nossos sentidos em códigos e impulsos elétricos e químicos. Passam de um mundo a outro. E, como em toda transformação, algumas coisas se perdem pelo caminho."

Todos chegamos ao mundo amnésicos. No entanto, o que vemos, escutamos e cheiramos é influenciado por tudo o que já vimos, escutamos e cheiramos no passado. Do nascimento à morte, o tráfego incessante entre nossas duas orelhas sacode a escuridão e o silêncio em que nosso cérebro está mergulhado dentro da caixa craniana. Nós não vemos, mas acontece: os quase 100 bilhões de neurônios acendem e apagam como as luzes de um pinheirinho de Natal, conversam entre si e trocam mensagens dentro do órgão mais complexo que conhecemos, o cérebro.

Apesar dos grandes avanços científicos, até hoje ninguém viu uma memória dentro do cérebro humano. O modo exato como um monte

Você sabia que... os atores e os professores são os profissionais de melhor memória, enquanto os taxistas e garçons têm uma memória espacial mais aguçada?

de células consegue armazenar uma memória continua um dos maiores mistérios da ciência.

A pergunta "existe ou não um lugar no qual armazenamos o primeiro beijo ou o rosto de um avô?" fascinou gerações de pensadores durante séculos. Até a segunda metade do século XX, acreditava-se

O verdadeiro Funes, o memorioso

Durante cinquenta anos, o mundo o conheceu como "Mr. S", como se fosse um dos inimigos de James Bond. O que tornava Solomon Shereshevsky (1886-1958) único não era sua maldade, mas sua memória extraordinária. Esse jornalista russo era incapaz de esquecer. Lembrava tudo: sequências longuíssimas de letras e números, o que havia comido ontem e em todos os dias de sua vida. Como concluiu o neuropsicólogo Alexander Luria, o excesso de recordações de Shereshevsky se devia à sinestesia, ou seja, a capacidade pouco comum de mesclar sentidos, o que consolidava suas lembranças. Para o russo, os números tinham cores e formas, e as palavras, cheiros e texturas. Era uma tortura: tinha dificuldade para manter o fio de uma conversa, para abstrair, e os rostos e vozes se misturavam. Terminou a vida dirigindo um táxi pelas ruas de Moscou e morreu, em 1958, no mais completo anonimato.

Cronologia

1885
Um dos pioneiros em estudos experimentais da memória foi o psicólogo alemão Hermann Ebbinghaus (1850-1909), que descobriu a chamada "curva do esquecimento".

1890
O filósofo norte-americano William James disse que, se lembrássemos de absolutamente tudo, ficaríamos tão incapacitados como se não lembrássemos nada.

1950
À época, acreditava-se que a memória se distribuía ao redor do cérebro. Hoje, contudo, sabemos que as lembranças ficam armazenadas no córtex cerebral e, dentro dele, no lóbulo temporal (atrás de cada têmpora).

1953
Extraiu-se o hipocampo de um dos pacientes mais famosos das neurociências, "H.M.",

que a memória ficava distribuída pelo cérebro. Hoje, sabemos que as lembranças ficam armazenadas sobretudo no córtex e, dentro dele, no lóbulo temporal (mais ou menos atrás de cada têmpora), e que o papel do hipocampo é crucial. "Essa estrutura cerebral interna, com o formato de um cavalo-marinho, trabalha como um auxiliar de escritório que compila e guarda diferentes arquivos", expõe o neurofísico argentino Rodrigo Quian Quiroga. "Ela abstrai e liquefaz todos os detalhes para ficar com um conceito e assim gera pensamentos e lembranças. Encarrega-se de codificar as informações que serão guardadas para então transferi-las ao córtex cerebral, no qual as memórias ficam armazenadas."

"Cada vez que nos lembramos de algo, nosso cérebro reescreve essa lembrança para ajustá-la a nossas crenças e expectativas. Esquecer é tão importante quanto lembrar."

Rodrigo Quian Quiroga, neurocientista argentino e chefe de Bioengenharia da Universidade de Leicester, na Inglaterra.

É nessa abstração que residem nossa originalidade e o sucesso evolutivo de nossa espécie. Foi-se a época em que se achava que as lembranças eram uma espécie de estante alojada no cérebro e que a memória humana funcionava como uma câmera de vídeo, registrando os fatos que vemos e escutamos com precisão e nos permitindo revisitá-los mais tarde quando apertássemos um botão de *play* que existiria dentro de nós. Agora, os neurocientistas sabem que o cérebro é o órgão mais trapaceiro de nosso corpo. É um grande falastrão: como também

---

para conter seus ataques epilépticos. Dali em diante, ele não foi capaz de construir novas lembranças. Graças a ele, sabemos que o hipocampo tem um papel crucial na formação de memórias.

2002

Pesquisadores do Laboratório Cold Spring Harbor, nos Estados Unidos, conseguiram ampliar a memória de moscas.

2005

Psiquiatras da Universidade de Cornell descobriram em testes com animais que o betabloqueador propranolol pode interferir no armazenamento de lembranças.

2012

Cientistas espanhóis demonstraram em ratos que as lembranças podem ser apagadas por meio de estímulos elétricos.

O peso de uma lembrança

A ciência tem enigmas e mistérios de toda sorte, mais perguntas que respostas. Por exemplo, ninguém jamais "viu" uma lembrança. Os neurocientistas não sabem exatamente o que elas são. O que podem afirmar é que uma memória é um circuito de neurônios que se ativa de determinada maneira. As memórias se sobrepõem formando camadas, como as de uma cebola. Misturam-se, algumas desaparecem, outras são recuperadas. Até geramos falsas memórias.

intuía Marcel Proust, a memória fabrica nossas histórias tanto com tijolos de nossas próprias lembranças como com o cimento do que lemos ou escutamos. Nossas evocações podem ser distorcidas de modo a se ajustarem às nossas crenças e expectativas. Por isso, todo o passado foi e será melhor.

A memória é falível. Nossas lembranças de coisas passadas são imperfeitas. "Ao lembrarmos de alguma coisa, estamos reescrevendo. Cada lembrança é uma reinterpretação do que aconteceu. Cada vez que lembramos, vivemos uma memória de maneira distinta, a reconsolidamos", aponta Izquierdo. Cada vez que lembramos de algo, a estrutura neuronal da memória sofre uma transformação delicada. Se lembramos de algo com frequência, reconsolidamos essa lembrança.

Vista assim, a memória é um processo incessante, não um depósito de informações inertes. Não existe apenas uma, mas muitas (a de curto prazo gera o fluxo da consciência e nossa percepção do presente; a memória de longo prazo, por sua vez, armazena nosso passado), e elas são perpassadas em seu conjunto pela linguagem. É por isso que ninguém lembra do que fez ou viu quando tinha 8 meses ou 2 anos de idade.

Ao longo dos últimos trinta milênios, contudo, desde que os seres humanos começaram a plasmar suas lembranças nas paredes das cavernas, fomos substituindo pouco a pouco nossa memória natural e interna por memórias artificiais e externas. Vivemos em uma época hiperconectada, cuja maior consequência é o esquecimento digital. Ou, ainda pior, o Alzheimer tecnológico (a tendência a esquecer incitada pela tecnologia).

Em poucas palavras:

A memória não é estática nem falível, mas algo em permanente mudança.

Trilha sonora

"I'll Remember", Madonna.
"I Still Remember", Bloc Party.

21. *Doping* cerebral

Com cada nova lei, surge uma forma de burlá-la. Sim, lugar-comum dos grandes. Mas tem muita verdade nisso: a tentação de recorrer a substâncias de todos os tipos para aumentar uma habilidade e, assim, vencer um oponente se repete em todas as culturas e todas as épocas. Ninguém escapa. Seja em competições esportivas ou fora delas. Por exemplo, os *bersekers*, guerreiros vikings desaforados que lutavam seminus e soltavam espuma pela boca até desaparecerem no século XII, incrementavam sua força lambendo a pele de certos sapos, coberta de um composto químico chamado bufotenina, que intensifica o rendimento físico. Ou os atletas da Grécia Antiga, que comiam diversos tipos de carne e testículos de vários animais para obter vantagens diante de seus oponentes.

O *doping* é tão antigo quanto a mentira. Embora seu caso esteja mais associado à trapaça, que nunca deixa de se aperfeiçoar. De fato, já se fala há algum tempo tanto do *doping* sanguíneo (transfusões de sangue para conceder mais oxigênio a um esportista) como do *doping* genético, ou seja, um leque de terapias para enxertar nos músculos ou bíceps genes de hormônios, como a chamada eritropoietina (EPO), que aumenta diretamente a produção de glóbulos vermelhos.

Os músculos, contudo, não são a última fronteira do *doping*. Ainda existe um continente a ser explorado: o cérebro. O *doping* intelectual ou cerebral já está entre nós: é uma prática para potencializar a criatividade ou aplacar os nervos, reduzir o cansaço e combater a insônia ou a falta de concentração. Nos corredores dos laboratórios de neurociência e nas salas de universidade, já são mencionadas com alguma precaução as palavras como *smart pills*, "pílulas da inteligência" ou "drogas racionais", que esquentarão o debate nos próximos anos. Até já foi lançado um filme que abordou o tema dos também conhecidos "*upgrades* cerebrais" ou "melhorias cognitivas": o neurothriller *Sem limites* (2011). "Tudo o que um dia eu li, escutei ou vi em minha vida se organizou em minha cabeça", conta Eddie Morra (interpretado por Bradley Cooper), protagonista dessa mistura de

Você sabia que... uma pesquisa realizada em 2008 pela revista *Nature* junto a 1.400 pessoas de 60 países revelou que 1 de cada 5 adultos já utilizou drogas como ritalina, adderall, modafinil e donepezila como "reforços cerebrais".

ciência e ficção. "De repente, eu soube exatamente o que fazer e como fazer."

Um mês após começar a tomar a droga mágica NZT-48, esse escritor caótico e arruinado se transforma em uma nova pessoa: aprende a falar italiano e a tocar piano em três dias, escreve um livro em quatro, torna-se multimilionário, ludibria o personagem de Robert De Niro e evita tomar uma surra daquelas ao lembrar de um antigo filme de kung-fu. Embora, claro, não exista nada de bom sem efeitos colaterais: após um período, perde a noção do tempo e acorda em lugares aos quais não sabe como chegou (obviamente, todos sabemos que, muitas vezes, isso acontece sem tomarmos nenhum comprimido).

Não importa o que diz o site www.theclearpill.com (criado para promover o filme): esse comprimido não existe fora do mundo ficcional de *Sem limites*. Ainda assim, *smart pills* semelhantes (ou muito menos ambiciosas) encontram-se em estágio de testes com ratos: algumas estimulam a superprodução cerebral de uma proteína chamada RGS14, que aumenta a memória visual dos ratos. O Prêmio Nobel de Medicina Eric Kandel, talvez o neurocientista mais respeitado da atualidade, demonstrou que, ao manipular células cerebrais chamadas

Os dilemas da neuroética

Sempre que há entusiasmo com as façanhas da neurofarmacologia e suas drogas racionais ou *smart pills*, surgem também dúvidas e receios. É que esses testes levantam diversas questões éticas. Um exemplo: já houve quem pensasse em "armas neurológicas", moléculas transportadas por vírus para afetar o cérebro. Ou tecnologias para ler esquemas de pensamento e fármacos que diminuam as reações emocionais diante da violência ou apaguem lembranças traumáticas. Para refletir sobre esses assuntos, surgiu alguns anos atrás a "neuroética", cujos especialistas se perguntam, por exemplo, se esses *upgrades* darão origem a algum tipo de "neurodiscriminação".

"Em breve, a utilização dessas drogas será tão aceita quanto as cirurgias plásticas. A demanda existe: uma população que envelhece e não suporta perder sua memória, pais obcecados em dar aos filhos qualquer vantagem possível, empregados ansiosos por um trabalho interminável."

Anjan Chatterjee, neurologista.

de "CREB", que intervêm nos processos de formação das chamadas memórias de longo prazo, é possível obter moscas com memória cem vezes maior.

Em humanos, os casos de drogas mais próximas à fictícia NZT (anfetaminas e outros estimulantes, como a cafeína) servem para melhorar ligeiramente a concentração, mas não fazem mais que provocar a ilusão de um aumento de inteligência. Por exemplo, uma droga chamada Modafinil, usada por pessoas que sofrem de narcolepsia (um raro transtorno que as aflige com um sono incontrolável durante o dia), é empregada para manter tropas norte-americanas em estado de alerta durante horas sem sintomas de fadiga.

Como era de se esperar, esses *upgrades* cerebrais estão no olho do furacão: são a mais recente grande polêmica neurocientífica, observada com atenção por um novo ramo da ética, a "neuroética", cujos entusiastas não deixam de se perguntar se chegará o dia em que será necessário pedir aos estudantes uma amostra de urina antes de uma prova para comprovar que não consumiram fármacos estimulantes da memória.

Cronologia

1972
Surgiu no mercado o medicamento Piracetam, de origem belga, considerado o "pai das drogas inteligentes". Foi sintetizado pela primeira vez em 1964, pela companhia farmacêutica UCB (Union Chimique Belge). Melhora a aprendizagem e a memória.

1998
A Food and Drug Administration (FDA), dos Estados Unidos, aprovou a venda do modafinil, um neuroestimulante com propriedades neuroprotetoras e não viciante. Cinco anos depois, ele desbancou as anfetaminas como droga favorita dos pilotos de guerra norte-americanos para missões que exigiam atenção máxima por mais de 24 horas.

2004
O neurologista norte-americano Anjan Chatterjee, da Universidade da Pensilvânia, cunhou o termo "neurocosmética" para descrever a prática de con-

Sonhos transumanos

Os entusiastas dos *upgrades* cerebrais atualizam os postulados dos transumanistas, movimento intelectual que cresceu à sombra dos avanços científicos a partir de 1953, quando o biólogo Julian Huxley (irmão de Aldous, autor de *Admirável mundo novo*) propôs a utilização da tecnologia para aprimorar a condição humana.

Mas, voltando a *Sem limites*, é interessante que o filme foque um novo tema: o consumo de fármacos por cérebros saudáveis (embora, é claro, a definição de "saudável" esteja em constante debate e ainda não tenha gerado consenso). Até agora, a neurofarmacologia girava em torno de pessoas com algum transtorno (déficit de atenção, tratado com drogas como a ritalina, ansiedade, doença de Alzheimer e outras doenças neurodegenerativas, como Parkinson). Apesar do bombardeio de anúncios publicitários enganosos que prometem melhorar a memória (e solucionar os problemas dos estudantes universitários na noite anterior a uma prova final) e de seu insaciável afã de lucro, essa indústria nunca se dirigiu (realmente) a indivíduos sem sintomas de problemas mentais. Até agora.

"Nas pesquisas atuais sobre a química do cérebro, estamos prestes a presenciar uma revolução equivalente à da física quântica nos anos 1920", afirma o neurocientista norte-americano Herbert

---

sumir drogas para fortalecer as capacidades cognitivas.

2005

Um estudo publicado na revista *Psychopharmacology* documentou os efeitos de uma droga contra a doença de Alzheimer chamada donepezila em trinta estudantes saudáveis. O estudo mostrou que, tomando o fármaco por cerca de trinta dias, sua memória de curto e longo prazos melhorava consideravelmente.

2012

Pesquisadores ingleses de associações científicas como a Royal Society, a Royal Academy of Engineering, a British Academy e a Academy of Medical Sciences convocaram um debate público sobre as drogas cognitivas em seu relatório *Human Enhancement and the Future of Work*.

2030

O neurocientista e escritor David Eagleman previu que, até essa data, as drogas racionais serão parte do cotidiano, como os antiácidos e a Aspirina.

Weingartener, preparando-nos para os tempos vindouros. O chefe de estudos cognitivos do Instituto Nacional de Saúde Mental, nos Estados Unidos, antecipa: o *doping* esportivo é apenas um prelúdio do que está por vir, o *doping* mental, esteroides cerebrais para potencializar a memória, a aprendizagem e o pensamento.

Os defensores de *upgrades* (cerebrais, genéticos ou celulares) argumentam que não fomos feitos estrutural ou biologicamente para o ambiente que construímos. "O organismo humano evoluiu para atuar em determinado contexto, para uma vida de caçador e coletor na savana africana", argumenta o filósofo sueco Nick Bostrom em um grande compêndio de ensaios chamado *La ciencia del futuro*. "As condições atuais são recentes demais para que nossa espécie tivesse tempo de se adaptar; assim, é possível que as contrapartidas geradas pela evolução já não sejam ideais. Talvez sejamos capazes de fazer alguns pequenos ajustes para adequar melhor o organismo humano ao seu novo ambiente, ainda que nosso talento para a engenharia não seja comparável nem de longe ao dos processos evolutivos que criaram o *design* original."

Vistos assim, esses aprimoramentos cognitivos – ou, como chamam alguns cientistas, "otimizações evolutivas" – não seriam senão adaptações ao nosso ecossistema atual, esse entorno que nos hiperestimula o tempo todo. Nesse novo habitat, um fármaco que melhorasse nossa concentração e memória compensaria as deficiências de nosso cérebro de caçadores-coletores. No fim das contas, já estamos interferindo em nossas entranhas evolutivas há um tempo: a vasectomia, as pílulas anticoncepcionais e os preservativos, além de melhorarem a saúde de milhões de pessoas no mundo todo, são ferramentas que aumentam nosso controle sobre o corpo, ou seja, sobre a biologia.

Em poucas palavras:

O *doping* cerebral é a prática de potencializar a criatividade e combater a falta de concentração com fármacos em cérebros saudáveis.

Trilha sonora

"Lux Aeterna", Kronos Quartet.

22. Conectoma

As capas de disco dizem muito. Registram e capturam a estética de uma época, como no caso de *The Velvet Underground & Nico* (1967), em que se vê uma banana assinada por Andy Warhol. Ou a ilustração psicodélica feita pelo artista plástico alemão Klaus Voorman para o álbum *Revolver* (1966), dos Beatles. Ou a foto do bebê nu nadando em uma piscina de *Nevermind* (1991), do Nirvana. Outras deslumbram e capturam o olhar por sua mensagem científica. Por exemplo, a capa de *The Dark Side of the Moon* (1973), do Pink Floyd, e o fenômeno da difração da luz e, em anos recentes, o álbum *The 2nd Law*, sexto disco da banda britânica Muse, cuja capa é dominada por uma das imagens de nossa época: o "conectoma", o mapa mais detalhado das conexões cerebrais, o objeto mais misterioso e complexo do universo.

"Somos nosso conectoma", confessa o físico norte-americano Sebastian Seung, um dos cientistas que se dedicam à paciente tarefa de desvendar a complexidade do cérebro e ajudar a entender melhor como ocorrem as percepções, as sensações e os pensamentos. Talvez menos midiática que o Projeto Genoma Humano, embora não menos ambiciosa, essa iniciativa se opõe sobretudo aos fundamentalistas genéticos: somos muito mais que nossos genes, dizem os mais recentes detetives da mente. O que nos torna únicos é o sistema particular de "cabeamento" em nosso cérebro. As intercomunicações entre os milhões e milhões de neurônios são as responsáveis por nossa singularidade.

Lá vai um. Lá vai outro. E mais outro. Poucos dos 7 bilhões de seres humanos que todos os dias acordam, comem, sentem angústia e alegria, dormem e sonham com outros mundos neste mundo percebem a existência de um zumbido oco, que já estava aqui antes mesmo de os seres humanos começarem a chamar a si mesmos de humanos: embora silenciosos e imperceptíveis mesmo para as imaginações mais treinadas, os impulsos nervosos voam com velocidades hipersônicas por um cosmo interno tão ou mais interessante quanto o cosmo externo. Essas faíscas constituem a verdadeira trilha sonora da humanidade, uma *mixtape* elétrica e bioquímica que revela uma conversa

Você sabia que... nosso conectoma tem 1 milhão de vezes mais conexões do que as letras presentes em todo o nosso genoma?

permanente: o diálogo deleitoso dos neurônios, as estrelas invisíveis que preenchem e povoam o interior de nossa cabeça – e, ao fazê-lo, faz com que sejamos da maneira que somos.

Assim é o cérebro, a substância cinzenta e gelatinosa de dobras quase infinitas, o órgão rei, o grande ditador que todos carregamos dentro de nós e que o Projeto Conectoma Humano quer desvendar, descobrindo como se vinculam as bilhões de fibras nervosas em cascatas de neurotransmissores, de modo a criar algo como um mapa das vias cerebrais, imprescindível se quisermos saber onde se encontram as imperfeições do cabeamento neuronal que provocam doenças.

E também como as conexões cerebrais mudam com o tempo. "Os neurônios, como as árvores, podem gerar novos galhos e perder outros", diz Seung. "Podem criar novas sinapses e eliminar outras. Nossas experiências podem mudar nosso conectoma. Por isso, cada conectoma é único, inclusive os de gêmeos geneticamente idênticos. O conectoma é a confluência da natureza e da criação. E é possível que o mero ato de pensar possa mudar nosso conectoma."

Colorindo neurônios

As pesquisas científicas há muito deixaram de ser monopólio dos cientistas. Todos podem (podemos) participar delas por meio de iniciativas que se abrem para a "inteligência coletiva" com projetos chamados de "ciência cidadã" para, por exemplo, decifrar o cérebro. No caso do Projeto Conectoma Humano, a quantidade de informações é tão grande que exige a ajuda de milhões de pessoas. Para tanto, desenvolveu-se uma espécie de jogo *on-line*. Os usuários precisam acessar www.eyewire.org e colorir cada lâmina das tomografias dos neurônios da retina de um rato. Quando juntam todas, cria-se uma média das respostas dos usuários e se obtém uma imagem tridimensional de um neurônio. "É como um livro de colorir em três dimensões", diz Seung, "você colore as ramificações dos neurônios e ajuda a desenhar o mapa do cérebro".

> "Nossa ideia é criar um mapa das conexões em nosso cérebro semelhante aos mapas das companhias aéreas, nos quais é possível ver de onde para onde, como e em quanto tempo viaja cada avião."
>
> **Sebastian Seung, especialista em neurociência computacional do MIT.**

Os neurocientistas sabem que já não vale a pena estudar apenas cérebros doentes: agora, todos os holofotes estão voltados para as investigações de como tomamos decisões, o que é a consciência, qual o papel das emoções, a origem da criatividade, a memória, a linguagem e as demais atividades cognitivas aplicadas à vida diária. Se a primeira metade do século XX foi a era da física, e a segunda parte, a era da biologia, o início do século XXI é a era das ciências do cérebro e da mente, ou seja, das neurociências cognitivas. "Somos cérebros com patas", argumenta o biólogo Diego Golombek, autor de *Cavernas y palacios: en busca de la conciencia en el cerebro*. "Grande parte do que somos está comprimida dentro dele."

Hoje, as ciências do cérebro se encontram no ponto em que a química inorgânica estava na época de Mendeleev ou a física se encontrava na época pré-newtoniana. As ciências do cérebro, que ainda

Cronologia

1980
Após dez anos de trabalho, foi traçado o mapa das 7 mil conexões interneurais do verme *C. elegans*.

1993
Criado o Human Brain Project (Projeto Cérebro Humano), fundo de investimentos do Instituto Nacional de Saúde dos Estados Unidos para decifrar o funcionamento do cérebro humano.

2008
Uma equipe de pesquisadores da Suíça e dos Estados Unidos construiu o primeiro mapa físico de milhões de conexões neurais do córtex em alta resolução por meio de uma técnica ultrassensível chamada Imagem de Espectro de Difusão (DSI), que mapeia o cabeamento dos neurônios pela difusão de moléculas de água no tecido nervoso.

2009
Começou a trajetória do Projeto Conectoma Humano, liderado pela Secretaria de Saúde do Governo dos Estados Unidos. Para estudar as conexões cerebrais, a primeira coisa que se fez foi cobrir um cérebro com um plástico rígido. Em seguida, ele foi cortado em camadas mil vezes mais finas que um fio de cabelo, e

engatinham, já decolaram para uma viagem rumo ao íntimo do ser. E algumas respostas já estão surgindo. Por exemplo, o papel dos lóbulos frontais, considerados pelo grande neuropsicólogo soviético Alexander Luria (1902--1977) "os órgãos da civilização", é a conquista final da evolução do sistema nervoso. "São o CEO do cérebro, o maestro que coordena os mil instrumentos que tocam e ativam", descreve Elkhonon Goldberg em *O cérebro executivo*. "Sem eles, a civilização jamais teria surgido. Ali reside a intencionalidade do indivíduo, o juízo. São cruciais para a imaginação, a empatia, a identidade. Eles guardam os impulsos, as ambições, a personalidade, a essência individual, as previsões e o planejamento. Os lóbulos frontais nos tornam humanos."

Ler a mente

Os desdobramentos do Projeto Conectoma Humano são muitos. Por exemplo, tratar o autismo e a esquizofrenia, chamados por esses pesquisadores de "conectopatias", doenças em que o cabeamento do cérebro é anômalo. Há outro igualmente interessante: a possibilidade de ler memórias de uma pessoa ou um animal, que ficam armazenadas nas conexões entre os neurônios, com base no mapa de suas conexões cerebrais.

---

foi produzida uma imagem de cada camada com um microscópio eletrônico. Ao unir as imagens de todas as camadas, obteve-se um cérebro em 3D.

O Institute of Noetic Science (Instituto de Ciência Noética: http://www.noetic.org) criou um mapa sobre as áreas do cérebro ligadas a diversos aspectos da espiritualidade.

2011

O Allen Institute for Brain Science, dos Estados Unidos, publicou o *Allen Human Brain Atlas* (http://human.brain-map.org), o primeiro mapa do cérebro humano. Funciona como um GPS: é capaz de identificar mil localizações anatômicas do cérebro humano e permite observar como os genes funcionam no nível cerebral.

2012

Apresentados os primeiros resultados do Projeto Conectoma Humano.

Em poucas palavras:

O conectoma é um mapa das rotas do cérebro, uma espécie de Google Earth cerebral.

Trilha sonora

"Madness", Muse.
"Brain Box", Ferry Corsten.
"Brain Washing", Bob Marley.
"Brain Damage", Pink Floyd.

23. Neurocultura

Pouco a pouco, o cérebro humano começa a compreender a si mesmo. Há pouco mais de trinta anos, as neurociências (fragmentadas com o tempo em uma constelação de disciplinas) despojam essa "caixa-preta" de seus mistérios. A concepção e a ideia que tínhamos do cérebro evoluiu. Agora, os cientistas e até o público em geral conhecem um pouco melhor o funcionamento dessa substância cinzenta, gelatinosa e com cem bilhões de neurônios e um número quase infinito de dobras que carregamos entre as orelhas. Nesse caminho, muitas ideias caíram por terra. A dualidade corpo/mente foi abolida e substituída pela concepção de consciência como uma função corporal, um processo que emerge da atividade neuronal no cérebro.

"Quanto mais soubermos sobre o cérebro, mais saberemos sobre a natureza humana. Estudá-lo é o melhor caminho para entendermos os seres humanos e suas diferenças; para responder à pergunta 'quem somos?', para melhorar nossa compreensão da identidade pessoal, da consciência, do juízo moral e da intencionalidade", aponta o francês Jean-Pierre Changeux, um dos neurocientistas mais respeitados do mundo. "Somos homens e mulheres neuronais, criaturas neurobiológicas e sociais." Segundo a neurocientista cognitiva norte-americana Martha Farah, da Universidade da Pensilvânia, a capacidade crescente da espécie humana para compreender o cérebro influenciará a história com a mesma força que o desenvolvimento da metalurgia na Idade do Ferro, a mecanização durante a Revolução Industrial ou a genética na segunda metade do século XX.

Nesse devir, a metáfora rígida do cérebro como computador evoluiu para outra, mais flexível, que concebe um cérebro altamente adaptável, que projeta hipóteses de forma constante e é influenciado pelo meio ambiente: um cérebro cultural. "A cultura esculpe o cérebro. Não somos observadores neutros. Ela nos transforma. A cultura, a sociedade e o ambiente esculpem no cérebro circuitos estruturais geradores de cultura que permitem que se formem representações", enfatiza Changeux. "O cérebro produz a cultura, e a cultura é internalizada

"A neurocultura é uma ponte entre as ciências exatas e humanas. Chegou a hora de unir o pensamento científico a disciplinas como a literatura e a filosofia."

Francisco Mora, neurocientista espanhol.

pelo cérebro. Há uma simbiose causal entre as estruturas socioculturais e a neurobiológica. A arquitetura do cérebro determina o comportamento social e as disposições morais, o que influencia o tipo de sociedade que criamos. E vice-versa: as estruturas socioculturais influenciam o desenvolvimento do cérebro."

Assim, a linguagem e as regras de conduta deixam marcas, internalizam-se nos próprios circuitos neuronais. Certos neurobiólogos os chamam de "circuitos culturais": "as pessoas analfabetas têm circuitos neuronais diferentes dos das pessoas alfabetizadas. Sua conectividade é diferente", diz o pesquisador. "A interação com a cultura é crítica, fundamental."

Faz tempo que os neurocientistas (neurobiólogos, neuroquímicos, psiquiatras) deixaram de ser seus únicos questionadores, aqueles que, com seus escâneres, equipamentos de ressonância magnética, eletroencefalogramas e câmeras de pósitrons, sondam a atividade desse enxame de neurônios interconectados, o órgão da individualidade. Após os anos 1990, a "década do cérebro", as fronteiras entre as disciplinas começaram a se dissolver. A interação entre a neurobiologia e as ciências humanas se tornou irreversível. As neurociências não conseguiram

Cronologia

2006
Pesquisadores canadenses estudaram o cérebro de quinze freiras enquanto elas relatavam suas experiências religiosas. Os escâneres cerebrais registraram aumento de atividade em doze regiões do cérebro, dentre elas áreas envolvidas no registro de emoções e da consciência.

2010
Cientistas da Universidade de Concórdia, no Canadá, afirmaram que tanto o amor como o desejo sexual estimulam as mesmas áreas ativadas em um viciado em drogas: duas zonas cerebrais conhecidas como ínsula e núcleo estriado.

2011
Pesquisadores ingleses revelaram que crianças vítimas de violência e abuso doméstico apresentam mudanças no cérebro semelhantes às de soldados expostos a combates.

Você sabia que... o escritor francês Marcel Proust é considerado por muitos cientistas o "avô das neurociências"?

conter nem responder sozinhas os problemas colaterais e os dilemas éticos que foram surgindo em razão do estudo do cérebro humano.

Conforme avança o conhecimento do cérebro, aquilo que consideramos privado e extremamente íntimo (nossos pensamentos mais inconfessáveis) se abre cada vez mais a olhares de terceiros. Os problemas éticos da genética estão sendo transpostos para a neurociência. Disso

Neuroestética

Nascida em 2002, essa disciplina quase embrionária analisa as bases neurais da contemplação de obras de arte, de sua criação e também da beleza. Inspeciona as áreas cerebrais que intervêm na elaboração e na recepção de uma pintura ou canção. Por exemplo, o córtex orbitofrontal medial, na parte frontal do cérebro. "Sabemos que a empatia, a simpatia e as diversas emoções fundamentais, positivas ou negativas, têm bases neurais", comenta Changeux. "Junto com cientistas, médicos e fisiologistas, os artistas foram muitas vezes os pesquisadores mais perspicazes em termos de fisiologia das paixões. Seria muito interessante realizar um exame exaustivo da atividade cerebral de um poeta enquanto escreve ou de um leitor enquanto curte e sente o prazer de ler um poema."

O neurobiólogo Semir Zeki e sua equipe do Laboratório Wellcome de Neurobiologia da Universidade de Londres descobriram que, quando uma pessoa contempla uma pintura ou obra musical que considera bela, "se acende" uma região específica do cérebro, o córtex orbitofrontal medial.

2012

Pesquisadores da Universidade Western do Canadá e do Museu de Ciências de Londres levaram a cabo o maior estudo para medir a inteligência já realizado até hoje. Sua conclusão foi a de que o coeficiente intelectual não representa a capacidade de um indivíduo para lembrar, raciocinar e pensar. As pessoas viciadas em internet mostram mudanças no cérebro semelhantes às de viciados em substâncias como drogas ou álcool, afirmaram cientistas chineses.

Neurotudo

Assim como tudo se tornou "bio", agora a moda é o "neuro": neuromarketing, neuroeconomia, neurorreligião, neuropolítica, neurolinguística, neuroeducação e muitos "eteceteras". Disciplinas antigas (ou qualquer atividade precedida pela "neurociência de") estão em polvorosa em virtude dos avanços da neurociência. Às vezes, há exageros e cai-se na armadilha que alguns neurocientistas chamam de "neurobobagem" ou "neurolixo".

surgiu a necessidade de estruturar um novo ramo ou disciplina encarregado de explorar os questionamentos filosóficos e morais inaugurados pelas pesquisas e de supervisionar os possíveis conflitos que elas causem: a neuroética. "As neurociências trazem esperanças e disparam alarmes ao mesmo tempo. Já há sinais inquietantes: tentativas de identificar o cérebro terrorista ou desenvolver drogas que modifiquem o cérebro para fins militares", indica a sueca Kathinka Evers, da Universidade de Upsala, que fomenta a discussão das consequências do avanço de pesquisas neurocientíficas, como a psicofarmacologia e a manipulação do cérebro. "Estamos vivendo um momento único da história", garante. "Como vamos reagir e utilizar esse conhecimento? Devemos permanecer vigilantes, mas a vigilância não deve impedir o otimismo."

Em poucas palavras:

Segundo os últimos avanços da neurociência, o cérebro é um órgão flexível, projetivo, narrativo e cultural.

Trilha sonora

"Déjà vu", Gustavo Cerati.

24. Neurônios-espelho

Se o francês Maurice Merleau-Ponty estivesse vivo hoje, seria neurocientista, não filósofo. Há pelo menos quarenta anos, neurologistas, neurocirurgiões e outros neuropesquisadores lidam com assuntos fisiológicos com uma perspectiva quase existencialista e fenomenológica do que é "ser", como fazia o autor de *A estrutura do comportamento* e *Fenomenologia da percepção*. Embora de tempos em tempos haja um refluxo da frenologia (ou seja, da obsessão de cientistas do século XIX, como Paul Broca e Franz Gall, por situar funções mentais em áreas específicas do cérebro), o estudo do cérebro há muito rompeu as amarras da materialidade. Não são analisados e dissecados apenas seus diversos componentes: também se explora o porquê e o como das funções cognitivas que emergem da substância gelatinosa que carregamos dentro da cabeça: a atenção, a inveja, a confiança, o altruísmo, o arrependimento, a memória, a ansiedade, o pânico, a concentração e o raciocínio.

E também a empatia: nossa capacidade de ler o mundo e, em especial, as pessoas ao nosso redor, com as quais interagimos na rua ou em uma partida de tênis ou, ainda, com aquelas que jamais conheceremos, mas vemos na tela da televisão ou do cinema. Ao vê-las, sem trocarmos uma única palavra, sentimos o que elas sentem e demonstram. Se um jogador de futebol sofre um golpe de karatê, até certo ponto isso também dói na gente. Se vemos pessoas chorando de tanto rir, somos contagiados por sua alegria. E, sim, também tem isso: no geral, ver duas (ou mais) pessoas fazendo sexo nos excita. Mas por quê?

Durante 150 anos, esse mecanismo que usamos para intuir o que os outros pensam, sentem e fazem foi um mistério. Mas isso era antes: hoje, sabemos que o segredo está em um grupo de células do cérebro chamadas de "neurônios-espelho", ativado tanto quando vemos duas pessoas se beijando em um filme como quando beijamos nosso cônjuge. "Não pensamos no que a outra pessoa está fazendo ou sentindo, simplesmente sabemos", diz Vittorio Gallese, da Universidade de Parma, ao explicar esse contágio emocional. Ou seja, quando vemos uma pessoa que sofre ou sente dor (um pé descalço batendo em

> "Somos criaturas sociais. Nossa sobrevivência depende de entendermos as ações, as intenções e as emoções dos outros."
>
> **Giacomo Rizzolatti, neurologista italiano.**

uma porta, gente chorando em um velório ou no corredor de um hospital público), os neurônios-espelho nos ajudam a ler suas expressões faciais. E também nos fazem sentir esse sofrimento. É por isso que as emoções são contagiantes.

"Essas células são pequenos milagres graças aos quais atravessamos o dia. São o núcleo de nossa maneira de viver. Criam vínculos entre nós", detalha o italiano Marco Iacoboni, neurologista da Universidade da Califórnia, nos Estados Unidos, em seu livro *Las neuronas espejo: empatía, neuropolítica, autismo, imitación o de cómo entendemos a los otros* [Os neurônios-espelho: empatia, neuropolítica, autismo e imitação ou como entendemos os outros, em tradução livre]. "Por que somos tomados pela emoção ao vermos cenas montadas com grande cuidado e profundamente comoventes em certos filmes? Porque os neurônios-espelho do cérebro recriam para nós a dor que vemos na tela. Sentimos empatia pelos personagens de ficção, porque, literalmente, experimentamos os mesmos sentimentos que eles."

Os neurônios-espelho são a explicação científica de Hollywood. Descobertos apenas em 1996 pelo neurobiólogo italiano Giacomo Rizzolatti, da Universidade de Parma, esses neurônios explicam, por

Cronologia

1996
A equipe do neurobiólogo Giacomo Rizzolatti, da Universidade de Parma, estudava o cérebro de macacos quando descobriu acidentalmente um curioso grupo de neurônios nos lóbulos frontais. Eles eram acionados tanto quando um animal executava certos movimentos como quando contemplava outros se movimentando. Assim, foram batizados de "neurônios-espelho ou especulares".

1997
"A descoberta dos neurônios-espelho fará pela psicologia o que o DNA fez pela biologia", disse o neurologista indiano Vilayanur Ramachandran.

2005
Christian Keysers, da Universidade de Groningen (Holanda), observou que as emoções sociais, como a culpa, a vergonha, o orgulho e até mesmo a humilhação, são refletidas pelos neurônios-espelho. Cientistas da Universidade da Califórnia, nos Estados

Você sabia que... esses neurônios também são conhecidos como "neurônios Dalai Lama", por gerarem empatia e compaixão?

exemplo, por que há tantos canais esportivos na grade de TV a cabo. Nós, homens (e também muitas mulheres), adoramos assistir a partidas de futebol – antigamente, apenas aos domingos, e hoje todos os dias –, campeonatos de tênis, Olimpíadas, surfe e partidas de pôquer (isso é

Neuropolítica

Há pesquisadores que não estudam apenas assuntos que poderíamos chamar de "pesados". Existem aqueles que gostam de assuntos "leves" e aplicam as ciências exatas aos ambientes mais inexatos: a sociedade e o comportamento humano. Conhecidos como "neurocientistas sociais", eles são cada vez mais requisitados. São contratados, por exemplo, por políticos que querem saber o que acontece dentro do cérebro do eleitor, quais reações uma pessoa tem ao escutar, observar e olhar para um candidato, o que motiva alguém a votar em determinada pessoa ou se há um cérebro "de esquerda" e outro "de direita". Essas são algumas das muitas perguntas da "neuropolítica", para quem os neurônios-espelho são peças fundamentais, sobretudo quando um chefe de campanha pretende que os eleitores criem laços, digamos, "empáticos" com um candidato.

Unidos, observaram que os neurônios-espelho de crianças autistas não "acendiam" com a mesma intensidade que os de outras crianças.

2007

Pesquisadores do Departamento de Psicologia do University College London, na Grã-Bretanha, estudaram um fenômeno neurológico chamado "sinestesia do toque espelhado", que permite a certas pessoas experimentar sensações tácteis ao observarem outro indivíduo sendo tocado. Segundo a pesquisa, publicada na revista científica *Nature Neuroscience*, as pessoas que experimentam esse tipo de sinestesia costumam ser mais empáticas.

2010

Primeira gravação de neurônios-espelho em seres humanos. Foi realizada por Itzhak Fried, professor de neurocirurgia e psiquiatria da Universidade da Califórnia.

Neuromarketing

Desde que entraram em cena, os neurônios-espelho são utilizados para explicar quase tudo. Também são a pedra fundamental do neuromarketing: em seu livro *A lógica do consumo*, o dinamarquês Martin Lindstrom afirma que os neurônios-espelho influenciam o comportamento dos consumidores. Por exemplo, diz que o sucesso dos fones de ouvido brancos da Apple se deve ao efeito de imitação. Queremos o que os outros têm, porque vemos que eles estão gostando.

esporte? Pelo amor de Deus), porque, ao vermos Messi, Roger Federer, Lebron James e Gabriel Medina, é como se participássemos nós mesmos. Principalmente se alguma vez já jogamos futebol, tênis, basquete ou tentamos pegar uma onda. É como se, ao observá-los, também estivéssemos jogando.

Os neurônios-espelho explicam como as crianças aprendem por meio de imitações, por que alguns gostam do esporte extremo chamado MMA e outros não e por que um engarrafamento (e a violência dos taxistas e demais motoristas) pode nos afetar, nos exasperar e nos transformar no incrível Hulk quando, no fundo, somos mais bonzinhos que a Lassie.

Esses conjuntos de células são, sobretudo, a base da moralidade: permitem-nos ver o mundo do ponto de vista dos outros e criar elos com pessoas cuja vida parece totalmente alheia à nossa. Os neurônios-espelho, dizem, poderiam ser o cimento biológico da cultura, de nossa civilização e de nossa condição de seres sociais. Eles nos põem no lugar do outro. Somos espelhos com patas.

Em poucas palavras:

Os neurônios-espelho explicam por que, ao vermos muitas pessoas rindo, temos vontade de rir.

Trilha sonora

"Supercollider", Radiohead.

25. Neuroprótese

Cadeiras de roda manejadas com a mente, brinquedos movidos com um mero pensamento, neurocomputadores que funcionam com instruções mentais, tomógrafos que reconhecem ideias, robôs controlados por pessoas em outro lugar do mundo. Se a neurociência e a tecnologia tivessem relações sexuais (sem proteção), essas invenções seriam seus filhos. E seu sobrenome seria "neuroprótese", um campo interdisciplinar que já largou as fraldas e dá seus primeiros passos: rodeada de promessas, favorece novas maneiras de dialogar com o mundo, interfaces homem-máquina que permitem a comunicação ou a ação por intermédio do pensamento.

Voar e movimentar objetos com a mente são alguns dos desejos mais profundos e duradouros da humanidade. O primeiro se consumou com a invenção de Santos Dumont no início do século XX. O segundo se satisfaz em parte com os artefatos do século XXI.

É o retorno da telecinesia (ou psicocinese), muito em moda na Rússia em 1890 com Alexander N. Aksakof, ou nos Estados Unidos em 1914 com Henry Holt e defendida nos anos 1960 por uma tal Nina Kulagina e outros charlatões. Embora, nesse caso, não haja nada de suspeito. Trata-se de pura ciência: a integração perfeita entre cérebro e máquina. Ou, como chamam alguns, neurotecnologias.

Os primeiros beneficiários da "telepatia científica" são aqueles que, até agora, não viviam muito bem: pessoas que sofreram alguma lesão na medula espinhal ou com uma doença que as paralisou e condenou à pior de todas as prisões: seu próprio corpo.

No Centro de Neuropróteses da Escola Politécnica Federal de Lausanne (EPFL), na Suíça, por exemplo, o espanhol José del Rocío Millán está aperfeiçoando uma cadeira de rodas movida apenas com o pensamento. Não é preciso mover nenhum músculo. Nem piscar os olhos. Basta querer andar. O segredo está em um capuz de eletrodos em contato com o couro cabeludo da pessoa. É como realizar um eletroencefalograma: o capuz lê a atividade conjunta de bilhões de neurônios e transmite a informação a um computador

Você sabia que... em janeiro de 2013 a violoncelista Katinka Kleijn deu um concerto em Chicago, nos Estados Unidos, com um capacete que lia suas ondas cerebrais?

instalado na cadeira. A pessoa só precisa pensar e a cadeira se move. A mente é o novo piloto.

Por ora, contudo, essa tecnologia é um pouco imprecisa. "O cérebro é como um maestro que produz uma sinfonia, mas com certo ruído estático", diz Millán. "O desafio é discriminar, em meio ao caos, cada instrumento individual e fazer com que a ordem mental enviada seja executada da melhor forma possível."

Neurojogos

O neurocientista norte-americano Frank Guenther, da Universidade de Boston, gosta de videogames, mas nem tanto da dor nas articulações das mãos após passar horas apertando botões de um controle. Por isso, criou um dispositivo que converte os impulsos elétricos gerados pelo cérebro em sinais sem fio que são enviados a um receptor, interpretados por um computador. O problema é que isso requer o implante de eletrodos no córtex cerebral. Isso não incomodou muito Matthew Nagle, que é tetraplégico e, em 2003, utilizou uma dessas interfaces (chamada *Brain Gate* e desenvolvida pela Universidade de Brown). Assim, Matthew se tornou a primeira pessoa a usar uma interface cerebrocomputacional. A primeira coisa que fez foi jogar o clássico videogame *Pong*.

Cronologia

1982
Clint Eastwood protagonizou e dirigiu o filme *Raposa de fogo*, em que um piloto norte-americano roubava um avião soviético cujos armamentos eram controlados pelos pensamentos do piloto.

2007
Passou a ser comercializada a primeira interface cerebrocomputacional, chamada BCI Kit (*Brain Computer Interface Kit*), da empresa Guger Technologies.

2008
O exército dos Estados Unidos investiu 6 milhões de dólares no desenvolvimento de um capacete capaz de processar impulsos cerebrais, para que as tropas pudessem controlar sistemas militares com o pensamento.

2009
Lançado o Epoc, um leitor de ondas cerebrais.

2012
Realizada a primeira comunicação com um paciente em estado vegetativo através de uma máquina de ressonância magnética.

"As interfaces cerebrocomputacionais poderiam estabelecer uma nova forma de comunicação."

Michael D'Zmura, professor de ciências cognitivas norte-americano.

Em outros casos, as neuropróteses servem para movimentar braços robóticos, como já havia sido testado em macacos algum tempo atrás. E como também vem fazendo desde 2012 Jan Scheuermann, uma norte-americana de 57 anos paralisada do pescoço para baixo em decorrência de uma degeneração espinocerebral. Após pensar com calma durante meses, permitiu que cientistas da Universidade de Pittsburgh implantassem nela dois sensores (de 4 por 4 mm) no córtex motor de seu cérebro. Ali, centenas de agulhas minúsculas de cada sensor captam a atividade elétrica de 200 células individuais, que então são traduzidas em ordens para mover um braço robótico. Assim, após um árduo treinamento, Jan conseguiu dobrar o cotovelo, o pulso e agarrar objetos usando apenas o pensamento.

Tecnologias da esperança, as neuropróteses ampliam o leque de opções que temos para nos comunicarmos com as máquinas: com os olhos (tecnologia de *eye tracking*), luvas (graças a um *gadget* chamado AirMouse, semelhante ao que vimos no filme *Minority Report*) ou o movimento do corpo (com o conhecido controlador Kinect). E de algum modo fazem com que nos sintamos cavaleiros Jedi (ou Sith,

---

Com uma interface cerebrocomputacional chamada BCMI, pesquisadores da Universidade de Plymouth, na Inglaterra, conseguiram compor música apenas com a mente.

Saiu no mercado o MindWave, uma espécie de fone da empresa NeuroSky com o qual é possível controlar um telefone celular com a mente. O capacete lê as ondas alfa e beta do cérebro como em um eletroencefalograma, e os dados viajam por *bluetooth* até um computador.

2013

Começaram os recitais "neuronais".

Surgiram os primeiros filmes interativos com controle mental. O promotor desse novo gênero é MyndPlay (www.myndplay.com), um sensor de atividade cerebral que influencia o desfecho de um filme. No momento, há dois filmes: *Paranormal Mynd* e *Bullet Dodger*. De acordo com o grau de concentração do espectador, os personagens dos filmes podem sobreviver ou morrer.

Hackers mentais

Como costuma ocorrer com essas tecnologias, as neuropróteses já instigaram debates de toda sorte. Há quem cogite, por exemplo, a aparição de neurohackers. Esses dispositivos poderiam abrir as portas para que pessoas como as que entram em computadores sem permissão invadissem cérebros alheios, controlando seus braços robóticos, e até fazer com que uma pessoa de braço robótico se suicidasse a distância. Será exagero?

como Darth Maul ou Darth Vader) que podem usar a "Força" à vontade para movimentar objetos.

Por enquanto, contudo, os pesquisadores que encorajam essas invenções não pretendem se mudar para uma galáxia muito distante. Sabem que ainda vivem a pré-história das neurotecnologias. E nem sequer suspeitam o que será possível fazer no futuro. Será que algum dia mudaremos de canal usando o pensamento? Se isso acontecer, ninguém nem nada poderá nos arrancar do sofá. E muito menos da cama.

Em poucas palavras:

As neuropróteses permitem a pessoas tetraplégicas movimentar braços robóticos apenas com o pensamento.

Trilha sonora

"Mind", Talking Heads.

26. Antropologia alimentar

As comidas são ricas em vários aspectos: sabor, tradição e nutrientes, que saciam a fome, e também pelas múltiplas linhas de pesquisa que evocam. É que a comida e sua prática, a alimentação, há muito adentraram o campo de ação da antropologia, que as desconstrói e analisa até o último detalhe para ver e ler no bife com purê ou na coxinha de frango e na salada, por exemplo, a própria sociedade, seu imaginário, suas representações, suas possibilidades de acesso e seus gostos.

"A alimentação é uma prática totalmente obscura, porque é algo que fazemos todos os dias e parece natural, mas é por meio dela que uma sociedade se reproduz física, social e simbolicamente", aponta a antropóloga argentina Patricia Aguirre, que define essa disciplina como a abordagem da alimentação como fato social ou, se preferirmos, a análise social da alimentação.

Diferentemente dos nutricionistas, os antropólogos da alimentação não saem nas ruas dizendo às pessoas o que devem ou não comer. Em vez disso, eles (e elas) estudam o que faz com que se selecione, dentre a infinita gama de alimentos disponíveis para onívoros como os seres humanos nos dias de hoje, em diferentes culturas, diferentes tempos e diferentes geografias, um pequeno leque que chamamos de "comida". E também por que tais alimentos são produzidos, distribuídos e legitimados de determinada maneira. Por exemplo, por que algumas culturas comem cães e outras não? Por que nós não comemos uns aos outros? Por que, quando um homem almoça apenas uma salada, sentimos que falta "alguma coisa"?

Assim, os antropólogos encaram a alimentação como uma prática cultural: além de uma prática advinda de uma necessidade fisiológica, tirânica e democrática (comer), é o produto de relações sociais e, ao mesmo tempo, as produz. Decorre de uma forma de produção, de uma forma de se relacionar com o ecossistema, de uma tecnologia, de uma economia, de uma estrutura de direitos que legitima quem pode comer o quê. "Os diferentes gêneros comem de maneira

Você sabia que... escritores como Lord Byron, Nietzsche e Henry James faziam dieta?

diferente. Não há nada que diga que as mulheres devem comer frango, e os homens, bife", explica Aguirre. "Mas, no imaginário social, constroem-se dietas femininas e masculinas, alimentos próprios de crianças, adultos e idosos. Nós estudamos esse jogo dos alimentos na sociedade, que obviamente é produto das relações sociais que o precedem e contribui para cristalizar algumas e dinamizar outras."

Dieta paleolítica

Apesar de vivermos em um mundo repleto de tecnologia, nosso corpo é estruturalmente o mesmo que o dos antigos homens das cavernas, os caçadores-coletores do Paleolítico. Por isso, nos últimos anos, entrou na moda a chamada "dieta paleolítica", rica em fibras, com menos sódio, sem lactose, sem açúcar refinado, grãos, batatas, açúcar e leguminosas, aditivos químicos ou outros alimentos que não existiam antes da invenção da agricultura. "É a dieta à qual todos estamos idealmente adaptados, e o plano nutricional para uma vida inteira que normalizará seu peso e melhorará sua saúde. Eu não criei essa dieta; quem criou foi a natureza. Essa dieta foi incorporada aos seus genes", diz a contracapa do popular livro *A dieta do paleolítico*, de Loren Cordain.

Cronologia

1820
O escritor Lord Byron foi um dos primeiros devotos das dietas: uma delas consistia em limpar e purgar o corpo bebendo vinagre todos os dias.

1910
O norte-americano Horace Fletcher, apelidado de "o grande mastigador", afirmava que uma maneira de perder peso era mastigar pelo menos 32 vezes cada pedaço antes de engoli-lo e insalivá-lo copiosamente. Entre seus seguidores, estavam o magnata do petróleo John D. Rockefeller e o escritor Henry James.

1970
Auge da dieta Atkins, que recomendava a ingestão de muitas gorduras e proteínas e praticamente nenhum carboidrato. Aspecto negativo: causava mau hálito.

2010
Pesquisadores da Universidade de Manchester, na Inglaterra, descobriram por que a comida servida nos aviões tem gosto ruim: o nível de ruído de fundo nos

"Na vida dos gregos e dos romanos, tudo girava em torno da saúde física e mental. Foi apenas a partir do século XIX que as pessoas começaram a fazer dieta por razões estéticas mais que de saúde."
Louise Foxcroft, historiadora inglesa.

Os que as revistas chamam de "dieta saudável" (rica em frutas e verduras) é, na realidade, uma construção histórica. Há cinquenta anos, esse rótulo cabia a uma dieta cheia de carboidratos e proteínas animais. Por isso, os antropólogos dizem que a alimentação é *contextual*.

O antropólogo Claude Fischler afirmava que não ingerimos apenas nutrientes, mas também sentidos. Ou seja, não comemos o que comemos apenas por seu sabor. Além disso, se o fizéssemos apenas pelo valor nutricional, há muito tempo consumiríamos alimentos balanceados ou pílulas. Isso pode ser visto com clareza na comida ingerida fora da Terra, onde as dietas dos astronautas seguem as pautas culturais de seus países de origem: seja frango desidratado ou sorvete, cada um leva o que está acostumado a comer.

"A comida serve para seduzir, para marcar o *status* de uma pessoa, serve como eixo para as relações sociais", enumera Aguirre, coautora do livro *Comer – puentes entre la alimentación y la cultura* [Comer – pontes entre a alimentação e a cultura, em tradução livre]. "Os eventos políticos são celebrados com um tipo de comida específico. A comida marca as diferentes festividades: as pessoas em um velório se servem de

---

aviões afeta nossa sensibilidade ao sabor dos alimentos e a percepção de sua textura.

2012

O professor de filosofia e diretor do Centro de Estudos dos Sentidos da Universidade de Londres, Barry Smith, afirmou que o sabor da comida não é igual para todos: depende da quantidade de receptores que temos na língua.

Em um restaurante chamado Sonccolay, na cidade de Arequipa, no Peru, come-se da mesma maneira que os habitantes pré-incaicos faziam há mais de 800 anos. Por exemplo, carne de lhama, alpaca e *rocoto* (um tipo de pimenta semelhante ao pimentão) recheado.

2013

Um relatório do Instituto de Engenheiros Mecânicos da Grã-Bretanha concluiu que entre 30 e 50% de todos os alimentos produzidos no mundo vão para o lixo.

Gênero e nutrientes

O gênero também influencia na escolha dos alimentos. O churrasco, dizem os antropólogos, é uma comida masculina. Os homens associam a carne ao poder, à força e à masculinidade. Além disso, os indivíduos atrelam suas escolhas alimentares à concepção do próprio corpo. Os ideais diferem: os segmentos de baixa renda querem um corpo forte; os de média renda, um corpo belo; e os de alta renda, um corpo saudável.

café, não de champanhe. Com a comida, também demonstramos que pertencemos a um grupo."

Ou seja, somos o que comemos. Como podemos ver, a alimentação tem uma dimensão simbólica e subjetiva. O sabor, que parece algo tão pessoal, é na realidade uma construção social. Não há nada de natural na alimentação humana, dizem os antropólogos. As preferências são construções sociais. As sociedades constroem seu gosto. Nas palavras dos franceses: "Diga-me o que comes e eu te direi quem és".

Em poucas palavras:

Nós nos alimentamos de nutrientes, mas também de representações culturais.

Trilha sonora

"Apples and Oranges", Pink Floyd.
"Cake and Sodomy", Marilyn Manson.
"Mayonaise", Smashing Pumpkins.

27. Gastronomia espacial

Estrogonofe, tortilha, codorniz, frango, tomate-cereja, ovo mexido, omelete de presunto e de ameixa, picles, arroz com lula. E mais. O cardápio das missões espaciais se torna mais exótico e variado a cada dia. Longe da época dos queijos encapsulados em tubos parecidos com pasta de dente ou das barrinhas de proteínas com sabor de chocolate e banana, os homens e as mulheres que hoje trabalham e vivem no espaço compensam os incômodos da microgravidade e o desespero da solidão e da abstinência sexual com cafés da manhã, almoços e jantares suculentos e variados, preparados por nutricionistas e chefs de renome internacional.

Os cardápios espaciais estão mudando tanto que a China, o terceiro país a colocar um ser humano em órbita, já começou a vender nos supermercados os mesmos alimentos consumidos por seus cosmonautas (chamados "taikonautas"): porco assado, guisado de pato, aperitivos de melão congelado, chips de banana e *Yue Bing* ou "bolo da Lua".

Viver no espaço nunca foi fácil ou cômodo. Os astronautas das primeiras missões tripuladas sofriam cada vez que precisavam colocar algo na boca. Flutuar em razão da microgravidade pode ser divertido por um tempo (e atraente diante das câmeras), mas a longo prazo se torna chato. Tarefas rotineiras e aparentemente simples realizadas pelos seres humanos há milhares de anos por aqui, na Terra, como almoçar ou jantar (melhor nem falarmos em ir ao banheiro) geravam uma grande complicação, que exigia uma coordenação precisa, como um relógio, dos olhos e braços de acordo com o movimento aleatório dos alimentos.

Comer batata frita – como faz Homer Simpson no episódio "Deep Space Homer" [Homer astronauta] – ou pão poderia encher a Estação Espacial Internacional de migalhas e provocar uma catástrofe. Assim, surgiu a ideia de compactar a comida em cubos mastigáveis ou simplesmente desidratá-la. De fato, os sucos (como Tang, batizado de "bebida dos astronautas") e o café em pó que hoje mantém metade do mundo acordado surgiram nos anos 1960 com as missões Mercury, da NASA.

"Nossos astronautas experimentam a comida na Terra, indicam suas preferências e as repassam para nós."

Tatiana Gavroutchenko, especialista em alimentação espacial da Agência Espacial Russa.

John Glenn, o primeiro norte-americano a ir ao espaço e comer por lá, teve o raro privilégio de degustar gelatinas, sopa de cogumelo, suco de uva, frango com molho e morango, todos embalados em tubos de alumínio. As missões Gemini melhoraram a qualidade dos alimentos: coquetel de camarão, pão tostado com canela, cubinhos de chocolate, compota de maçã, sopa de frango, refogado de carne e pudim de manteiga foram adicionados ao cardápio. O grande salto qualitativo se deu com o programa Apollo, o mesmo que pôs Neil Armstrong & Cia na Lua em 1969: a inclusão de água quente nas naves ampliou a variedade dos alimentos e melhorou o sabor.

A entrada em cena dos talheres fez com que cada comida se tornasse um pouco mais "terrestre": enfim, os astronautas podiam saborear café, bacon, flocos de milho, ovos cozidos, biscoitos de queijo, pudim de chocolate, salada de atum e salsichas. Na época da Skylab (a primeira estação espacial norte-americana, que orbitou o planeta de 1973 a 1979), os membros das missões espaciais já podiam escolher dentre 72 pratos e 20 tipos de bebida.

Contanto que sejam cumpridos os requisitos nutritivos básicos (de 3.200 calorias por dia para os homens e 1.900 para as mulheres) e os alimentos sejam ricos em cálcio e vitaminas (para evitar a degeneração dos ossos), os astronautas da atual Estação Espacial Internacional podem escolher os alimentos de seu café da manhã, almoço e jantar antes de entrar em órbita. O israelense Ilan Ramon, que morreu na tragédia do ônibus espacial Columbia em 1º de fevereiro de 2003, por exemplo, não comia nada que não fosse *kosher*. O astronauta coreano Ko San, por sua vez, não quis esquecer suas origens e optou por *kimchi* (conserva fermentada de acelga picante), *bulgogi* (o tradicional churrasco coreano) e *bibimbap* (arroz mexido com ovo e verduras).

"A alimentação é fundamental para o desempenho dos astronautas", comenta o médico argentino Daniel Vigo, pesquisador do Conicet que se dedica a estudar como diferentes fatores relacionados ao

Você sabia que... a primeira comida consumida na Lua foi uma hóstia? Foi comida pelo astronauta Buzz Aldrin, em julho de 1969, no módulo lunar Eagle.

confinamento afetam a atividade do sistema nervoso autônomo dos participantes do Mars 500, a missão na Terra que simula uma viagem a Marte. "Estuda-se o efeito de certos aminoácidos na regulação do humor, da atenção e de seu rendimento, bem como analisam-se os efeitos da redução gradual do sal na pressão arterial."

Dentre os 180 tipos de comida permitidos na estação que funciona desde 1998, os astronautas russos preferem *borsch* (sopa de beterraba), *kharcho* (sopa picante de arroz típica da Geórgia) e picles. Caso queiram desfrutar de uma boa e típica sopa de macarrão japonês (ou *lámen*) preparada com porco ao *curry*, batata, cenoura e cebola, precisam esquecer tudo o que aprenderam quando crianças e, em vez de tomá-la, os astronautas devem mastigá-la após colocarem-na em um saco plástico com 25 ml de água a 80°C. Inclusive, a Agência de Exploração Aeroespacial do Japão (JAXA) reagiu a isso incluindo *sushi* e *sashimi* no cardápio.

Sejam eles vegetarianos, fiéis adeptos da comida *kosher* ou amantes de doces, o certo é que os astronautas gostam de comida picante: ao

Dieta Apollo

Durante as missões Apollo (1968-1972), ocorreram as primeiras melhorias na dieta espacial. Estrearam as colheres, as barrinhas de frutas e cereais e a comida desidratada em sacos plásticos selados a vácuo, como ovo mexido, salada de atum, manteiga de amendoim, espaguete, rosbife e biscoitinhos de queijo. Alguns alimentos, como cereais e biscoitinhos em cubo, podiam ser ingeridos sem nenhum preparo. Outros, contudo, precisavam ser misturados com água quente. Apenas em 1973, na estação espacial norte-americana Skylab (1973-1979), foram instalados pela primeira vez um forno elétrico e uma geladeira: seus ocupantes chegaram a comer cardápios de 72 pratos que variavam em ciclos de seis dias. Assim, os astronautas puderam comer sorvete e comidas congeladas. O garfo e a tesoura também fizeram seu *début* espacial nessa missão.

Rango orbital

Com os anos, a comida espacial adquiriu aspecto semelhante ao da comida na Terra. Além de alimentos nutritivos, há algum tempo foram incluídos nos cardápios chocolates, biscoitos salgados, pastilhas contra o mau hálito e outros lanchinhos. O motivo: nos primeiros dias no espaço, os astronautas perdem o apetite e surgem problemas gastrointestinais. Assim, substituem almoços por lanchinhos mais calóricos.

perderem o sentido do olfato quando o sangue sobe à cabeça pela ausência de gravidade, os mais pedidos são os sachês de ketchup e outros condimentos com pimenta para ressaltar o sabor da comida e, de passagem, lembrar um pouco o que eles chamam de "casa".

Cronologia

1961
O russo Gherman Titov foi o primeiro ser humano a ingerir alimentos no espaço. Bastante insossa, a comida espacial era guardada em tubos de alumínio e em cubos. Foi assim durante as missões Mercury (1961-1963) e Gemini (1964-1966) da NASA. Para que as migalhas não danificassem os equipamentos, predominavam gelatinas e alimentos em pó.

1963
A cosmonauta Valentina Tereshkova se tornou a primeira mulher a comer fora da Terra na sonda Vostok 6. Desde então, todos os cardápios e alimentos espaciais ingeridos por cosmonautas são produzidos na fábrica Biryulyovsky, em Moscou. A maioria é conservada em latas de alumínio ou é desidratada para pesar menos e ocupar menos espaço. A ração diária de

Em poucas palavras:

O cardápio dos astronautas se desenvolveu e ficou mais rico. Atualmente, é possível escolher entre 180 tipos de comida.

Trilha sonora

"We're All Made of Stars", Moby.
"Looking for Astronauts", The National.
"Space Junk", Devo.
"Spacelab", Kraftwerk.
"Man on the Moon", R.E.M.
"Walking on the Moon", The Police.
"Starlight" e "Supermassive Black Hole", Muse.
"Black Star", Radiohead.
"I Took a Trip on a Gemini Spaceship", David Bowie.

---

um cosmonauta na Estação Espacial Internacional (dois cafés da manhã, um almoço e um jantar) tem custo estimado em 350 euros.

2006

A universidade japonesa de Okayama e a Academia Científica Russa começaram a cultivar cevada na Estação Espacial Internacional. Em 2009, foi posta à venda a cerveja Sapporo Space Barley, feita com esse cereal.

2008

Os astronautas do ônibus espacial Endeavour degustaram os primeiros pratos de *lámen* – uma das comidas instantâneas mais populares do Japão – desenvolvidos especialmente para o consumo no espaço: uma massa compacta de espaguete misturado com verduras, frango, porco ou outros ingredientes, à qual se deve acrescentar, pela abertura do pacote, cerca de 25 ml de água.

28. Nutracêutica e alimentos funcionais

O mundo é cada vez mais biotecnológico. Para onde quer que olhemos, abundam as criações alteradas pela engenharia genética: biofármacos, plásticos biodegradáveis, plantas modificadas geneticamente. Pouco a pouco e com muita informação, a má fama da biotecnologia vai se dissipando conforme seus benefícios prevalecem sobre os possíveis inconvenientes. Os biotecnólogos preveem que as críticas – às vezes exageradas, outras nem tanto – irão se acalmar quando, além de comer por prazer, para satisfazer uma necessidade básica universal, comeremos para nos sentirmos melhor.

A indústria agrobiotecnológica promete causar um rebuliço com a segunda geração de cultivos transgênicos, os "alimentos funcionais". Não só não pesarão nos estômagos mais frágeis nem engordarão, segundo dizem, como também curarão doenças com uma única mordida. Talvez seja um pouco de exagero. Mas ela está chegando. Pouco alardeada, essa nova revolução silenciosa já está mirando em bananas e tomates-vacina. É esse o foco dos cientistas da Universidade de Cornell, nos Estados Unidos, que já anunciaram sua intenção de desenvolver bananas-vacina contra a hepatite, embora ainda não saibam como regular a dose.

Ultimamente, a ciência e a comida costumam andar cada vez mais juntas. Não apenas nas fotos dos livros de receitas, mas também nos laboratórios e nos cardápios de restaurantes exclusivos que se gabam de sobremesas feitas com nitrogênio líquido, pratos cozidos a vácuo e outras criações da chamada gastronomia molecular, ou seja, uma abordagem científica na cozinha que mostra que essas duas artes (a do mundo científico e a das panelas e frigideiras) podem dialogar e se beneficiar mutuamente ao percorrer o mesmo caminho.

É claro que isso não é novidade. Faz tempo que, nos laboratórios químicos, biotecnólogos e biólogos mexem com tomates, bananas, cenouras e soja para ver o que acontece quando tiram genes de um e colocam em outro. Os resultados ganharam o rótulo de "alimentos transgênicos", duas palavras que, juntas, gozam de péssima fama,

> "Acho que as vacinas comestíveis podem ser de grande auxílio para conter a hepatite e a diarreia no mundo."
>
> **Anthony Fauci, imunologista e diretor do Instituto de Alergias e Doenças Infecciosas dos Estados Unidos.**

embora elas próprias não tenham feito muito para merecê-la. Já existem lavouras que resistem a pragas, doenças e solos inóspitos. Também são cada vez menos exóticas as plantas que produzem alimentos ultranutritivos e as que sobrevivem cada vez mais a secas, nevascas, solos de alta salinidade e chuvas de granizo. E não são poucas as sementes geneticamente modificadas para atrasar sua "data de validade", de forma a ampliar o tempo de armazenamento e transporte.

Os loucos por cerveja deveriam agradecer a esses novos empreendimentos. Seu aspecto não será alterado (ou agraciado com a "barriga de cerveja") quando degustarem cervejas dietéticas fermentadas com leveduras melhoradas geneticamente.

Também conhecidos como nutracêuticos, esses produtos enriquecidos ou projetados que, além das propriedades nutritivas, trazem benefícios para a saúde já ocupam as gôndolas de supermercados: há o leite com ômega 3, que previne doenças cardiovasculares, margarinas com fibra, vitaminas provenientes das frutas, ácidos graxos dos peixes e os benefícios do ácido fólico e gelatinas com ferro e insulina, um nutriente com efeitos probióticos benéficos para o sistema digestório. Embora, é claro, também haja casos cujos benefícios sejam questionáveis e que se tratam de meras estratégias de marketing.

O iogurte é o melhor exemplo de como o conceito de alimento está mudando. Considerado um produto secundário até algumas décadas atrás, nos últimos tempos ele se tornou um superalimento funcional com a adição de substâncias vendidas como mágicas: probióticos como os bífidos e *Lactobacillus acidophilus*, microrganismos que estimulam o sistema imunológico.

Você sabia que... existem laboratórios científicos que estão desenvolvendo bananas e alfaces que vacinam contra a hepatite B?

Projeto Henufood

Assim como os chamados alimentos funcionais se multiplicam no mercado (aproveitando uma importante lacuna legislativa), também crescem as dúvidas sobre suas propriedades, muitas vezes exageradas pela publicidade. Para comprovar sua veracidade, nasceu na Espanha o projeto Henufood (www.henufood.com), que pesquisa os ingredientes desses produtos com o objetivo de demonstrar cientificamente suas propriedades benéficas para a saúde.

O virologista Steve Wessenlingh, do Instituto Macfarlane para a Pesquisa Médica e Saúde Pública de Melbourne (Austrália), é um dos cientistas que enxergam um pouco mais adiante ao prever que a batata, o alface e a banana, se modificados geneticamente, seriam o veículo ideal para as vacinas orais (nesse caso, comestíveis), com as quais seria possível, por exemplo, vacinar contra o sarampo 90% da população da África. Atualmente, estão sendo testadas em humanos as vacinas comestíveis contra a cólera na batata, contra a raiva no espinafre e contra a hepatite B no alface.

É possível que, dentro de alguns anos, os médicos parem de receitar medicamentos caros e sugiram que passemos em uma boa quitanda.

Cronologia

1980

Surgiram no Japão os "alimentos funcionais", incentivados pelo governo com o propósito de reduzir os custos de saúde de uma população cada vez mais envelhecida. Desde então, surgiram no mercado mais de cem produtos com licença Foshu (Foods for Specified Health Use ou "alimentos de uso específico para a saúde"), que têm um selo de aprovação do Ministério da Saúde japonês.

1989

O doutor Stephen DeFelice, presidente da Fundação para a Inovação em Medicina dos Estados Unidos, criou o termo "nutracêutica", palavra derivada de "nutrição" e "farmacêutica".

2000

O Departamento de Ciências Vegetais do Instituto Federal Suíço de Tecnologia desenvolveu o "arroz dourado", uma semente transgênica

Neofrutas

A biotecnologia e seus cultivadores não fazem mais que aperfeiçoar técnicas antigas. Há várias décadas, por exemplo, um grupo de produtores californianos criou, após milhares de tentativas (e sem tocar em um único gene), um híbrido de laranja e toranja que batizaram de "orangelo" (diz-se que esse híbrido teria sido inspirado no "tomaco" que aparece nos Simpsons). O mesmo aconteceu com o "tomapa" ou "jitopapa". A nova fruta que teve mais sorte foi a "chironja", que apareceu, sem que nenhum ser humano houvesse plantado suas sementes, em uma região montanhosa de Porto Rico. A nova variedade surgiu da combinação – que se acredita ter sido acidental ou espontânea – de laranjas (chamadas de "chinas") e toranjas ("pomelos"). A empresa norte-americana Chiquita Internacional teve uma ideia parecida, mas proposital: vender bananas com gosto de morango.

Em poucas palavras:

Os alimentos funcionais são produtos geneticamente modificados que reduzem o risco de sofrermos com doenças.

Trilha sonora

"Glass Onion", The Beatles.
"Strawberry Fields Forever", The Beatles.

---

fortificada com vitamina A que, segundo a Organização Mundial da Saúde, ajudará a combater a desnutrição, sobretudo no Sudeste Asiático.

2007

Pesquisadores do Instituto Potosino de Pesquisa Científica e Tecnológica (México) produziram a primeira vacina comestível contra a diarreia ao introduzir na cenoura o gene da bactéria *Escherichia coli*, causadora da doença. Desde então, buscam combater a difteria com tomates.

2010

Cientistas da Universidade Católica de Santiago, no Chile, desenvolveram uma vacina contra a cólera e a hepatite C que pode ser administrada por meio das sementes de um tomate. "Em um saco de sementes, teremos uma dose suficiente para milhares de pessoas", afirmou Patricio Arce, chefe do Departamento de Genética de Ciências Biológicas da UC.

29. Carne *in vitro*

As organizações em prol dos direitos dos animais têm várias maneiras para chamar a atenção e fazer sua mensagem circular: organizar grandes maratonas com corredores nus, atirar tinta vermelha em quem veste peles de vison ou chinchila e protestar contra os laboratórios nos quais a tortura de animais é moeda corrente. Os anos passam, e as táticas de combate também são redefinidas; foi o que fizeram os membros do PETA, a conhecida organização de "Pessoas em prol da Ética no Tratamento dos Animais", que atiraram a isca e agora esperam a fisgada: em abril de 2008, ofereceram 1 milhão de dólares ao primeiro que conseguisse criar em laboratório carne artificial economicamente rentável. Sim, carne suculenta e comestível, mas cultivada em placas de Petri ou tubos de ensaio e que não requeira nenhum abate para ser obtida. Diversos cientistas se alistaram para a corrida.

A carne "artificial", "*in vitro*", "de laboratório" ou "cultivada" se tornou, assim, a próxima grande descoberta que poderia vir a revolucionar os hábitos alimentares humanos. A engenharia de tecidos cresce a passos de gigante, e seus artigos científicos abandonaram já há algum tempo o universo das promessas para se tornarem tímidos signos de realidade.

Uma das organizações que mais apoiam as iniciativas para desenvolver carne cultivada com tecnologias simpáticas ao meio ambiente é a New Harvest (http://www.newharvest.org). Segundo o site, sua missão é buscar substitutos para a carne livres de hormônios, antibióticos e pesticidas. "A produção de carne cultivada começa com a extração de um punhado de células de animais de granja para cultivo em laboratório, a fim de incentivar sua proliferação", atesta. "As células podem se multiplicar tanto que, em teoria, uma única célula poderia ser utilizada para produzir carne suficiente para alimentar a população mundial durante um ano."

As primeiras tentativas ocorreram em 2001, quando os cientistas do Touro College, de Nova York, receberam fundos da NASA para desenvolver novos alimentos para os futuros colonizadores lunares ou de Marte. O resultado foi a fabricação de lâminas de carne incolor com base em células-tronco de porco. A notícia chegou dois anos mais tarde aos ouvidos de artistas de um centro de pesquisas de arte e ciência da Universidade do Oeste da Austrália chamado "SymbioticA", que cultivaram bifes com base em rins de rãs e em células de ovelhas pré-natais para uma sessão em Nantes, na França, que batizaram (com precisão) de "Cozinha sem corpo". "Era como uma membrana com gelatina", disse o bioartista Oron Catts, diretor do grupo. "Quatro pessoas cuspiram seus pedaços."

> "No início, a carne *in vitro* não será um produto para as massas. Deverá ser comprada por pessoas que não comem carne por questões éticas."
>
> **Gabor Forgacs, biofísico húngaro.**

Mais de trinta laboratórios integram a corrida para desenvolver o primeiro hambúrguer sintético. Embora, na realidade, dois nomes se destaquem: o holandês Mark Post, médico e chefe do Departamento de Fisiologia da Universidade de Maastricht, e o biólogo molecular norte-americano (e vegano) Patrick Brown.

Com orçamento de 250 mil euros, as pesquisas de Post foram financiadas por um doador anônimo para reduzir o número de animais de granja sacrificados para a produção de carne e reduzir as emissões de gases do efeito estufa provenientes da criação de gado. Em seu laboratório nos Países Baixos, ele cultiva carne à base de células-tronco de vaca e porco, que alimenta com soro fetal. Por ora, conseguiu pequenas tiras de tecido com 2,5 cm de largura e 0,7 cm de comprimento, que são estiradas todos os dias para simular os esforços que, em condições normais, provocam o crescimento dos músculos. Mas tem um problema: a ausência de sangue e ferro faz com que o produto não adquira nenhum aspecto "carnal". Ou seja, por enquanto, é de cor branca e não tem muito sabor. A solução, acreditam esses pesquisadores, estaria em um suplemento de mioglobina, uma proteína rica em ferro.

Já Brown vem trabalhando no assunto há dois anos. Ele adverte que, além de ser uma iniciativa cara, o maior problema reside na

Você sabia que... a carne *in vitro* ou cultivada ajudaria a conter o aquecimento global?

A favor e contra

A carne *in vitro* nem chegou nas gôndolas dos supermercados e já causa polêmica. Opondo-se aos seus apoiadores (os vegetarianos e defensores dos animais) na linha de frente, estão aqueles que veem nesses produtos feitos em laboratório grandes riscos para a saúde. Para ser produzida em grandes quantidades, afirmam, a carne *in vitro* requer grandes quantidades de hormônios de crescimento e muitos antibióticos.

complexidade da carne: um material que consiste em dezenas de milhares de fibras musculosas, nervos, vasos sanguíneos e camadas de gordura. "Se conseguíssemos desenvolver carne sintética, mudaríamos nossa relação com o planeta e as espécies com que convivemos", garante o pesquisador da Universidade de Stanford.

Claro que não faltam projetos mais inovadores, como o de imprimir carne (tentado por uma empresa chamada Modern Meadow, dirigida por Gabor Forgacs, e criada com o apoio do Departamento de Agricultura dos Estados Unidos) por meio da sobreposição de camadas de diferentes células em uma estrutura-molde.

Se, por um lado, a carne *in vitro* solucionaria um problema global, também levantaria um dilema para os vegetarianos: seria certo ou errado comer carne artificial? Quanto ao público em geral, por outro lado, os defensores da carne artificial (como o holandês Willem van

Cronologia

1912
O cirurgião francês Alexis Carrel (laureado com o Prêmio Nobel) começou a desenvolver células cardíacas de embrião de frango em um tubo de ensaio no seu laboratório do Instituto Rockefeller, em Nova York. Manteve o cultivo por mais de vinte anos.

1932
O primeiro-ministro inglês Winston Churchill afirmou: "Dentro de cinquenta anos, estaremos livres do absurdo de criar um frango inteiro para comer o peito ou as asas, cultivando essas partes em separado em um meio adequado".

1990
A NASA começou a realizar experimentos com carne cultivada para obter alimento para os futuros astronautas em viagens espaciais de longa duração.

2002
Embora as primeiras patentes relacionadas à produção

Eelen que, diga-se de passagem, já criou uma patente) ressaltam o que chamam de "problema de origem": se os fanáticos da carne não se preocupam em averiguar exatamente de onde vêm os alimentos que levam depressa à boca, iriam se perguntar de que laboratório saem os hambúrgueres artificiais com que alimentam seus filhos? A resposta será revelada quando o frango e o churrasco artificiais chegarem aos supermercados.

Alimentos zumbis

Como toda tecnologia ou desenvolvimento científico que se encaixa no rótulo de "revolucionário", a carne *in vitro* chama a atenção de toda sorte de disciplinas e especialistas, desde aqueles preocupados com a bioética até artistas, sociólogos, antropólogos e designers. Tomando como base o *Manifesto zumbi* de Sarah Juliet Lauro e Karen Embry, de 2008, um tal de Stephan Herbrechter batizou esse novo tipo de alimento de "carne zumbi" para destacar a erradicação dos limites dos laços entre seres humanos e animais e o surgimento de uma forma distinta de "biopolítica". Inclusive, há filósofos que se recusam a sequer chamar isso de carne. Em vez disso, dizem que esse novo produto que sairá dos laboratórios em alguns anos é, "no momento, um objeto ontologicamente indefinido".

---

de carne artificial sejam de 1999, foi só neste ano que ocorreram os primeiros experimentos bem-sucedidos, financiados pela NASA.

2008

A organização Pessoas em prol do Tratamento Ético dos Animais (PETA) ofereceu um prêmio de 1 milhão de dólares ao primeiro laboratório capaz de utilizar células de frango para criar carne *in vitro* (ou artificial) comercialmente viável. Criado o In Vitro Meat Consortium (Consórcio de Carne *In Vitro*).

2010

Segundo números publicados na revista *Nature*, uma tonelada de carne de laboratório custaria cerca de 3.500 euros, contra o valor de 1.800 euros que custa atualmente criar e processar uma tonelada de carne de frango.

2012

Um estudo da Universidade de Oxford concluiu que, em relação à carne comum, 1 kg de carne *in vitro* consumiria 96% menos água, 45% menos energia e 99% menos terreno para ser produzida e geraria 96% menos gases do efeito estufa.

Em poucas palavras:

A carne cultivada em laboratório promete solucionar a fome mundial, além de melhorar a convivência da humanidade com outras espécies.

Trilha sonora

"Meatstick", Phish.
"Meat is Murder", The Smiths

30. Sexo orbital

Em seus cinquenta anos de exploração espacial, os engenheiros e cientistas da NASA suaram muito: segundos antes de o astronauta Neil Armstrong marcar com sua bota o solo lunar e proferir sua memorável frase de cabeceira. Ou quando, às 21h08 de 13 de abril de 1970, Jack Swigert, o comandante da Apollo XIII, gritou exatamente: "Houston, temos um problema!". Ou em 28 de janeiro de 1986, quando o ônibus espacial Challenger explodiu em mil pedaços dois minutos após a decolagem. No entanto, jamais ficaram tão nervosos como no dia após o astrônomo francês Pierre Kohler publicar, em seu livro *La Dernière Mission: Mir, L'aventure Humaine* [A última missão: Mir, a aventura humana, em tradução livre], lançado em abril de 2000, um capítulo inteiro dedicado aos (supostos) experimentos sexuais realizados tanto na estação espacial soviética (1986-2011) como a bordo do ônibus espacial norte-americano Endeavour, em que o casal de astronautas Jan Davis e Mark Lee compartilharam o mesmo voo em 1989.

Nele, o francês afirmava que, em uma missão de 1996, a NASA analisou a viabilidade de até dez posições sexuais, filmou os encontros e guardou todos os resultados em um arquivo *top secret* conhecido como "Nº 12-571-3570". "Uma das principais descobertas", escreveu Kohler, "foi que a clássica posição papai-mamãe é simplesmente impossível em um ambiente de microgravidade".

A NASA veio a público imediatamente para desmentir o texto, definindo o suposto arquivo ultrassecreto como um *hoax*, uma mentira, uma lenda urbana repetida em todos os lugares como verdade. Mas a história não morreu aí. A jornalista norte-americana Laura Woodmansee a resgatou em seu livro *Sex in Space* [Sexo no espaço, em tradução livre], publicado no ano de 2006 e hoje um clássico. Mais que a desmentir, a NASA se esquivou, mas proibiu que seus livros fossem vendidos dali em diante em qualquer um de seus milhares de edifícios.

No entanto, alguma coisa mudou desde então, e o que antes era negado (a NASA é conhecida por destacar a natureza assexuada de seus funcionários) ou arquivava como documento ultrassecreto passou a ser abertamente insinuado. Foi assim que o conselheiro da agência

Você sabia que... existe uma iniciativa da NASA chamada "A nave dos 100 anos" para analisar a possibilidade de uma viagem interestelar em que se estudará a influência da ausência de gravidade sobre o desenvolvimento de um feto?

espacial Jason Kring fez jus ao seu cargo e deu um conselho. Abertamente e sem corar, o pesquisador da Universidade Aeronáutica de Embry-Riddle, na Flórida, pôs em palavras o que muitas vezes foi imaginado por Isaac Asimov e Philip Farmer (lembrado por seus

Amores espaciais

A exploração espacial é um empreendimento bastante humano. E, como tal, está sujeita a todas as emoções que carregamos por sermos, justamente, humanos: alegrias, tristezas, frustrações, amor e também ciúmes, como aquele experimentado pela astronauta norte-americana Lisa Marie Nowak, que integrou a tripulação do ônibus espacial Discovery em 2006 e se apaixonou pelo astronauta William Oefelein. No entanto, foi consumida pelas dúvidas. Em 2007, Nowak dirigiu 1.500 km de Houston, no Texas, até o aeroporto de Orlando, onde atacou com gás de pimenta uma suposta "rival", chamada Colleen Shipman. Além disso, portava uma faca e uma pistola de ar comprimido. A polícia a prendeu sob a acusação de tentativa de sequestro e assassinato. Em 2009, foi condenada a um ano de liberdade condicional.

Cronologia

1989
Publicado o documento 12-571-3570, em que se detalhavam os testes de até dez posições (hétero) sexuais no espaço durante a missão STS-75 da NASA em 1996. Assim, presume-se que foi um *hoax* (ou mentira): a missão ocorreu sete anos após a publicação do documento. Além disso, na missão não havia astronautas mulheres.

1992
Na missão STS-47 do ônibus espacial Endeavour, viajou o casal de astronautas Mark C. Lee e Jan Davis. Especula-se que fizeram sexo. Eles desmentem. Oficialmente, nenhum ser humano teve relações sexuais no espaço. Porta-vozes das agências espaciais dos Estados Unidos e da Rússia são enfáticos ao tratar do assunto.

2006
A escritora e atriz norte-americana Vanna Bonta criou o 2Suit, um traje desenhado para facilitar a intimidade no espaço.

romances com intrigas sexuais espaciais) ou visto no filme de James Bond *007 contra o foguete da morte* (1979): se a agência espacial norte-americana pretende que suas missões espaciais a longo prazo sejam bem-sucedidas, disse Kring, deve aprofundar as investigações sobre a sexualidade humana em ambientes de microgravidade ou gravidade zero.

"Aparentemente, seria muito difícil e incômodo fazer sexo em gravidade zero, já que lá não há onde se apoiar e os amantes ficariam colidindo a todo instante com as paredes. Além disso, nessas condições, não há fricção nem resistência."

Athena Andreadis, bióloga da Escola Médica da Universidade de Massachusetts.

Isso não significa mergulhar apenas na análise de posições (e de seu desconforto) ou no estudo da performance sexual dos astronautas, mas também apoiar estudos sobre o desenvolvimento de embriões com a mesma seriedade e o mesmo rigor com que se estudam outros aspectos da fisiologia humana – por exemplo, a queda da pressão sanguínea, os enjoos e o suor, ou como os músculos e os ossos se atrofiam em gravidade zero.

Em certo sentido, os norte-americanos deveriam aprender com os russos que, no Instituto de Problemas Médico-Biológicos, realizam desde 1960 experimentos sexuais com animais em gravidade zero e, embora não os tenham divulgado de forma integral, também com seres humanos. Não é sem motivo: o cosmonauta Sergev Krikalev

---

2008
Virgin Galactic, a companhia aérea espacial de Richard Branson, recebeu uma proposta de um milhão de dólares para gravar um filme erótico dentro de suas aeronaves. A empresa recusou.

2011
O subchefe do Instituto de Problemas Médico-Biológicos da Academia de Ciências da Rússia, Valeri Bogomolov, afirmou que "não há dados que indiquem que atos sexuais tenham ocorrido no espaço, tampouco experimentos nessa linha. De qualquer forma, garanto que, na cosmonáutica russa, isso jamais ocorreu". Em outubro, foi realizado em Orlando, na Flórida (Estados Unidos), um simpósio sobre a iniciativa 100-Year Starship para avaliar as possibilidades de reprodução humana em viagens interestelares.

Perigo

"Nossa única oportunidade para sobreviver a longo prazo não está na Terra, mas no espaço", disse certa vez o astrofísico Stephen Hawking. No entanto, vai ser difícil: segundo o neuropsicólogo Rhawn Joseph, durante o ato sexual, os níveis de radiação espacial poderiam bombardear os corpos dos astronautas e danificar o DNA responsável pelo desenvolvimento de todas as células do corpo.

passou 312 dias na estação Mir em 1991. No artigo "The Psychological and Social Effects of Isolation on Earth and in Space" [Efeitos psicológicos e sociais do isolamento na Terra e no espaço, em tradução livre], um homem chamado Peter Pesavento afirma que, para enfrentar a solidão, ele recebia da Terra, junto com a comida, um carregamento de vídeos pornográficos.

O mais impressionante (e inteligente) foi que o conselheiro Kring apoiou seus argumentos "a favor do sexo espacial" também por razões psicossociais: "Como a fome e a sede, o sexo é um aspecto biológico básico", afirmou. "Uma possível missão de ida e volta a Marte poderia durar três anos. A NASA, a ESA e outras agências espaciais deveriam abordá-lo no treinamento e na seleção da tripulação."

Caso os (ou as) astronautas não tenham cônjuge da mesma profissão e presentes na mesma missão, esse psicólogo experimental propõe que os cientistas aliviem as tensões próprias de uma longa viagem ou de uma estadia prolongada a milhares de quilômetros de casa com "esposas de expedição" (o argumento de Kring é aberta e puramente heterossexual) para despejar sua frustração sexual que, acumulada, poderia multiplicar os conflitos entre a tripulação.

Os vínculos entre os sexonautas seriam proveitosos para ambos e também circunstanciais: ao voltarem para a Terra, cada um continuaria com sua vida e voltaria para o seu cônjuge real, como se absolutamente nada tivesse acontecido lá em cima.

Em poucas palavras:

Embora o sexo seja uma das funções mais básicas do ser humano, até hoje os relatos de sexo no espaço não passam de rumores.

Trilha sonora

"Black Hole Sun", Soundgarden.
"Space Monkey", Patti Smith.
"Fly me to the Moon", Frank Sinatra.

31. Turismo espacial

Cansados da rotina cíclica de verão que corrói o repouso com os mesmos destinos de sempre, os turistas intrépidos contam agora com novas opções para desopilar a mente e recarregar as baterias: viagens à Estação Espacial Internacional, voos suborbitários, passeios em *jets* russos a 25 mil metros de altura e visitas a hotéis lunares (ainda imaginários). Nada parece capaz de conter essa nova tendência ao ócio e à exploração que se esconde por trás da privatização do espaço.

Foi cerca de cinquenta anos atrás. Em termos astronômicos, quase nada. Mas, em termos humanos, é uma vida inteira de viagens espaciais e êxitos mesclados a fracassos relativos, se levarmos em conta a dimensão da aventura. Em abril de 1961, Yuri Gagarin colocou em órbita, além de seu corpo, a bandeira vermelha com a foice e o martelo diante dos olhos arregalados dos norte-americanos, vermelhos de inveja. Desde então, não foram apenas as centenas de naves que decolaram para continuar o sonho e responder ao chamado do cosmos: a imaginação global, que sempre se adianta aos fatos, também decolou rumo ao que, na época, parecia inevitável: fins de semana em Marte, passeios na Lua, viagens de lua de mel para contemplar a Grande Mancha Vermelha de Júpiter ou os lagos de gás natural líquido de Titã.

Contudo, o século XXI chegou, e esses sonhos "foram para o espaço". Exceto para uma pessoa: o multimilionário Dennis Tito, um colecionador de Ferraris com 60 anos de idade que, em 30 de abril de 2001, deu início a uma nova era na exploração humana do espaço. Após desembolsar 20 milhões de dólares, tornou-se o primeiro turista espacial ao passar sete dias na Estação Espacial Internacional, onde viu o planeta azul como apenas 402 pessoas privilegiadas haviam feito antes dele: de fora.

Durante sua estada, fez o que qualquer turista faz ao conhecer um lugar novo: tirou fotos, escutou música e curtiu a paisagem, com o bônus de dançar sob a batuta da gravidade zero a 400 km da Terra (o que, como era de se esperar, provocou vômitos e enjoos diante das

> "Após oito dias no espaço, o mais decepcionante foi ter de retornar à Terra. Eu teria ficado lá em cima alegremente durante meses."
>
> **Dennis Tito, primeiro turista espacial.**

câmeras). A agência espacial russa, sempre mergulhada em uma eterna crise econômica, estendeu a mão para qualquer ricaço com vontade de brincar um pouco de astronauta. E as imagens tiveram um efeito contagiante: um ano depois, em abril de 2002, subiu o segundo turista – Mark Shuttleworth, um sul-africano de 28 anos e novo-rico da era da internet. Em 2005, foi o terceiro, o empresário norte-americano Gregory Olsen, de 60 anos. A quarta, a norte-americana Anousheh Ansari, em 2006. E um quinto, Charles Simonyi, cofundador da Microsoft e inventor do Word, em 2007. Todos foram treinados no Centro Yuri Gagarin de Star City, na Rússia. Em 2008, foi a vez de Richard Garriott, que se tornou rico com videogames, e, em 2009, Guy Laliberté, fundador do Cirque du Soleil, tornou-se o primeiro palhaço a sair da Terra.

A oferta do turismo espacial não se restringe a voos de ida e volta à Estação Espacial Internacional com as cápsulas-naves russas Soyuz. Fundada em 1998, a empresa Space Adventures, que já conta com escritórios em Arlington, Cabo Canaveral, Moscou e Tóquio e faz reservas pelo número 1-888-85-SPACE, organiza voos de gravidade zero com trinta segundos de duração a bordo de aviões de carga desenvolvidos especialmente para descrever uma parábola, criando um efeito que simula a ausência de gravidade.

Uma das empresas mais afiadas nesse novo negócio – que a Secretaria Federal de Aviação dos Estados Unidos acredita que poderá movimentar 1 bilhão de dólares por ano em 2021 – é a Virgin Galactic, empreendimento criado pelo multimilionário britânico Richard Branson, cuja lista de espera cresce mais a cada dia e conta com nomes como o baixista e vocalista do Kiss, Gene Simmons, o Capitão Kirk de *Star Trek*, William Shatner, e o ex-guitarrista do Red Hot Chili Peppers, Dave Navarro, que fazem fila para viajar para o espaço por apenas 200

Você sabia que... o ator Ashton Kutcher ocupa o 500º lugar da lista de espera para viagens suborbitárias?

Descansar entre as estrelas

Uma empresa chamada Celestis oferece as passagens mais baratas. O truque: é preciso estar morto. Especializada em serviços funerários, a empresa contrata a parte disponível de algum satélite prestes a entrar em órbita para, a partir dele, lançar a urna funerária no espaço. O serviço custa 4.800 dólares para cada 7 g de cinzas humanas e já foi utilizado por (restos mortais de) Gene Roddenberry, o criador de *Star Trek*.

mil dólares por pessoa (embora se estime que, em 2021, a passagem galáctica baixe para 40 mil dólares). Até o momento, 529 pessoas pagaram o depósito para viajar para o espaço a bordo da nave SpaceShipTwo, na qual, acredita-se, foram realizados os primeiros voos suborbitários em meados de 2013 (embora esse ramo seja mais rico em promessas não cumpridas e datas adiadas que em qualquer outra coisa).

Uma coisa é certa: até agora, ninguém falou em vistos espaciais ou em taxas de embarque – que, nesse caso, seriam justificadamente astronômicas.

Cronologia

1968
O escritor Arthur C. Clarke imaginou que, no ano 2001, o turismo espacial rumo à Lua estaria consolidado. A companhia aérea Pan Am começou a receber reservas para um futuro voo lunar: chegou a receber 90 mil compras antecipadas.

1997
A NASA publicou um relatório no qual concluía que, se fossem vendidas a civis, as passagens para viagens espaciais custariam bilhões de dólares.

2004
A SpaceShipOne, da Mojave Aerospace Ventures (pertencente a Paul Allen, cofundador da Microsoft), se tornou a primeira nave espacial privada da história a realizar uma série de voos de grande altitude. Assim, ganhou o Ansari X Prize de 10 milhões de dólares para incentivar o turismo espacial.

2008
O projeto do hotel espacial Galactic Suite (www.galacticsuite.com) acumulou 38 reservas.

Plano de voo

Quando finalmente decolar com tripulantes a bordo, a nave SpaceShipTwo, da Virgin Galactic (www.virgingalactic.com), subirá durante 45 minutos conectada a uma nave mãe até atingir 15 km de altura, onde irá se desacoplar. Após alguns segundos, o motor entrará em ignição, e a nave irá se deslocar a 4.000 km por hora. Em 90 segundos, chegará a 110 km de altura. Então, os motores serão desligados, e os viajantes poderão curtir a microgravidade durante dez minutos. Observarão a Terra de fora, irão se surpreender com a quantidade de estrelas e tirar fotos até chegar o momento de apertar os cintos outra vez e retornar ao porto espacial no deserto de Mojave, na Califórnia (Estados Unidos). Sem dúvida, será a melhor viagem da vida deles.

Em poucas palavras:

O turismo espacial é um novo capítulo da privatização do espaço.

Trilha sonora

"Space Travel is Boring", Modest Mouse.
"Welcome to Lunar Industries", Clint Mansell.

2010
Inaugurado o primeiro porto espacial no Novo México, o Spaceport America, da Virgin Galactic.
Especialistas da Universidade do Colorado, nos Estados Unidos, afirmaram que o turismo espacial poderia poluir e influenciar as mudanças climáticas.

2012
A nave espacial reutilizável e não tripulada SpaceX Dragon se tornou a primeira nave particular a ir e voltar da Estação Espacial Internacional.

2013
Richard Branson, dono e fundador da Virgin Galactic, planeja realizar com sua família a primeira viagem suborbitária na SpaceShipTwo.
A marca de desodorantes AXE organizou uma campanha cujo prêmio é uma viagem ao espaço para seus consumidores.

2017
Foram feitos os primeiros testes do Stratolaunch, de Paul Allen – um foguete não tripulado para transportar cargas pelo espaço.

32. Asteroides

Há milhões de anos, eles viajam pelo espaço no mais completo silêncio. Inclusive, já deambulavam muito antes de os egípcios construírem as pirâmides, antes de um grupo de aventureiros decidir sair da África para povoar o planeta, antes de algum homem (ou mulher) anônimo descobrir como fazer fogo. Tanto ou mais velhos que a Terra, os asteroides são os vagabundos do Sistema Solar, os restos de uma vizinhança primitiva e misteriosa formada há quase 4,55 bilhões de anos. São cápsulas do tempo feitas de ferro e níquel, entulhos gigantescos e, na maioria, porosos e ocos (alguns têm luas, outros viajam em grupos unidos levemente pela gravidade). E também são, para nossa espécie, a maior ameaça que vem do céu.

É que o impacto de um asteroide (daqueles apelidados de "aniquiladores de civilizações") se caracteriza como o único desastre natural capaz de ser previsto e, em teoria, evitado. Os astrônomos estimam que haja cerca de 1.100 asteroides com mais de 1 km de diâmetro que, em algum momento, passam perto da trajetória na qual a Terra se desloca.

Apesar dos alarmes contínuos e apocalípticos sobre futuros choques de asteroides, tão comuns em jornais e noticiários, os astrônomos não preveem a colisão de nenhum desses objetos com a Terra no século XXI. Isso não significa que não devamos dar importância a essas possíveis ameaças. Calcula-se que existam cerca de 127 asteroides com alguma probabilidade de atingir a Terra nos próximos cem anos. Mas os cientistas não se cansam de repetir: é extremamente raro que um corpo grande o suficiente para causar um desastre em grande escala se choque contra o planeta.

Segundo a União Astronômica Internacional, um asteroide é potencialmente perigoso quando seu diâmetro é superior a 175 m (o choque de um corpo de mais de 1 km provocaria um desastre global) e sua distância em relação à Terra é inferior a 7,5 milhões de quilômetros. Para classificar o risco de impacto, utiliza-se a "escala de Turim", que identifica o risco com as cores branca (risco nulo), verde (normal), amarela (merece atenção), laranja (acontecimento preocupante) e vermelha (colisão certa). Entre os objetos que mais preocupam, figuram: os asteroides RY19 (passaria perto da Terra entre os anos 2024 e 2107), UW 1 (entre 2048 e 2107), WR12 (entre os anos 2054 e 2106), (101955) 1999 RQ36 (passaria perto da Terra no ano 2182) e RQ 36 (entre 2169 e 2199).

"Provavelmente, toda semana dois ou três asteroides passem muito perto de nós sem serem detectados."

Timothy Ferris, cosmólogo e autor de *Seeing in the Dark: How Amateur Astronomers Are Discovering the Wonders of the Universe.*

Menos famosos e admirados que os planetas, as luas e até mesmo os cometas, essas discretas ameaças que perambulam pelo espaço só foram descobertas pelos telescópios do mundo em 1º de janeiro de 1801. No início de 1980, havia cerca de 4 mil asteroides catalogados. Em 2000, o número saltou para 13 mil. Em julho de 2011, foram batizados e identificados 26 mil asteroides, a metade deles em um único ano. Atualmente, o total ultrapassa os 20 mil, embora a cifra nunca se estanque: há 85 mil objetos que esperam para ser catalogados, aos quais se somam outros 25 mil asteroides descobertos há alguns meses pelo telescópio espacial WISE.

Nem todos os asteroides estão espalhados pelo Sistema Solar. A maioria deles está estacionada entre as órbitas de Marte e Júpiter, em uma zona conhecida como "cinturão principal". Outros, por sua vez, situam-se nas extremidades, nos subúrbios do sistema, no cinturão de Kuiper. E há um terceiro grupo: aqueles que disparam os alarmes, os NEO (sigla em inglês para "objetos próximos da Terra"), que se movem entre o cinturão principal e o Sol. Dentre eles, estão os "asteroides Amor", os "asteroides Apollo" e os "asteroides Aton", conforme suas órbitas específicas. São os objetos acompanhados de perto, para o caso de alterarem sua trajetória e cruzarem a rota pela qual a Terra se desloca a mais de 100 mil km por hora.

Você sabia que... quando se aproximam da Terra, os asteroides sofrem seus próprios terremotos em razão da força gravitacional de nosso planeta?

Basta observar as cicatrizes da Terra para perceber o perigo dessas "balas rochosas": até o momento, foram identificadas cerca de 170 crateras causadas pelo impacto de asteroides. Um exemplo é a Cratera de Barringer, no Arizona (formada há 50 mil anos por

A ameaça fantasma

Em 13 de janeiro de 2004, uma equipe de astrônomos viveu o pior momento de sua vida. Às 17h15, um dos telescópios-robô do Lincoln Near-Earth Asteroid Research (LINEAR), um programa de localização e monitoramento de asteroides próximos à Terra instalado no Novo México, nos Estados Unidos, detectou um objeto (um asteroide furibundo, 2004 AS1, com 500 m de diâmetro) em rota de colisão com a Terra. Embora o tenham negado logo em seguida, os astrônomos Clark Chapman e David Morrison contemplaram a possibilidade de telefonar para o presidente norte-americano George W. Bush. Mas não o fizeram. A "crise das nove horas" (como ficou conhecida mais tarde) havia sido desencadeada por um erro de observação. Foi o astrônomo amador Brian Warner quem tranquilizou a comunidade científica ao confirmar que a rota do asteroide jamais se cruzaria com a da Terra. O reflexo da Lua havia confundido os telescópios.

Cronologia

65 milhões de anos a.C.
Um asteroide com 10 km de diâmetro caiu na península de Yucatán, no México, formando o que hoje se conhece como "cratera de Chicxulub". Ele teria sido o responsável pelo desaparecimento de diversos grupos de animais e plantas.

1913
Um bólido com cerca de 60 m se pulverizou muito perto da superfície terrestre na região de Tunguska, na Sibéria. Centenas de quilômetros quadrados do noroeste da Sibéria foram devastados.

1998
Lançado o NASA Spaceguard Survey, órgão encarregado de descobrir e monitorar os 90% de "objetos próximos da Terra" (NEO) que possuem mais de 1 km de diâmetro.

2005
A sonda Deep Impact da NASA colidiu com o asteroide Tempel 1 para analisar os materiais desprendidos pelo choque.

um asteroide com diâmetro entre 30 e 50 metros), a Cratera de Vredefort, na África do Sul, e a Cratera de Chicxulub, ao norte da península de Yucatán, no México. Essa última é a assinatura de um asteroide com mais ou menos 10 km de diâmetro que, há 65 milhões de anos, varreu da face da Terra 80% das espécies de seres vivos e acabou com os dinossauros. É uma lição importante: se não fizermos nada e não nos prepararmos, a humanidade poderá ter o mesmo fim.

Asteroides à vista!

O monge e astrônomo siciliano Giuseppe Piazzi detectou o primeiro asteroide da história em 1801: Ceres Ferdinandea. Um ano depois, o alemão Heinrich Olbers descobriu o segundo, Pallas. Em 1804, Karl Ludwig Harding foi o terceiro a gritar: havia avistado Juno. Desde então, a lista não para de crescer graças a telescópios automáticos e a caçadores de asteroides, como a astrônoma Eleanor Helin do observatório de Monte Palomar, na Califórnia.

2007
Pensou-se que o asteroide 2007 VN84 ia "tirar um fino" da Terra ao passar muito perto de sua órbita. Falso alarme: o 2007 VN84 era, na realidade, a sonda europeia Rosetta.

2011
A sonda Dawn da NASA chegou à órbita de Vesta, o segundo maior asteroide em tamanho no Sistema Solar. Lá, estudou-o durante um ano.

2013
O asteroide Apophis passou a 14 milhões de quilômetros da Terra.
Um meteorito caiu na Rússia. A onda de impacto deixou mais de 1.200 feridos.
Um asteroide de 50 m de diâmetro chamado 2012 DA14 passou muito perto da Terra.

2015
A Rússia planeja enviar uma nave ao asteroide Apophis.

2036
Calcula-se que o asteroide Apophis, com cerca de 250 m de diâmetro, irá se aproximar muito da Terra: mais ou menos 36.000 km de distância.

2880
O asteroide (29075) 1950 DA passará perto da Terra.

Em poucas palavras:

Grandes asteroides caem na Terra em média a cada 100 mil anos.

Trilha sonora

"I Don't Want to Miss a Thing", Aerosmith.

33. Curiosity

Em 6 de agosto de 2012, Marte, aquele pontinho vermelho que admiramos no céu como a segunda parada em nossa futura expansão universal (depois da Lua, é claro), recebeu um novo convidado. Se os marcianos existissem, teriam lhe dado as boas--vindas – com as honras que qualquer embaixador proveniente de terras distantes merece, logicamente. Mas não foi o caso. Sua chegada, em vez disso, foi como a de todo explorador: sem testemunhas e no mais completo silêncio.

Um belo dia, o céu se abriu e ele fez sua aparição: o Mars Science Laboratory, conhecido informalmente como Curiosity, o robô estrela da NASA a bordo do módulo que o protegeu em sua viagem de pouco mais de oito meses pelo espaço. Ao contrário de seus antecessores, os *rovers* gêmeos Spirit e Opportunity, em 2004, e o pequeno skate robótico Sojourner, em 1996, sua entrada, contudo, não foi retumbante: não desceu embrulhado em *airbags* gigantes, dando saltos como se fosse uma bola de praia gigante, até parar e se abrir no solo marciano em forma de flor.

Seu peso de uma tonelada obrigou os engenheiros do Jet Propulsion Laboratory da NASA em Pasadena, na Califórnia, a pensar e sugerir manobras alternativas. Até que, após discussões que pareciam eternas, decidiram pela mais espetacular de todas e, talvez, também a mais complicada: um guindaste espacial. Após se soltar da estrutura em que viajava desde 26 de novembro de 2011 e que protegia o Curiosity como se fosse um ovo na casca, os paraquedas se abriram a uma altura de 10 km acima da superfície marciana e reduziram lentamente sua velocidade. Então

> **Descansar entre as estrelas**
>
> A NASA pensa a longo prazo. De fato, já tem programadas as próximas missões que visitarão o planeta vermelho. Em novembro de 2013, foi lançada a sonda MAVEN (Mars Atmosphere and Volatile EvolutioN), que estuda o mistério da atmosfera marciana; e, em novembro de 2018, a sonda InSight pousou em Marte para medir movimentos sísmicos no interior do planeta. Junto à Agência Espacial Europeia, participará das missões ExoMars em 2020, para enviar ao planeta um robô que investigará se há vida lá.

começou o grande espetáculo ou, como muitos dos engenheiros espaciais o denominaram, "os sete minutos de terror". Foram ativados retropropulsores e, enquanto os controladores tentavam manter a estabilidade a qualquer custo, o veículo (como se fosse um acrobata) desceu por um cabo até repousar no solo, com as rodas já acionadas e pronto para andar.

> "Marte será o primeiro planeta a ser visitado, e tenho total intenção de estar vivo para ver."
>
> **Barack Obama, ex-presidente norte-americano.**

O robô Curiosity enfrenta um grande desafio. E tem recursos para fazê-lo. De fato, é a missão mais ambiciosa e cara já enviada a Marte, com orçamento de 2,5 bilhões de dólares. Com os dez instrumentos que compõem esse verdadeiro laboratório sobre rodas, ele olhará para o passado para esclarecer o futuro: investigará durante anos se as condições ambientais marcianas já foram favoráveis para o desenvolvimento de vida microbiana e se restam indícios de tais condições.

O lugar onde esse explorador artificial está procurando vestígios agora mesmo não foi escolhido ao acaso. Quase mil cientistas da

Cronologia

1960
Marte é o Triângulo das Bermudas do Sistema Solar: duas de cada três missões que tentaram visitar o planeta vermelho fracassaram. A URSS lançou a primeira missão a Marte: a Marsnik 1. Sucederam-na as Marsnik 1960A e Marsnik 1960B.

1962
Sondas Marsnik 1962A, Marsnik 1 e Marsnik 1962B da URSS.

1964
Os Estados Unidos estreiam com as Mariner 3 e Mariner 4. A URSS lançou a Zond 2.

1969
As sondas norte-americanas Mariner 6 e Mariner 7 sobrevoaram e fotografaram com sucesso o planeta vermelho. A URSS enviou as Marsnik 1969A e Marsnik 1969B.

1971
Estados Unidos: Mariner 8, Mariner 9. URSS: Cosmos 419, Marsnik 2 e Marsnik 3, primeira sonda a pousar em solo marciano.

1973
URSS: Marsnik 4, Marsnik 5, Marsnik 6, Marsnik 7.

1975
As Viking 1 e Viking 2, dos Estados Unidos, aterrissaram em Marte.

1988
URSS: Sondas Fobos 1 e Fobos 2.

1992
Estados Unidos: Mars Observer.

Você sabia que... o robô Mars Science Laboratory foi batizado de "Curiosity" por Clara Ma, uma estudante de 12 anos de uma escola do Kansas, nos Estados Unidos?

NASA escolheram, dentre sessenta possíveis candidatos para a amartissagem[1], a cratera de Gale, uma imensa concavidade com 150 km de extensão próxima ao equador de Marte, em cujo centro se ergue uma montanha com 5 mil metros. Acredita-se que esse gigante tenha se formado com o impacto de um meteorito há mais de 3 bilhões de anos, em uma época em que provavelmente havia rios e oceanos em Marte.

Muitos pesquisadores da missão apostam, inclusive, que o verdadeiro ouro espacial (a água) continue lá, esperando para ser encontrado por algum embaixador robótico humano.

Mas assim como suas ambições são imensas, também são suas dimensões. O Curiosity é duas vezes maior que os robôs Spirit e Opportunity e cinco vezes mais pesado. Do tamanho de um carro compacto, conta com um mastro de 2 m de altura que contém câmeras HD e um *laser* chamado "ChemCam" com o qual analisa a composição química

---

1996
Estados Unidos: Mars Global Surveyor e Mars Pathfinder, que carregava um robô-skate, o Sojourner.

1998
Japão: sonda Nozomi. Estados Unidos: Mars Climate Orbiter.

1999
Estados Unidos: Mars Polar Lander.

2001
Estados Unidos: Mars Odyssey.

2003
Agência Espacial Europeia: Mars Express. Os robôs gêmeos Spirit e Opportunity, da NASA, confirmaram que existiram rios e mares em Marte no passado e que a superfície marciana cheira a ovo podre.

2004
União Europeia: Rosetta.

2005
Estados Unidos: Mars Reconnaissance Orbiter.

2007
Estados Unidos: Phoenix.

2012
O robô Curiosity chegou a Marte. A canção "Reach for the Stars, do músico Will.i.am, tornou-se oficialmente a primeira canção a tocar em outro planeta: foi transmitida de Marte para a Terra.

2030
Primeiros seres humanos no planeta vermelho?

1. O autor faz aqui uma brincadeira com a palavra "aterrissagem". (N.E.)

Argentinos curiosos

Empreendidas por centenas ou milhares de engenheiros e pesquisadores, as missões espaciais costumam fazer com que nos esqueçamos dos seres humanos por trás dos robôs. No caso do Curiosity, participaram os argentinos Martín Greco e Miguel San Martín, engenheiro-chefe de manejo, navegação e controle da missão, que também trabalhou nas missões Magallanes, Cassini e Mars Pathfinder e foi crucial para a aterrissagem dos robôs Spirit e Opportunity. Sua equipe teve a ideia do Sky Crane, o guindaste espacial para controlar a descida do robô. "Trabalhamos oito anos", revela. "A missão quase fracassou. Encontramos um erro no *software* de navegação no último momento, quatro dias antes da 'amartissagem', mas conseguimos solucioná-lo." San Martín já pensa em seu próximo desafio: visitar um cometa e retornar com amostras.

do solo e das rochas sem precisar mover nenhuma de suas seis rodas. Examina objetos próximos com seu braço de 2 m de comprimento, guiado por uma câmera-microscópio que enxerga detalhes de tamanho igual ao diâmetro de um cabelo humano. Se achar conveniente, pode depositar as amostras em seu laboratório interno, que é capaz de processá-las em pequenas células. Com sua miniestação meteorológica, sabe imediatamente a pressão, a temperatura, a umidade, a velocidade e a direção do vento e os níveis de radiação ultravioleta dos arredores.

Para fazer isso e muito mais (como se mover a 90 m por hora, superar obstáculos de 75 cm de altura, preparar cartões-postais e enviá-los à Terra), precisa de energia. E muita. Contudo, nessa ocasião, os engenheiros da NASA descartaram vestir o robô com painéis solares. A experiência demonstrou que a poeira marciana é o maior inimigo que um robô pode ter, visto que com o tempo ela destrói as células fotovoltaicas solares, reduzindo o prazo de validade desses artefatos. Por isso, decidiram tomar outro caminho e instalaram no Curiosity um gerador de radioisótopos que produz eletricidade com o calor da desintegração radioativa do plutônio.

"Para os cientistas, é a máquina dos sonhos", confessa Ashwin Vasavada, subcomandante da missão. "É o explorador científico mais bem equipado que já mandamos a outro planeta."

A NASA considera que essa nave seja o ponto médio de uma longa carreira na exploração de Marte, que começou com o envio do Viking em 1976 e poderá culminar com uma missão tripulada por volta de 2030. Como o islandês Leif Ericson, Marco Polo, Ibn Batuta, Cristóvão Colombo, Américo Vespucio, Fernando de Magalhães e outros grandes exploradores da história, o Curiosity adentra uma *terra incognita* cada vez menos desconhecida. Suas câmeras são nossos olhos. Suas rodas, nossas pernas.

Em poucas palavras:
O robô Curiosity procura em Marte indícios da existência de vida (presente ou passada).

Trilha sonora

"Life on Mars?", David Bowie.
"Ballrooms of Mars", T. Rex.
"Teenagers from Mars", The Misfits.
"Bird Dream of Olympus Mons", Pixies.
"A Martian", Ennio Morricone.
"An Ending (Ascent)", Brian Eno.

34. Nova corrida espacial

Mais de trinta anos após o último *round* na disputa – mais política que científica e tecnológica – conhecida por "corrida espacial", os competidores aquecem os motores outra vez. Com uma diferença: o espaço deixou de ser uma arena com apenas dois oponentes, os Estados Unidos e a (agora superada) União Soviética. O leque de participantes na conquista das estrelas se ampliou. Novos modelos de naves espaciais esperam por sua vez de dar um grande salto, e a Lua voltou a ser o objetivo de vários países. Índia, Japão e Rússia não ficam para trás, disputando ombro a ombro com os Estados Unidos a liderança estelar, enquanto a China inquieta com suas ameaças de fincar a bandeira vermelha em nada mais nada menos que o planeta vermelho.

Como toda competição, a corrida espacial teve um ponto de largada e outro de chegada: o apito inicial soou em 4 de outubro de 1957 com o lançamento soviético da Sputnik I, e a bandeirada foi dada em 17 de julho de 1975, quando as tripulações das naves Apollo e Soyuz se encontraram em pleno espaço. No entanto, o mundo todo sabe que a partida foi definida por uma pegada: aquela que Neil Armstrong incrustou em 20 de julho de 1969 no solo lunar. Desde então, o sonho espacial humano se esmaeceu. A órbita terrestre se tornou um cemitério de sucatas. O termo "exploração" deu lugar a "conquista", e de repente tudo se tornou uma grande "aventura", uma "odisseia" protagonizada por ônibus espaciais, estações espaciais como a Mir e, mais tarde, a Estação Espacial Internacional e os robôs, enquanto em nosso imaginário a Lua deixava de parecer o próximo passo lógico da história humana.

Big Brother marciano

Big Brother, o *reality show* de maior sucesso no mundo, nasceu na Holanda. E acredita-se que também tenha nascido lá outro *Big Brother*, mas para ir a Marte. É essa a ideia do empresário Bas Lansdorp, diretor do projeto Mars One (www.mars-one.com), para estabelecer uma colônia humana permanente no planeta vermelho, em 2023. Para angariar patrocinadores e arrecadar os 6 bilhões de dólares necessários, o *reality show* contará com um astronauta escolhido pelo público.

Até agora: pouco a pouco, aumenta a ânsia por voltar, por retomar o

> "É a primeira vez nos 4 bilhões de anos de história da Terra que temos uma possibilidade real de ir a Marte. Será extremamente difícil, mas, do ponto de vista técnico, é possível. No papel, temos um sistema para realizar esse feito."
>
> **Elon Musk, empreendedor norte-americano que planeja estabelecer uma colônia no planeta vermelho.**

caminho esquecido. Com uma diferença: além do setor privado, que vem atuando em uma região em que nunca esteve antes (com figuras como Richard Branson, Jeff Bezos, Paul Allen e Elon Musk, nomes que circularão cada vez mais), novos participantes se alistaram para a aventura. Sem terem desaparecido de todo, os empreendimentos estatais continuam vigentes em um campo que já não é tão polarizado, mas, sim, muito mais fragmentado.

O Japão, por exemplo, lançou em 2007 o explorador lunar não tripulado Kaguya (nome de uma princesa de um conto tradicional japonês), divulgada como "a missão lunar mais complexa desde o programa Apollo". E planejava enviar um robô humanoide chamado Maido-kun em 2015. A Índia, por sua vez, começou sua odisseia no espaço em 2008 – embora seu programa espacial remonte a 1969, foi nesse ano que o país lançou a sonda Chandrayaan I ("veículo lunar", em sânscrito) com o objetivo de orbitar a 100 km da Lua e elaborar mapas tridimensionais. No entanto, o contato com a sonda foi perdido de forma inesperada em agosto de 2009.

Mas o grande candidato a líder dessa retomada espacial é a China. Como parte de seu ambicioso programa de exploração lunar (chamado "Programa Chang", em homenagem à lendária deusa chinesa que chegou à Lua), em 2003 o país colocou em órbita sua primeira aeronave tripulada, a Shenzhou 5, comandada pelo coronel Yang Liwei, o primeiro "taikonauta". Em 2007, a sonda lunar Chang'e 1 decolou do Centro Xichang. E com seu traje espacial de fabricação nacional chamado "Feitian" ("Voador do céu"), Zhai Zhigang se tornou automaticamente herói nacional em 2008, quando se tornou o primeiro chinês a passear pelo espaço. Foi seguido em 2012 por Liu Yang, a primeira

Você sabia que... o programa espacial chinês emprega quase 200 mil trabalhadores?

mulher chinesa a viajar para o espaço como membro da missão Shenzhou 9. A China atingia a maturidade espacial.

O gigante asiático não está para brincadeira: desde 2011, está construindo em órbita sua própria estação espacial, Tiangong 1 ("palácio celestial"), como parada intermediária em sua viagem até a Lua a partir de 2025 ou 2030. Embora, obviamente, também mire além de nosso satélite natural. Se existe justiça poética, a bandeira vermelha deveria ser a primeira a tremular no planeta vermelho.

A dois

Enquanto o tabuleiro é montado com os novos participantes da corrida espacial, os Estados Unidos se recusam a abdicar de seu papel pioneiro, apesar do cancelamento do Projeto Constelação de novas naves espaciais. Mas sabem que não poderão fazê-lo sozinho: por isso, a NASA se associou ao seu par europeu, a ESA, para realizar projetos em conjunto. Para tanto, utilizaram uma versão modificada do ATV, ou Veículo de Transferência Automática, utilizado desde 2008 para levar provisões à Estação Espacial Internacional, que dará propulsão à cápsula espacial norte-americana Orion, também conhecida como MPCV (*Multi-Purpose Crew Vehicle*). Uma missão tripulada à Lua, por sua vez, ocorrerá em 2021. E acredita-se que essa nave também será utilizada para viajar a asteroides – e até mesmo a Marte – a partir de 2030.

Cronologia

2011
Cerca de quatrocentas pessoas se ofereceram para ser os primeiros seres humanos a caminhar pela superfície do planeta vermelho e não retornar à Terra.

2012
O governo norte-americano cancelou o programa de aterrissagem lunar Constellation.

A agência espacial chinesa testou com sucesso uma cabine de 300 m^3 que permitirá o cultivo de vegetais em Marte ou na Lua.

Em um ambiente controlado em Hanksville, ao norte de Utah, nos Estados Unidos, teve início o projeto *Mars Desert Research Station*, da Mars Society – uma associação norte-americana dedicada a promover a exploração de Marte – como parte de uma simulação das condições enfrentadas por uma hipotética colônia humana no planeta.

2015
Visto que a agência espacial russa Roscomos pretende coletar amostras de solo, procurar água e realizar

Em poucas palavras:
Índia, China e Japão se juntaram aos Estados Unidos e à Rússia na nova corrida espacial.

Trilha sonora

"The Space Race Is Over", Billy Bragg.
"It's Not", Aimee Mann.
"A Space Boy Dream", Belle & Sebastian.

---

estudos astrofísicos na Lua, enviará para o satélite a sonda não tripulada Luna-Glob. Os russos não lançavam uma sonda lunar desde 1970.

2023
Os primeiros colonizadores chegarão a Marte, segundo os organizadores do programa holandês Mars One.

2027
Até esta data, o multimilionário da internet Elon Musk, cofundador do PayPal e dono da TeslaMotors e da empresa espacial SpaceX, pretende instalar uma colônia marciana de até 80 mil pessoas, levando exploradores por um preço de 500 milhões de dólares cada um, com um novo tipo de foguete reutilizável. O projeto se chama Mars Oasis: uma vez lá, construirão domos transparentes pressurizados com o CO_2 da atmosfera marciana e cultivarão plantas.

2033
A colônia Mars One chegará aos vinte habitantes.

35. Exoplanetas

A data de 6 de outubro de 1995 não foi um dia qualquer. Embora poucos se lembrem (ou tenham ficado sabendo), por um momento a humanidade se sentiu menos sozinha. Os suíços Michel Mayor e Didier Queloz abandonaram o anonimato e gritaram ao mundo, como Rodrigo de Triana exclamou há mais de 500 anos: "Terra à vista!". Essa dupla de astrônomos do Observatório de Genebra havia descoberto o primeiro planeta extrassolar, uma rocha girando ao redor de outro sol, diferente do nosso. 51 Pegasi b, também conhecido como Belerofonte (por causa do mítico herói grego que capturou Pégaso, o cavalo alado), foi oficialmente o primeiro exoplaneta detectado fora de nosso Sistema Solar. Encontra-se a 48 anos-luz da Terra, na constelação de Pégaso. É um pouco maior que Júpiter e dá uma volta ao redor de sua estrela a cada quatro dias, a velocidade de 136 km/s.

Desde então, o que acreditávamos ser escasso – uma abstração, uma hipótese, um sonho da ficção científica – tornou-se abundante. Os exoplanetas não paravam de jorrar. Como ocorre com as descobertas de espécies de dinossauros, todos os dias novos achados exoplanetários são divulgados – novos mundos banhados pela luz e o calor de outros sóis. É uma grande "febre extrassolar". Hoje, são tão comuns que os jornais já não lhes dedicam manchetes. Segundo o The Extrasolar Planets Encyclopaedia (http://www.exoplanet.eu), já foram registrados cerca de 3.729 desses mundos distantes. Mas o número não para de crescer, e quando você estiver lendo estas linhas, ele certamente será maior. Estamos cercados. De repente, o universo deixou de ser um lugar tão desolado, tão inóspito.

A caça de exoplanetas foi mais que bem-sucedida. Principalmente desde 2009, quando entrou em órbita o telescópio espacial Kepler: de lá para cá, ele detectou mais de 18 mil candidatos a exoplanetas que esperam confirmação; acredita-se que 262 possam ser habitáveis. Ou seja, encontram-se em uma região do espaço considerada propícia para a vida, nem perto nem longe demais de cada uma de suas estrelas.

Há para todos os gostos, mas sobretudo gigantes e gasosos ou, como são chamados no jargão astronômico, *hot Jupiters*, por sua semelhança com o gigante de nosso Sistema Solar. Muitos deles são planetas monstruosos. Ou pior: com órbitas muito próximas de sua estrela. Por exemplo, o COROT-3b, descoberto em maio de 2008, é 21,6 vezes mais denso que Júpiter. Leva apenas quatro dias e seis horas para orbitar sua estrela, que é um pouco maior que a nossa.

"Detectar planetas do tamanho da Terra é como detectar quando uma pequena pulga passa em frente ao farol de um automóvel."

William Borucki, diretor científico do telescópio espacial Kepler.

O PSR B1620-26 b, por sua vez, é o exoplaneta mais velho já encontrado: formou-se há 13 bilhões de anos, menos de 1 bilhão de anos após o *big bang*. Apelidado de "Matusalém", fica na constelação de Escorpião, a cerca de 5.600 anos-luz de distância, e gira em torno de uma estrela anã branca e um pulsar. O Épsilon Eridani b, também catalogado como HD 22049 b, é um dos mais próximos da Terra: encontra-se a dez anos-luz, na constelação de Eridanus. É um planeta gasoso e tem 1,5 vez a massa de Júpiter. Foi descoberto em 2000 e dá uma volta em sua estrela a cada 6,9 anos terrestres. O sistema planetário onde se encontra possui dois cinturões de asteroides. E tem mais. Muitos, como o HR8799 b, o HR8799 c e o HR8799 d, o primeiro sistema planetário fotografado após o nosso.

Nem todos os caçadores de exoplanetas utilizam a mesma técnica. Por exemplo, há cientistas que, além de tentarem obter uma imagem por detecção direta, direcionam o olhar a um sol em particular e prestam atenção no ligeiro "bamboleio gravitacional" que pode ser induzido por um possível exoplaneta em sua estrela. Um dos instrumentos que realizam esse monitoramento se chama HARPS (*high accuracy radial velocity for planetary searcher* ou "buscador de planetas por velocidade radial de alta precisão"), instalado no telescópio de 3,6 metros da ESO, em La Silla, no Chile. Embora eficiente, essa técnica não muito precisa ou sensível só permite conhecer de forma aproximada a

Você sabia que... apenas uma dúzia de planetas extrassolares foram vistos diretamente e aparecem nas fotografias como um pontinho tênue? Os demais foram detectados por métodos indiretos.

Céticos

Curiosamente, o anúncio da descoberta do primeiro exoplaneta passou quase despercebido na comunidade científica. Por diversos motivos: durante séculos, buscou-se planetas extrassolares e muitas vezes foram anunciadas descobertas que se mostraram falsas. Assim, poucos acreditaram em Michel Mayor e Didier Queloz antes de ver as provas. E também porque o 51 Pegasi b era algo inesperado: tem o tamanho de Júpiter e um período orbital de quatro dias, o que, para os astrônomos, é uma loucura.

massa dos planetas. Não diz nada sobre seu diâmetro, sua atmosfera ou outras características. E serve apenas para encontrar exoplanetas colossais; jamais detectaria um do tamanho da Terra ou de Marte. Assim, com o tempo, impôs-se uma nova estratégia: observar em vez disso os "minieclipses" provocados por um suposto planeta ao passar diante de seus sóis, nos casos em que o plano orbital coincidir com o que vemos da Terra. Assim, diz-se que o trânsito de um corpo celeste causa uma pequena, mas detectável, "queda" no brilho de sua estrela. Os astrônomos consideram que, se os cientistas de uma civilização alienígena estivessem mil anos-luz distante da Terra e olhassem com um telescópio para o nosso Sol e vissem Vênus "passando" em frente à nossa estrela, haveria apenas uma chance em oito de que a Terra também fosse vista. Talvez já tenham feito isso e considerem nosso mundo um exoplaneta.

Cronologia

1991
Astrônomos britânicos anunciaram que haviam encontrado um planeta em torno de um pulsar, ou seja, uma estrela de nêutrons. Contudo, depois confirmaram que haviam se enganado e se retrataram.

1995
Detectado o primeiro planeta extrassolar.

2008
Fomalhaut b foi o primeiro planeta extrassolar observado diretamente em luz visível. Está situado a 18 bilhões de quilômetros de sua estrela, a superluminosa Fomalhaut, ou seja, mais ou menos 120 vezes a distância que separa a Terra do Sol.

2009
Descoberto o GJ1214b na constelação de Ophiuchus, cerca de 40 anos-luz de distância. É 6,5 vezes maior que a Terra e, além de ser rochoso, possui grande quantidade de água. Orbita a cada 38 horas uma estrela anã vermelha cinco vezes menor que o nosso Sol.

O hepteto fantástico

Como se fossem atores indicados ao Oscar, existem na Via Láctea sete exoplanetas que poderiam abrigar vida, de acordo com o Catálogo de Exoplanetas Habitáveis realizado pela Universidade de Porto Rico, em Arecibo. Embora até o momento tenham sido confirmados cerca de oitenta planetas com tamanho semelhante ao da Terra, apenas alguns poucos têm distância adequada de sua estrela para ter água líquida na superfície. O "hepteto fantástico", no momento, é formado por: Gliese 581g, descoberto em 2010 e informalmente conhecido como Zarmina, Gliese 581d, descoberto em 2007, 85512b HD, encontrado em 2011, Kepler 22b, de 2011, Gliese 667Cc, Gliese 163c e HD 40307g. São chamados pelos cientistas de "superterras", por serem bem maiores que nosso planeta.

Em poucas palavras:

Os exoplanetas são mundos que giram em torno de estrelas fora de nosso Sistema Solar.

Trilha sonora

"The Planets Bend Between Us", Snow Patrol.

Começou a funcionar o telescópio espacial Kepler.

2010

O Observatório de Genebra detectou seis planetas que giram na "direção errada". Ou seja, orbitam estrelas em sentido oposto à rotação de seu astro central.

2012

O telescópio espacial Kepler encontrou um planeta com dois sóis, o Kepler-16 b, apelidado de "Tatooine" por ser parecido ao mundo fictício da saga *Star Wars*.

Astrônomos alemães descobriram o exoplaneta mais próximo da Terra. Encontra-se no sistema Alfa Centauri, vizinho ao Sistema Solar. Chama-se Beta Centauri Bb.

2013

Partiu a missão Gaia (gaia.esa.int), da Agência Espacial Europeia, que catalogará a partir da órbita terrestre 1 bilhão de estrelas e seus planetas e asteroides.

2018

Existem 3.453 exoplanetas confirmados e 577 sistemas solares identificados.

36. Terra 2

Além de atiçar sonhos e corações, o anúncio do primeiro exoplaneta deu início a uma nova corrida espacial. Mas, dessa vez, quem enfrenta os Estados Unidos não é a Rússia. Tampouco a China, nova potência científica. Os Estados Unidos agora têm um rival respeitável: a Europa inteira. Dos dois lados do Atlântico, disputa-se o "troféu exoplanetário": encontrar a tão procurada (e tão difícil de encontrar) agulha no palheiro, uma segunda Terra.

Em meio ao exótico, tanto a NASA como a Agência Espacial Europeia (ESA) desejam se deparar com algo familiar, ou seja, planetas que orbitem sua estrela a uma distância adequada – nem muito longe, nem muito perto –, um verdadeiro oásis, uma zona habitável (ou "região Goldilocks", em uma clara referência literária ao conto *Cachinhos Dourados e os três ursos*) cujas temperatura e pressão viabilizem a presença do ouro do espaço – água em estado líquido – e, sobretudo, vida (ao menos, é claro, vida tal qual a conhecemos).

Ao longo da história, muitos visionários intuíram que o nosso planeta poderia não ser o único. Há 2.300 anos, um homem de barba espessa e enrolado no que hoje chamamos de túnica já sabia disso. "Há um número infinito de mundos, alguns como o nosso, outros diferentes, habitados por criaturas vivas, plantas e os demais elementos que vemos em nosso planeta", escreveu Epicuro de Samos (341-271 a.C.) ao seu amigo Heródoto, adiantando-se ao outro antecessor da astronomia moderna, o religioso e filósofo Giordano Bruno. "Há infinitos sóis e infinitas Terras que dão voltas ao redor de seus sóis exatamente da mesma maneira que fazem os sete planetas de nosso Sistema Solar. Os infinitos mundos no universo não são piores, nem menos povoados, que a nossa Terra", ele escreveu em *De l'infinito universo e mondi* (1584) antes de morrer na fogueira.

Por isso, os caçadores de exoplanetas são tanto epicúreos como brunistas. Na corrida exoplanetária, os europeus assumiram a dianteira e, no final de 2006, lançaram no espaço o telescópio CoRoT (sigla de "COnvecção, ROtação e Trânsitos planetários", em português). Os norte-americanos, por sua vez, têm desde 2009 o Messi dos telescópios espaciais, o Kepler, capaz de detectar mudanças no brilho das estrelas de apenas vinte partes por milhão. Além de ter conseguido captar nesses anos a música das estrelas (os astrônomos descobriram ondas sonoras que emergem do núcleo de uma estrela vermelha gigante), é um dos instrumentos mais precisos da história da astronomia.

"Pela primeira vez na história, temos a tecnologia para detectar planetas terrestres fora do Sistema Solar. É só questão de tempo até que as observações do Kepler levem a planetas menores, como o nosso."

Sara Seager, astrofísica da equipe do telescópio Kepler.

Até o momento, não decepcionou. Varre o espaço e colhe resultados. Quando detecta um candidato a exoplaneta, os computadores o classificam como "KOI" (Kepler *object of interest*). Em geral, leva três anos para que um "candidato" a exoplaneta se torne um exoplaneta "confirmado".

"Existe um rico oceano de planetas lá fora, esperando para ser explorado", revela William Borucki, pesquisador da missão. Os últimos dados apresentados no início de 2013 confirmam suas palavras: a Via Láctea abriga aproximadamente 17 bilhões de planetas com tamanho semelhante ao da Terra, segundo nova estimativa da NASA. Ou seja, uma de cada seis estrelas em nossa galáxia poderia alojar um planeta de características terrestres orbitando ao seu redor. Obviamente, o fato de um planeta ter o tamanho da Terra não significa que ele seja habitável. Muito menos que lá haja uma civilização alienígena. Mas as possibilidades são maiores.

Enquanto isso, na busca por um planeta irmão, ninguém descarta nem as "superterras", entre 125 e 200% maiores que o nosso mundo, nem os planetas colossais como Júpiter. O motivo: poderia contar com luas, como o planeta Pandora do filme *Avatar*.

Você sabia que... até o momento o telescópio espacial Kepler descobriu mais de 4 mil candidatos a exoplanetas?

Os sucessores

O telescópio espacial Kepler foi, por muitos anos, o grande protagonista na exploração exoplanetária. Lançado em 2009, descobriu mais de 2.600 exoplanetas e coletou importantes dados para a compreensão das estrelas da Via Láctea. Em 2016, Kepler apresentou uma falha grave que o colocou em estado de emergência, funcionando somente com o sistema básico. Sua missão terminou oficialmente em 30 de outubro de 2018, quando a NASA anunciou sua aposentadoria. Assim, aventam-se novas missões de satélites como o TESS (ou Transiting Exoplanet Survey Satellite), lançado ao espaço em abril de 2018, o Plato (PLAnetary Transits and Oscillations of stars) e o ExoplanetSat.

A tecnologia de detecção melhora a cada mês. Os métodos se tornam mais precisos. E os corpos que, no momento, são possíveis "agulhas no palheiro" (os exoplanetas, é claro) agora são vistos até mesmo em detalhes, como ocorreu quando foi encontrado em 2012 um desses mundos com anéis como os de Saturno.

Por isso, é preciso esperar. E mais que ver, devemos escutar. Talvez, dentro de não muito tempo, algum pesquisador deixe a solenidade científica de lado por um instante e grite em alto e bom som em todas as direções: "Terra 2 à vista!".

Cronologia

1910
No início do século XX, muitos astrofísicos não achavam que houvesse outros mundos no Universo. Essa ideia só começou a mudar nos anos 1940.

2010
Uma equipe internacional de pesquisadores analisou pela primeira vez a atmosfera de um exoplaneta, GJ 1214b, com seis vezes a massa de nosso planeta. Acredita-se que seu ambiente seja rico em vapor ou esteja coberto de nuvens ou névoas semelhantes às observadas nas atmosferas de Vênus e Titan.

2012
Descoberto o HD 40307g, uma "superterra" com clima adequado para abrigar água e vida. Encontra-se na zona habitável de uma estrela próxima. É sete vezes maior que o nosso planeta e está a 42 anos-luz de nós, mais ou menos 1 bilhão de vezes a distância entre a Terra e a Lua.

2013
O diretor do Laboratório de Habitabilidade Planetária da Universidade de Porto

Muitas Terras

Todo caçador de exoplanetas tem um favorito, seu mundo candidato a "Terra 2". Um exemplo é aquele descoberto pelo telescópio Kepler e hoje conhecido como KOI 326.01. É um dos planetas extrassolares mais parecidos com a Terra em tamanho, embora se acredite que sua temperatura seja próxima dos 100°C. Outro caso é o do KOI 172.02, que é 1,5 vez maior que o nosso planeta e orbita uma estrela parecida com nosso Sol, o que faz dele um forte candidato a nosso planeta irmão. Ainda assim, a busca continua. E os astrônomos não descansarão nem depois de encontrar um mundo similar ao da série dos anos 1990 *Earth 2*, em que uma expedição de um grupo conhecido como Projeto Éden colonizava, no ano 2192, um planeta parecido com a Terra chamado G889.

Em poucas palavras:

Com o aperfeiçoamento das técnicas de detecção, aumentam as possibilidades de encontrarmos um planeta semelhante à Terra.

Trilha sonora

"Planet Telex", Radiohead.

Rico, Abel Méndez, afirmou que será encontrado em breve o primeiro exoplaneta gêmeo da Terra. "É só questão de tempo até que um planeta pequeno e rochoso seja descoberto em uma zona habitável."

2014
A Agência Espacial Europeia planeja lançar a missão Projeto Espacial Darwin para procurar exoplanetas, sobretudo ao redor de estrelas próximas.

2015
Seria a data de lançamento do Terrestrial Planet Finder (Buscador de Planetas Terrestres: www.terrestrial-planet-finder.com) da NASA. No entanto, após diversas mudanças e cortes de orçamento, o lançamento foi adiado indefinidamente.

37. Civilizações extraterrestres

"Nem sequer nos colocaram nos créditos finais." Ao falar do filme *Contato* (1997), de Robert Zemeckis, o astrônomo norte-americano Seth Shostak muda de expressão como se tivesse um rosto de gelatina. Não quer nem lembrar, mas, por fim (e após várias tentativas fracassadas de arrancar dele uma resposta com um saca-rolhas), ele lembra. Ao fim e ao cabo, o filme que coroou Jodie Foster como rainha das cientistas no cinema (majestade que compartilha com Sigourney Weaver) e tirou a pele verde dos alienígenas fez com que a iniciativa dirigida por esse homem grisalho e *habitué* de diversos programas do Discovery Channel, o Instituto SETI (acrônimo de Search for ExtraTerrestrial Intelligence, ou "busca por inteligência extraterrestre"), deixasse de ser, em apenas 150 minutos de filme, uma iniciativa conhecida por poucos para se tornar uma aposta da comunicação intergaláctica conhecida por muitos.

Cinquenta anos após a perda da virgindade espacial do ser humano e das primeiras tentativas de contatar alguém (ou algo) lá fora, os projetos científicos de contato com civilizações extraterrestres são mais modestos que os dos anos 1970, mas não menos importantes. Com pouco orçamento, os setores espaciais do Instituto SETI – o Allen Telescope Array, um conjunto de 42 antenas (das 350 originalmente planejadas) a 450 km de San Francisco – continuam ativos e na escuta. Até o momento, contudo, não foi detectado nenhum sinal proveniente de uma civilização alienígena.

Até agora, o projeto SETI explorou mais de mil estrelas. Ou seja, só examinou 0,0000005% de uma única galáxia, a nossa. "Nessa empreitada, é preciso ser otimista. Tivemos falsos alarmes, mas até hoje não sabemos se há vida inteligente no Universo – além de nós, é claro", comenta Shostak. "Mas nem por isso perdemos as esperanças." Não é sem motivo: o universo é um lugar muito grande. E, segundo os últimos cálculos, pode haver 10^{21} planetas como a Terra lá fora. Se apenas 3% dos sistemas solares de nossa galáxia tivessem planetas parecidos com a Terra, haveria 10 bilhões como o nosso na Via Láctea. Mesmo presumindo que apenas um em um milhão desses planetas

Você sabia que... já foram enviadas mensagens de todos os tipos a extraterrestres, como placas e discos em sondas espaciais, uma canção dos Beatles, um anúncio publicitário e um filme?

abrigue vida inteligente, seriam cerca de 10 mil civilizações. "Por isso digo que achar que não existem ETs lá fora é muito parecido com acreditar em milagres", diz Shostak.

O protocolo é claro: normalmente, a primeira coisa que pesquisadores desse tipo fazem é determinar se um sinal captado é de origem natural ou não. Em seguida, tenta confirmar sua fonte. Se as antenas do Allen Telescope Array detectassem sinais de uma civilização extraterrestre, a primeira coisa que fariam seria entrar em contato com pesquisadores de observatórios de outros países e latitudes para confirmá-lo. "Não haveria como manter segredo. Os Estados Unidos não poderiam monopolizar a notícia", adverte Shostak. "Os norte-americanos adoram conspirações. Mas, nesse caso, seria impossível. Todo mundo começaria a trocar e-mails. Certamente, levaríamos algumas semanas para descartar que fosse uma interferência. No entanto, decodificar o conteúdo da mensagem poderia manter diversas

Sociologia alienígena

Na hora de imaginar os alienígenas, os cientistas não pensam nem em homenzinhos verdes ou cinza, mas em "seres pós-biológicos". "Imagino que os extraterrestres sejam evoluídos ao ponto de terem ultrapassado a fase biológica", argumenta Shostak. "Imagino-os como máquinas inteligentes, capazes de pensar e interessadas em locais ricos em matéria e energia. Guillermo Marconi ajudou a inventar o rádio há cem anos. Nesse período, inventamos o computador e, daqui a cem anos, provavelmente estaremos rodeados de computadores pensantes. Por isso acho que, se um dia recebermos algum sinal, ele virá de máquinas inteligentes." Stephen Hawking, por sua vez, imaginava-os como nômades com a intenção de saquear os recursos dos planetas que colonizam. Por isso, diz, deveríamos fazer todo o possível para evitar contato.

"É difícil estimar a probabilidade de encontrarmos uma civilização extraterrestre, mas, se nunca procurarmos, nossa chance de sucesso é zero."

Giuseppe Cocconi (1914--2008) e Philip Morrison (1915-2005), físicos da Universidade de Cornell, nos Estados Unidos.

gerações ocupadas. Seria muito frustrante. Seria como receber um telefonema e não entender o que estão dizendo."

Com a falta de dinheiro, afloram ideias, debates e perguntas. Se descobríssemos vida inteligente fora da Terra, deveríamos responder? O que deveríamos dizer? E se recebêssemos sinais de uma civilização já extinta? Os extraterrestres teriam tentando se comunicar conosco sem que nos déssemos conta? Teriam telefonado para nós na mesma época em que o corpo de Júlio César sofria com as punhaladas de Brutus, ou no final de 1790, quando Dom Pedro I era apenas um bebê?

Jamais saberemos. Ou sim. "Tenho certeza de que, em 24 anos, detectaremos alguma civilização alienígena", confessa Shostak, revelando seu lado mais otimista. "E isso teria um efeito incrível: poderia vir a unificar as culturas humanas e provocar uma mudança transcendental nas prioridades do planeta. Mesmo que cortem todo o nosso financiamento, o aumento de poder dos computadores é irrefreável e permite analisar todos os dias mais dados do que nunca. A velocidade de busca dobra a cada dois anos. Isso é um grande estímulo, porque significa

Cronologia

1960
Início do Projeto Ozma (que deve seu nome à rainha de Oz, do livro *O mágico de Oz*, de Lyman Frank Baum). O astrônomo norte-americano Frank Drake voltou o radiotelescópio Howard Tatel para a estrela Tau Ceti. Ligou um receptor e apertou o botão de *on* para gravar em uma fita. A única resposta que obteve (e que temos desde então) é um misteriosíssimo silêncio.

1971
A NASA propôs o Projeto Cyclops, um programa de 1.500 radiotelescópios. Nunca saiu do papel.

1974
Frank Drake enviou o primeiro mapa espacial: do radiotelescópio porto-riquenho de Arecibo, mandou ao aglomerado globular M13, a 25 mil anos-luz da Terra, 1.679 bits de informação com as coordenadas de nossa localização no Sistema Solar, um receituário de fórmulas químicas e uma espécie de retrato falado de como nos vemos.

que, dentro de cinco anos, poderemos coletar mais informações que tudo o que foi coletado nos últimos 55 anos."

Ou, quem sabe, não seja preciso tanto esforço. No fim das contas, como dizia J.G. Ballard, o único planeta verdadeiramente alienígena é a Terra.

Dorothy

Além do Instituto SETI, existem no mundo inteiro apenas quarenta pessoas rastreando os céus em diversos projetos que buscam um sinal como quem busca uma agulha em um palheiro 35 vezes maior que a Terra. Participam da iniciativa global chamada de Projeto Dorothy observatórios do Japão, Austrália, Coreia, Itália, Holanda, França e Argentina.

Em poucas palavras:

Há cinquenta anos, o projeto SETI busca um sinal da existência de uma civilização alienígena.

Trilha sonora

"Across the Universe", The Beatles.

1977

Em 15 de agosto, às 23h16, um certo Jerry Ehman, voluntário do projeto SETI, observou nos instrumentos receptadores do radiotelescópio Big Ear, em Ohio, nos Estados Unidos, um sinal trinta vezes mais intenso que o ruído de fundo. E escreveu no papel um chamativo "Uau!" na margem. A suposta mensagem durou 75 segundos, e acredita-se que veio de alguma parte da constelação de Sagitário. Até hoje, o "sinal Uau" nunca se repetiu.

1980

"Se algum dia existiram, as civilizações extraterrestres estão mortas e desaparecidas", ironizou o senador norte-americano William Proxmire ao ridicularizar a iniciativa SETI.

2011

Stephen Hawking advertiu sobre os riscos de entrarmos em contato com uma civilização alienígena capaz de nos exterminar.

38. Bóson de Higgs

Desde 1776, cada 4 de julho tem o mesmo sabor histórico: a lembrança constante do patriotismo norte-americano, os fogos de artifício que iluminam o rosto da Estátua da Liberdade. Mas não mais. Ao menos para uma tribo de homens e mulheres que se autodenominam "físicos" e que, desde 2012, celebram uma outra declaração de independência: o descobrimento de um novo segredo da natureza, um feito do intelecto humano por meio de um empreendimento cuja complexidade supera o da viagem à Lua em 1969.

Talvez por causa do triunfo da ciência europeia (e internacional) sobre a física norte-americana, o anúncio da descoberta da tão buscada partícula chamada "bóson de Higgs" por parte dos cientistas do Centro Europeu de Pesquisas Nucleares (CERN) foi um marco na história da ciência, um ponto de inflexão para o conhecimento de uma espécie que, até não mais que algumas centenas de milhares de anos, tinha medo do fogo e se refugiava dos predadores na escuridão das cavernas.

Após dezesseis anos de construção com mais de 10 bilhões de dólares gastos, vários fracassos (e papelões), ameaças midiáticas e injustificadas de um possível fim do mundo e 24 meses de funcionamento, o experimento mais gigantesco da ciência, o Grande Colisor de Hádrons, ou Large Hadron Collider (LHC), o acelerador de partículas com 27 km de diâmetro em forma de rosca que decora a fronteira entre a Suíça e a França cem metros abaixo da terra detectou uma partícula esquiva (prevista pelo escocês Peter Higgs em 1964, mas jamais observada) que, em teoria, explicaria por que a matéria tem massa. Batizada infamemente de "partícula de Deus", o bóson de Higgs é (e sempre foi), na realidade, o Moby Dick da física de partículas, a peça que faltava no quebra-cabeça do modelo-padrão da física, a tabela periódica do mundo subatômico que descreve as dezoito partículas que constituem a matéria e as forças que regem suas interações, compondo a estranha dimensão que chamamos de "realidade".

Você sabia que... originalmente, o bóson de Higgs ia se chamar "the goddamn particle", ou partícula maldita, em virtude de sua natureza ermitã e fugidia?

Mais de 3 mil cientistas de 34 países apoiaram, observaram e analisaram os verdadeiros protagonistas dessa façanha, os prótons (as partículas subatômicas que formam o núcleo do átomo, os tijolinhos de nosso corpo e de todas as coisas que nos rodeiam e amamos – ou odiamos – no Universo) que, após correrem a 99,999991% da velocidade da luz no interior congelado do grande senhor dos anéis da física moderna como se fossem minibolinhas de tênis, colidiram não uma nem duas, mas milhões de vezes entre si. Em uma dessas batidas, os físicos gritaram "Eureka!": os instrumentos com nomes pomposos como "Atlas" haviam detectado uma partícula que se desintegrou em 0,0000000000000000000022 segundo e deixou vestígios: seria o tal bóson de Higgs.

"A tabela de partículas elementares mudou no último 4 de julho", revela o físico teórico Daniel de Florian, um dos argentinos que participou dessa caçada subatômica. "A partícula de Higgs é algo como um campo, um cenário em que tudo se desenvolve – é o fluido que impregna o espaço-tempo, uma espécie de mar invisível, uma grande

A dissecação da realidade

Os colisores de partículas são laboratórios titânicos nos quais são dissecadas as partes e os processos do Universo. Neles (que também são poderosos microscópios e catedrais da engenharia moderna) foram encontradas partículas que ninguém esperava encontrar. Nas últimas décadas, foram descobertos mais de trezentos componentes de um zoológico subatômico que, juntos e encaixados, formam tudo o que conhecemos. Seus nomes são estranhos, mas nem por isso estão apartados de nossa existência: mésons, bárions, quarks, antiquarks, léptons, tau, partícula J/psi, dentre outros. Eles nos rodeiam, nos compõem, fazem de nós o que somos. No LHC, por exemplo, ocorrem 40 milhões de choques de prótons por segundo. E, para encontrar o que se acredita ser o bóson de Higgs, foram realizados 500 trilhões de choques de partículas.

"Explicar o que é o bóson de Higgs é, sem dúvida, a questão mais difícil da física moderna."

Daniel de Florian, físico teórico argentino.

piscina na qual as demais partículas se movem e são estancadas pela viscosidade dessa água. Dependendo de quantas ficarem presas, a massa será maior ou menor."

Para a ocasião (e sua explicação), as metáforas irromperam: o bóson de Higgs (e o campo que forma) também foi comparado ao conceito da Força em *Star Wars*. Já outros o imaginaram como um campo de grama alta ou uma piscina de mel que se prende a uma partícula à medida que ela avança. A metáfora mais forte, contudo, nasceu em 1993, quando o então ministro da Ciência britânico William Waldegrave desafiou os cientistas ingleses a elaborar a melhor e mais clara explicação. A revista *Nature* acabou premiando o físico David Miller por sua analogia criativa, que dizia: "Imagine uma festa de seu partido com políticos distribuídos uniformemente pela sala, cada um conversando com aqueles mais próximos de si. Margaret Thatcher entra e atravessa a sala. Todos os políticos se aproximam para cumprimentá-la. À medida que ela se movimenta, atrai as pessoas ao redor de si, enquanto as que ficaram para trás retornam aos seus lugares. Devido a essa aglomeração, a primeira-ministra adquire, em termos físicos, uma massa maior que a normal. Esse é o mecanismo de Higgs, crucial para a estrutura do Universo".

Cronologia

1964
O físico Peter Higgs propôs a existência dessa partícula.

1983
O Prêmio Nobel de Física Leon Lederman escreveu um livro com o autor Dick Teresi. Seria intitulado *The Goddamn Particle* [A partícula maldita], mas a editora norte-americana Dell Publishing considerou o nome ofensivo. Assim, o editor do livro batizou-o de *The God Particle* [A partícula de Deus].

1999
O físico Frank Wilczek causou polêmica ao publicar um artigo em que mencionava a possibilidade de que o acelerador de partículas Relativistic Heavy Ion Collider dos Estados Unidos produzisse *strangelets*, um tipo estranho de matéria que destruiria o mundo.

2008
No Havaí, nos Estados Unidos, foi apresentada uma solicitação judicial para atrasar a ativação do LHC, afirmando que havia a possibilidade de que o acelera-

Imaginados assim, os políticos seriam bósons de Higgs, embora nas versões mais recentes da metáfora o papel dessas partículas recentemente descobertas varia desde um grupo de *paparazzi* até fanáticas por Justin Bieber.

Curiosamente, é mais fácil definir o que o bóson de Higgs não é: não deu origem ao Universo, embora sem ele (ou ela) o Universo não existiria da forma que é. Não haveria um "nós", não haveria estrelas, nem átomos, nem físicos se perguntando o que é o bóson de Higgs nem leitores com tanta vontade de entender isso.

Ícone

Desde que foi detectado em 2012, o bóson de Higgs se tornou um novo ícone da ciência. As imagens do choque de partículas no LHC impuseram uma nova simbologia científica, que desbancou o DNA e o átomo como símbolos centrais de nossa era de descobertas científicas constantes. Se até agora o DNA era a Mona Lisa da ciência, o bóson de Higgs (e a imagem caótica e violenta de prótons se chocando) é um quadro de Pollock.

Assim, teve início a "higgsmania" ou "higgsteria", milhares de rolhas de garrafas de champanhe espocaram na Suíça, choveram aplausos, vídeos e animações foram vistos na internet, embora essas descobertas nunca mudem radicalmente nossa vida, como fizeram à sua época o DNA ou a relatividade. A espécie humana havia dado mais um passo no sentido contrário à ignorância.

---

dor criasse um buraco negro capaz de engolir a Terra.

Uma semana após a inauguração do LHC, a rede que controla um dos detectores do experimento foi hackeada sem que houvesse danos.

O LHC sofreu um acidente antes da primeira colisão de partículas.

2009

O LHC sè tornou o acelerador de partículas mais potente do mundo.

Após ficar parado por catorze meses, o LHC reinicia as atividades com o dobro de energia.

2012

O ano em que descobrimos o bóson: cientistas do Laboratório Europeu de Física de Partículas (CERN) anunciaram que haviam detectado uma nova partícula que, muito provavelmente, seria o bóson de Higgs. Um mês após a apresentação mundial da descoberta, já havia 800 registros dela.

Em poucas palavras:

A descoberta do bóson de Higgs, a partícula pela qual se movem as demais partículas atômicas, é um dos feitos mais importantes da física nas últimas décadas.

Trilha sonora

"Gravity", John Mayer.
"Electric Feel", MGMT.
"Speed of Life", David Bowie.
"Rising Power", AC/DC.

39. Teoria das cordas

Embora sejam vistas como disciplinas frias e objetivas, as ciências estão embebidas de poesia. Não precisa procurar muito para ver. Basta observar o nome de certas teorias e hipóteses, como a do *big crunch*, sobre o destino final do Universo, ou a dos "oceanos em retirada", sobre a origem da água na Terra. Ou quem sabe aquela que, há alguns anos, cativou a atenção e a imaginação dos físicos teóricos: a sonora teoria das cordas. Tentativa ambiciosa de explicar ao mesmo tempo o funcionamento do que é extremamente grande e do que é infinitesimalmente pequeno, esse modelo da física propõe um universo fascinante: uma realidade feita de cordas, de vibrações contínuas e de quase uma dezena de dimensões. É uma daquelas teorias que ainda vêm sendo desenvolvidas, mas contribuem para moldar a imagem em constante transformação que temos do Universo.

E, sobretudo, é uma teoria pacifista: chega para trazer paz, unir e compatibilizar os dois reinos em que se divide a física atual: por um lado, a mecânica quântica (o conjunto de leis que serve para descrever o interior do átomo e o que vale para o extremamente pequeno) e, por outro, a teoria da relatividade de Einstein, que se aplica a coisa pesadas (que costumam ser grandes) e descreve o espaço-tempo e a ação da gravidade. "Essas duas teorias são opostas em tudo", conta o físico norte-americano Michio Kaku. "É como se a natureza tivesse duas mãos, e uma não soubesse o que a outra faz."

Todas as tentativas de unificação acabavam fracassando. Até que, nos anos 1980, surgiu a teoria das cordas, que se candidatou firmemente a ser a "teoria de tudo", a tão divulgada "teoria final", tão buscada por Albert Einstein no fim de sua vida, capaz de resumir

Teoria "M"

Para sermos precisos, não há uma única teoria das cordas, mas cinco. Nos anos 1990, o físico Edward Witten propôs unificá-las e englobá-las no que chamou de "teoria M". Cada cientista define o "M" de forma distinta. "Alguns dizem que se refere à 'mãe', conta a física argentina Carmen Núñez. "Outros, à 'magia' ou ao 'milagre', porque pensavam que jamais a encontrariam, e ao 'mistério', a acepção de que mais gosto."

"Estudo fenômenos que são muito diferentes daqueles de nossa vida cotidiana. Sei que é complicado de entender e até de explicar. Às vezes, falar de física é como falar de música a uma pessoa que nunca escutou na vida."

Juan Martín Maldacena, físico teórico argentino.

todas as leis do Universo. Ou, como disse o físico alemão, "que nos permitiria ler a mente de Deus".

Para tanto, a teoria das cordas precisou romper um paradigma muito arraigado em nosso imaginário: o das "partículas pontuais". Em busca do "piso da realidade", os físicos teóricos descem aos porões da existência para descobrir do que as coisas são feitas. Os "cordistas" continuam abrindo e descobrindo matrioskas: consideram que há algo mais "abaixo" dos tijolos atômicos que formam nosso corpo, as árvores, os edifícios, este livro. Tudo e todos, dizem, seriam feitos de cordinhas que vibram como as cordas de um violino ou violão e que, ao fazê-lo, produziriam partículas. Assim, a teoria das cordas é uma das explicações mais musicais da natureza já criadas. Que é poética, ninguém duvida. O físico norte-americano Leonard Susskind, por exemplo, definiu a teoria das cordas como a "teoria que estuda o DNA do Universo".

Ambiciosa, a teoria das cordas, contudo, tem pontos fracos. Por exemplo, carece de comprovação empírica. Até agora, não existem experimentos que tenham detectado essas cordas. O estado atual da tecnologia não permite aos físicos realizá-los para colocar a teoria à prova. É justamente nisso que miram os maiores detratores da teoria

Cronologia

1968

Nasceu a teoria das cordas, uma tentativa de formular uma teoria que descrevesse a interação forte, uma das quatro forças da natureza, encarregada de manter as partículas unidas dentro do núcleo dos átomos. "Como em um violão, as cordas dessa teoria podem vibrar de maneiras diferentes", escreveria mais tarde o físico Robert Oerter em seu livro *The Theory of Almost Everything* [A teoria de quase tudo]. "E cada forma de vibração corresponderia a uma partícula com propriedades semelhantes, mas de massa distinta."

1974

Os físicos Jöel Scherk e John Schwarz publicaram um artigo científico no qual demonstravam que a teoria das cordas poderia descrever a natureza da força gravitacional. O trabalho não recebeu muita atenção. Scherk, que tinha diabetes,

Você sabia que... a teoria das cordas apareceu em séries como *Futurama*, *The Big Bang Theory* e até em uma propaganda da Gucci?

das cordas. O físico Peter Woit, por exemplo, em seu livro *Not Even Wrong* [Nem mesmo errado, em tradução livre], a explica dizendo que não é senão pseudociência, já que não pode prever nada (embora tampouco seja possível demonstrar que a teoria esteja incorreta). O ex-cordista Lee Smolin critica a teoria em *The Trouble with Physics*

O cordista argentino

Juan Martín Maldacena, professor do Instituto de Estudos Avançados de Princeton (Estados Unidos), é um dos "cordistas" mais reconhecidos do mundo. Suas contribuições são tão importantes que, em 1998, em uma convenção em Santa Bárbara, na Califórnia, dezenas de físicos teóricos cantaram e dançaram tresloucados ao ritmo do então hit "La Macarena", mudando o refrão para "Dale a tu cuerpo alegría/Maldacena/que tu cuerpo es pa' darle alegría y cosa buena/ eeeeeehhh, Maldacena!", fazendo menção à famosa hipótese que empresta o seu nome. Em 2012, foi um dos nove cientistas honrados com o novo Prêmio Yuri Milner de Física Fundamental e recebeu 3 milhões de dólares para continuar suas pesquisas. Um mês depois, Maldacena doou 200 mil dólares ao Instituto Balseiro, na cidade de Bariloche.

---

entrou em coma e morreu em 1980. Ao lado de um grupo de físicos, Schwarz se tornou um dos poucos partidários da teoria.

1984

Ressurgiu o interesse pela teoria das cordas, a primeira que reúne a mecânica quântica e a relatividade geral. Um grande número de pesquisadores começou a trabalhar com a teoria das cordas, e uma nova versão dela foi elaborada. A época é conhecida como "primeira revolução da teoria das cordas".

1995

Edward Witten provou que era possível unificar as cinco teorias de supercordas na teoria M, a segunda revolução da teoria das cordas.

2008

Começou a funcionar o Colisor de Hádrons (LHC) do CERN.

[O problema com a física, em tradução livre], chamando de charlatanismo científico pós-moderno essa proposta estudada apenas com lápis e papel por cerca de 2 mil físicos e matemáticos no mundo todo.

Essas provocações não tiram o sono do físico teórico argentino Juan Martín Maldacena, uma das estrelas do campo. "A teoria das cordas é uma teoria especulativa que não foi confirmada", aponta. "Na física, existem teorias testadas com experimentos que passam a ser aceitas. Além disso, há muitas outras coisas que são meras possibilidades. Os cientistas não se limitam a estudar apenas o que já é aceito. Achamos a teoria interessante demais para esperarmos vinte ou trinta anos para testarmos tudo isso."

Em poucas palavras:

Segundo a teoria das cordas, os objetos fundamentais do Universo seriam cordas ou filamentos em constante vibração.

Trilha sonora

"Let it Be", String Quartet.

40. Matéria e energia escuras

Por definição, ela é invisível. Ou, o que dá no mesmo: inobservável, simplesmente porque não emite luz visível, nem nenhum outro tipo de radiação (infravermelha, ultravioleta, rádio etc.). Ainda assim, encarrega-se diariamente de permanecer imóvel no terreno do mistério: a matéria escura, a "coisa" que ninguém sabe o que é, mas que supera em seis vezes o estoque de matéria comum do universo, continua sendo um dos enigmas mais intrincados e duradouros da astronomia e da cosmologia moderna – muito embora, aos poucos, esteja se revelando como é aos telescópios cada vez mais colossais e ambiciosos do mundo.

Relativamente, faz pouco tempo que os astrônomos sabem que existem dois tipos de matéria no Universo: a matéria comum e corriqueira, que nos constitui e que vemos ao nosso redor, e a matéria escura. Durante décadas, recebeu nomes estranhos e pouco atrativos, como "influxo gravitacional". Uma das pessoas a ter um encontro (a distância) com ela foi o astrofísico suíço Fritz Zwicky, cujos cálculos não fechavam muito bem quando ele tentava medir a massa de certas galáxias e as velocidades com que se moviam. Algo estava interferindo em suas contas. Foi então que Zwicky propôs a existência de outra matéria, cujos efeitos gravitacionais explicariam a defasagem numérica. Mas ninguém levava a sério esse cientista arrogante, agressivo e irreverente, e a ideia da matéria escura ficou na gaveta por quase quarenta anos.

Estamos cercados

A matéria escura atrai os astrônomos não apenas por seu mistério, mas também por outra razão: acredita-se que exista uma espécie de cerco ou halo de matéria escura em torno da Via Láctea. Ele se estenderia até a metade da distância que nos separa de nossa vizinha, a galáxia espiral M31, na constelação de Andrômeda. Há quem suspeite que se trataria da galáxia X, completamente feita de matéria escura.

O mistério voltou à tona quando se tentou determinar de uma vez por todas do que era (e é) feito o universo. Quando os cientistas calculavam a quantidade de matéria necessária para manter as coisas unidas (os planetas

Você sabia que... o Universo é composto por 72% de energia escura, 24% de matéria escura e apenas 4% de matéria comum, do tipo que forma os planetas e as estrelas?

girando ao redor das estrelas e as galáxias, concentradas, sem se esparramarem pelo cosmos como uma mancha de azeite no piso), sempre davam com os burros n'água. Faltava alguma coisa que os telescópios

Caçadores de matéria

Se a mecânica quântica nos ensinou algo, foi que nossos sentidos não bastam para entendermos o que chamamos de "realidade". A experiência cotidiana não dá conta de revelar como o Universo funciona. Isso é o que fascina na física: reconhecer que o que vemos não é tudo o que existe. Isso não impede cientistas de todos os tipos de procurar a matéria escura como se fosse um fantasma, utilizando detectores de partículas situados a 750 metros de profundidade, como CDMS (do inglês *cryogenic dark matter search*), situado em uma mina de Minnesota, nos Estados Unidos. Ou como o detector XENON100 no Gran Sasso, na Itália. Ou como o Grande Experimento Subterrâneo de Xenônio, submerso em um tanque com 265 mil litros de água em uma mina de ouro abandonada em Dakota do Sul, a quase um quilômetro e meio de profundidade. Os caçadores de matéria escura confiam neles: são mil vezes mais sensíveis que os instrumentos de vinte anos atrás. Só falta alguém gritar: "Conseguimos! Nós a detectamos".

Cronologia

1933
O astrônomo suíço Fritz Zwicky propôs a existência da massa escura (*dunkle Materie*, em alemão) ao detectar indícios de uma massa invisível em seu estudo das nuvens de galáxias na constelação de Coma.

1974
A astrônoma norte-americana Vera Rubin confirmou a presença de matéria escura ao observar a rotação veloz das regiões mais afastadas da galáxia de Andrômeda. Até 1980, essa massa era conhecida como "massa perdida" (*missing mass*) ou "massa não visível" (*unseen mass*).

2008
Entrou em funcionamento o Grande Colisor de Hádrons (LHC). Especulou-se que ele poderia gerar partículas de matéria escura.

2011
Uma equipe internacional de astrônomos determinou pela primeira vez a quantidade de matéria escura que teria sido necessária na origem do Universo para formar as galáxias como a

eram incapazes de ver: matéria escura. Para a surpresa de muitos, parece que pelo menos 90% (ou mais) do Universo é feito de substâncias e energias invisíveis para nós. Como se não quisesse que nos irritássemos: vivemos em um universo que, em sua maioria, é invisível para nós. Nosso único consolo é poder inferir seu conteúdo estudando os efeitos gravitacionais que exerce sobre a matéria observável – por exemplo, quando os cientistas focam os telescópios em uma região, veem que a luz desvia por causa dos efeitos de uma massa invisível e, com isso, elaboram mapas às cegas. Por sorte, a matéria escura não é tão rebelde assim: obedece à força da gravidade.

> "Se a matéria escura fosse uma pessoa e entrasse em uma festa, faria o papel de anfitriã e aproximaria as pessoas. A energia escura faria o oposto: dispersaria a multidão, como um policial durante um distúrbio."
>
> **Paul Halpern, físico norte-americano e autor de *Collider: The Search for the World's Smallest Particles*.**

Há relativamente pouco tempo, os astrônomos se arriscam e criam definições e teorias, uma atrás da outra, para esclarecer a identidade e a composição dessa matéria de nome escuro: desde partículas ínfimas, como aquelas chamadas de WIMP (*weakly interacting massive particles*) ou outras, chamadas de "axions" ou "neutralinos", até objetos de porte planetário, que se movimentariam pelas zonas afastadas

---

Via Láctea: 300 bilhões de vezes a massa do Sol.

2012

Astrônomos ingleses analisaram o brilho das supernovas distantes e determinaram que a probabilidade de existência de energia escura é de 99,996%.

O projeto Dark Energy Camera, ou DECam (um telescópio para observar o Universo e detectar energia escura), começou a rastrear do Chile 300 milhões de galáxias e 100 mil nuvens de galáxias.

Um grupo de pesquisadores dinamarqueses captou um tipo estranho de radiação que parecia provir do centro da Via Láctea e que forma uma espécie de névoa ao seu redor. Seria a primeira prova física da matéria escura.

2015

A Academia Chinesa das Ciências coloca em órbita o DAMPE (explorador de partículas de matéria escura). Em poucos meses no espaço detectou 1,5 milhão de raios cósmicos de elétrons e pósitrons acima de 25 gigaelétron-volt (GeV).

das galáxias (os MACHO, sigla de *MAssive Compact Halo Objects*, ou "objetos do halo galáctico compactos e imensos"). O fato é que a matéria escura não fica lá longe, em um cantinho remoto do Universo. Os físicos acreditam que está presente em tudo: nos edifícios, em nosso corpo e em toda a Terra.

Cada descoberta é um passo a mais, um novo salto rumo à certeza. Hoje, sabemos que o Universo não está em repouso, mas em movimento, embora nós – na rua ou no ônibus – não sintamos isso. As galáxias estão fugindo de nós. "Diz-se que o que determina o crescimento do Universo em grande escala é a matéria escura", aposta a astrofísica argentina Patricia Tissera. "As simulações também dão conta da existência de outro elemento: a chamada 'energia escura', uma força que nós, cientistas, ainda não sabemos muito bem o que é. Em teoria, explicaria a aceleração do Universo e o distanciamento progressivo das galáxias."

Também conhecida como "energia do vazio" ou "quintessência", essa energia ainda mais misteriosa que permeia o Universo seria o piloto da expansão acelerada do cosmos. "O interessante é que o Universo não se expandirá para sempre", diz Tissera. "Em algum momento, a aceleração vai desacelerar. E não sabemos o que acontecerá depois."

Talvez a matéria e a energia escuras acabem nos dominando. E o lado escuro do Universo, enfim, poderá cantar vitória.

Em poucas palavras:

A matéria escura, na realidade, não é escura, mas invisível e consiste em um dos grandes mistérios da ciência.

Trilha sonora

"Dark Matter", Björk.

41. Multiverso

Houve um tempo em que pensávamos que a Terra era o centro do Universo e todo o resto girava ao nosso redor. Então entraram em cena Copérnico e Galileu, que mostraram como estávamos equivocados. Logo, fomos surpreendidos com a parede outra vez: percebemos que o nosso Sistema Solar é apenas um pequeno bairro na periferia de uma galáxia gigantesca, a Via Láctea, uma entre as centenas de bilhões de galáxias que constituem o nosso Universo. Agora, muitos físicos acham que não devemos parar por aí. Acreditam que há algo além disso: um oceano de universos. É o que chamam de "multiverso".

Contudo, por ser desprovida de observações ou de apoio experimental, essa ideia perigosa é duramente combatida dentro e fora da comunidade científica. "Isso é metafísica? É filosofia? É religião? É ciência?", perguntam-se os mais desconfiados. "No passado, muitas ideias pareceram tão loucas quanto essa ao serem propostas pela primeira vez", conta o físico teórico do momento, Brian Greene, autor de *O Universo elegante*. "Einstein não acreditava em buracos negros, embora fossem decorrentes de suas equações. Hoje, ninguém os questiona. Agora a matemática indica que poderiam existir outros universos além do nosso."

Os físicos, obviamente, não foram os primeiros a pensar em realidades paralelas ou alternativas. Desde *O mágico de Oz* e "O jardim de veredas que se bifurcam", de Jorge Luis Borges, até filmes como *De caso com o acaso* e episódios de *Star Trek*, as obras da cultura popular ajudaram a integrar a ideia de multiverso. A ideia de que habitamos um de muitos universos é o eixo de séries como *Fringe*, livros como *1Q84*, de Haruki Murakami, e peças de teatro como *4D Óptico*, de Javier Daulte.

Embora já não seja mais encarada como possibilidade filosófica, mas como uma possibilidade científica decorrente das pesquisas realizadas na fronteira da física (por exemplo, a teoria de cordas), essa noção – nem verificável, nem refutável – é um dos conceitos mais polarizadores surgidos na física nas últimas décadas. De um lado, estão aqueles que consideram essa ideia tão pouco científica quanto a existência de anjos. Outros, como Greene, acham que ela será a próxima revolução copernicana. "Não surgiu de nossa imaginação, mas da matemática", defende-se. Em alguns universos, ele afirma, o asteroide que matou os dinossauros poderia ter passado longe da Terra. Em outros, poderia haver cópias nossas. Infinitas, com pequenas variações.

> "Se confirmada, a existência de outros universos lá fora teria grande impacto cultural. A Terra não é o centro do universo, e, como se não fosse o bastante, nosso Universo seria apenas um dentre muitos."
>
> **Lisa Randall, física teórica.**

Mas como imaginar o que não podemos ver? "Gosto de pensar no multiverso como um grande queijo suíço em que os buracos são universos", diz Greene. "Em outras situações, imagino que cada universo seja uma bolha dentre muitas em um banho de espuma cósmico."

É possível que exista um número infinito de universos paralelos. Alguns poderiam ser exatamente iguais ao nosso, com indivíduos exatamente iguais a cada um de nós. "Existem infinitos Frank Tiplers iguais a mim que escreveram ensaios sobre universos paralelos, lidos por infinitos indivíduos como você, o leitor", imagina o Frank Tiplers que dá aulas de físico-matemática na Tulane University, em Nova Orleans, na Louisiana (Estados Unidos) e autor da *A física da imortalidade*. "E tem mais: existem outros universos quase idênticos ao nosso, mas que diferem em pequenos detalhes. Por exemplo, universos em que você, o leitor, de fato se casou com seu amor de infância e universos em que não fez isso."

A ideia da existência de realidades alternativas nos cativa, porque permite questionar nossas ações e imaginar o que muitas vezes almejamos: sermos diferentes sendo nós mesmos. Assim, a hipótese do multiverso é atraente pela possibilidade da multicausalidade. Onde estaríamos se houvéssemos aceitado aquele trabalho em vez deste?

Você sabia que... o primeiro a falar em multiverso foi o filósofo norte-americano William James, em 1895?

O que teria ocorrido se eu não tivesse ficado dormindo naquele dia, se tivesse dito sim em vez de não? Jamais saberemos.

De certa forma, essa ideia seria capaz de expandir o que chamamos de realidade infinitamente mais do que Copérnico fez com sua revolução. E as consequências psicológicas poderiam ser devastadoras: não nos sentiríamos mais únicos, irreproduzíveis. Ao mesmo tempo, nos sentiríamos menos sozinhos do que nos sentimos.

Como aconteceu na sua época com a revolução copernicana, a "revolução everettiana" (a aceitação social do multiverso) levará décadas

As dimensões desconhecidas

Os físicos veem a realidade de maneira muito diferente de um cidadão comum. Por exemplo, os resultados da chamada "teoria de cordas" apontam que o que vemos é apenas uma fração do que existe. "Fomos fisiologicamente desenvolvidos para perceber a realidade em apenas três dimensões. Aprendemos isso desde o berço. Podemos nos deslocar para cima ou para baixo, para a direita e a esquerda, para a frente e para trás. Essas são dimensões espaciais. Achamos que a realidade é assim. Mas por quê?", pergunta-se a física teórica Lisa Randall. "O curioso é que não existe nenhuma lei da física estabelecendo que devem existir apenas três dimensões (também se diz que o tempo é uma dimensão, nesse caso, temporal). Poderiam existir muitas dimensões que nem sequer percebemos. O Universo é muito diferente do que vemos e imaginamos."

Cronologia

1910
Físicos como Erwin Schrödinger e Murray Gell-Mann já especulavam a existência de universos paralelos.

1957
O norte-americano Hugh Everett, à época estudante de física na Universidade de Princeton, propôs "a interpretação dos múltiplos universos" como consequência automática da mecânica quântica.

2008
Segundo o cosmologista Max Tegmark, em cinquenta anos, a existência de universos paralelos não será mais polêmica do que era cem anos atrás a existência de outras galáxias, chamadas à época de "universos-ilha".

2011
Com base em dados coletados pelo telescópio Plank, Hiranya Peiris, uma cosmologista do Universitty College de Londres, afirmou

para ser admitida e muito mais para ser compreendida. Em dez, cinquenta ou cem anos, a existência de universos paralelos irá nos levar a repensar absolutamente tudo.

Mas uma coisa é certa: como não interagimos com esses universos, será muito difícil provar sua existência. Eles podem ter propriedades totalmente diferentes das do nosso. Pode ser que neles não haja estrelas. Também podem haver leis físicas e forças diferentes, sua química poderia ser distinta e, em vez de nêutrons e quarks, seus átomos podem ser feitos de outros elementos. Bastaria alterar uma das quatro grandes forças da natureza para mudar muitas coisas. Há uma infinidade de possibilidades. Só imaginá-las já é fascinante.

Infinitas possibilidades

Na hora de divagar sobre os universos paralelos, os físicos libertam a imaginação: alguns poderiam estar cheios de nuvens de partículas subatômicas. Outros, por sua vez, poderiam contar com combinações de prótons, nêutrons e elétrons que jamais vimos ou veremos. Como diz o astrofísico inglês Martin Rees: "Nosso Universo pode ser apenas um elemento (um átomo, por assim dizer) de um conjunto infinito: um arquipélago cósmico".

---

que vários "universos-bolha" poderiam ter deixado uma marca no nosso. George Efstathiou, diretor do Instituto Kavli de Cosmologia da Universidade de Cambridge, classificou o trabalho da pesquisadora como "a primeira tentativa séria de explorar o multiverso".

2012

A fundação filantrópica britânica Templeton desafiou especialistas do mundo todo a encontrar evidências e respostas a perguntas como "qual foi o estado mais primitivo do Universo?" e "o nosso cosmo é único, ou apenas parte de um muito maior?". Para tanto, financiou o trabalho de pesquisadores como o físico teórico Raphael Bouso, da Universidade da Califórnia, em Berkeley, com 125 mil dólares para buscar formas de detectar outros universos diferentes do nosso.

Em poucas palavras:

A hipótese do multiverso propõe que o nosso Universo não seja o único, mas um dentre muitos.

Trilha sonora

"Wish", Franka Potente e Thomas D.
"Parallel Universe", Red Hot Chili Peppers.

42. Laboratórios submarinos

Ao mesmo tempo que Neil Armstrong e o restante dos astronautas do programa Apollo nos levavam à Lua, Jacques Cousteau nos conduzia a um mundo ainda mais próximo, fantástico e desconhecido: o mundo submarino. Franzino, mas com nervos de aço, esse explorador francês descortinou um universo novo para a maioria de nós, escondido de uma espécie muito arraigada à terra firme. Graças aos filmes e aos documentários de um certo Cousteau com sotaque francês lírico e a tripulação de seu emblemático barco, o *Calypso*, os oceanos – até então imaginados como o lar escuro e profundo dos mais terríveis monstros – começaram a surpreender, nos anos 1960 e 1970, milhões de espectadores com sua beleza deslumbrante.

Além de ser um ambiente extremamente frágil, descobrimos que nele vivem os seres mais incríveis e diversificados da Terra: 80% de toda a vida do planeta está no oceano. E também é nele que reside a esperança. Ao menos para os que pensam como Jacques Cousteau, que, obviamente inspirado por Julio Verne e sobretudo pela imensidão das massas aquáticas que cobrem 70% da superfície terrestre (embora apenas 10% das águas tenham sido estudadas), sonhava com um futuro não tão distante em que o ser humano poderia adotar as profundezas submarinas como um novo lar.

Assim, enquanto todos erguiam a cabeça e olhavam para as estrelas, o lendário explorador começou a sonhar com o que até então era impossível. Em 1962, imaginou a primeira colônia submarina. E a batizou de "projeto Conshelf". As ideias logo se tornaram fatos. E o primeiro habitáculo submarino foi instalado perto da costa da cidade francesa de Marselha, a 10 m de profundidade. Em um cilindro com apenas 5 m de comprimento e 2,5 m de diâmetro, dois homens, Albert Falco e Claude Wesly, tornaram-se os primeiros "aquanautas". Viveram por uma semana rodeados de peixes e algas.

Aos poucos, essa invasão marítima foi se tornando mais ambiciosa. O segundo habitat, Conshelf II, ficava a 10 m de profundidade no mar Vermelho. Instalado em 1963, abrigou cinco aquanautas. Dois

> "Os oceanos governam o clima, a temperatura e a química do planeta. Entender seu funcionamento é fundamental para a nossa sobrevivência na Terra."
>
> **Sylvia Earle, oceanógrafa e aquanauta norte-americana.**

anos mais tarde, em 1965, nasceu o Conshelf III, dessa vez instalado a 100 m da superfície perto de Niza. No entanto, após quase uma década de crescimento explosivo, o interesse por um futuro de cidades aquáticas desapareceu de repente. Não só porque os aquanautas reclamavam da pouca luz e da falta de apetite, da ausência de privacidade e da grande quantidade de hélio no ar daquelas instalações extremas: de um momento para o outro, o oceano passou para o segundo plano. O espaço sideral havia roubado a cena.

Foi necessário que se passassem trinta anos para que o sonho marinho renascesse. Foi apenas em 1986, com uma iniciativa científica de nome mais que sugestivo: Aquarius, um laboratório da Agência Nacional para o Estudo da Atmosfera e do Oceano dos Estados Unidos (NOAA). Com 14 m de comprimento e 3 m de diâmetro, o módulo habitacional do Aquarius era um cilindro amarelo que se assemelhava, antes de submergir, a um ônibus. No entanto, seu aspecto mudou radicalmente desde a inauguração oficial na década de 1990. Com os anos, essa espécie de versão submarina da Estação Espacial Internacional foi

Cronologia

1964
O SeaLab da Marinha dos Estados Unidos foi instalado perto da costa das Bermudas, a 58 m de profundidade. Uma tormenta tropical forçou o seu fechamento.

1965
O SeaLab II foi instalado perto da costa da Califórnia, a 62 m de profundidade.

1968
Os alemães construíram o laboratório Helgoland e o estacionaram no mar Báltico.

1969
O habitat submarino Tektite da NASA foi instalado nas Ilhas Virgens dos Estados Unidos, no Caribe. Foi a primeira experiência subaquática norte-americana liderada por cientistas.

1970
Nessa época, o principal laboratório submarino foi o Hydrolab, também nas Ilhas Virgens.

1980
O MarineLab, também conhecido como Medusa, seguiu os passos do Hydrolab, mas na Flórida.

Você sabia que... o laboratório Aquarius tinha seis beliches, um banheiro com água quente, uma ducha, ar-condicionado, geladeira, um computador com internet e micro-ondas?

se mimetizando com o ecossistema e se tornou parte do recife de corais que até então o rodeava.

Operado pela Universidade da Carolina do Norte Wilmington, ele foi o maior tesouro da oceanografia durante quase vinte anos, a meca das ciências do mar: era lá que todos os biólogos marinhos e demais cientistas que estudam os oceanos desejavam estar um dia. Desde 1993, foi visitado por cerca de duzentos cientistas do mundo todo, que levaram a cabo dezenas de experimentos que vão desde a análise dos danos causados em recifes de coral pela radiação ultravioleta até as aplicações

Mistério profundo

Os biólogos marinhos dizem sempre: "sabemos mais sobre a Lua e Marte que sobre o fundo do mar". Embora se acredite que os oceanos tenham cerca de 3,5 bilhões de anos e se saiba que a vida marinha fornece a metade do oxigênio e boa parte dos alimentos que consumimos (além, é claro, de regular o clima), o mundo submarino é um grande mistério. Só conhecemos 10% das espécies que vivem abaixo dos 2.000 m de profundidade, nas chamadas fossas abissais.

1986

Originalmente conhecido como laboratório "George F. Bond", o Aquarius foi montado na cidade de Victoria, no estado do Texas, e seu destino original era a ilha Catalina, na Califórnia. No entanto, os planos mudaram várias vezes. Cogitou-se, por exemplo, instalá-lo nas Ilhas Virgens americanas, mas naquele ano o furacão Hugo frustrou a ideia. Então foi transferido para a cidade de Wilmington, na Carolina do Norte. O Aquarius só conheceu sua última morada e local de repouso em 1993: a mais de 5,5 km da costa da Flórida, a cerca de 20 m da superfície.

2007

A Austrália teve sua primeira colônia aquática: um habitat chamado Biosub.

2013

Fechado o laboratório submarino Aquarius.

2015

Concluída a primeira parte da construção do SeaOrbiter, um submarino móvel habitável (*mobile undersea habitat*), que busca fontes renováveis nos oceanos (http://www.seaorbiter.com/).

Treinamento espacial

Os biólogos marinhos não foram os únicos visitantes do Aquarius. Desde 2001, o laboratório submarino foi utilizado pela NASA cerca de 16 vezes como campo de treinamento para que seus astronautas se aclimatassem às condições de gravidade zero do espaço. Foram as missões "Neemo". Em 2006, por exemplo, durante a missão Neemo 9, foram praticados passeios lunares e houve um ensaio bem-sucedido da primeira intervenção cirúrgica de telemedicina espacial sem fio, com a ajuda de um robô guiado por satélite baseado em um hospital em Ontário, no Canadá, a 2.500 km de distância, e realizada em um manequim. Em junho de 2012, foi realizada a missão Neemo 16: durante 12 dias, astronautas e engenheiros norte-americanos, japoneses e europeus receberam capacitação para uma possível missão tripulada a um asteroide em 2025.

dos componentes químicos das esponjas, o estudo do comportamento animal utilizando luzes e cores para se comunicar, a análise de registros fósseis para comparar as mudanças no recife durante milhares de anos e estudos das correntes marítimas.

No entanto, a corrosão e os furacões não foram os únicos inimigos do laboratório Aquarius durante duas décadas de funcionamento. O principal inimigo tinha outro nome: "cortes no orçamento". Apesar dos êxitos e das descobertas que essa instalação científica propiciou, a NOAA deu sinal vermelho e parou de financiar as atividades e a manutenção em 2013. "Não há nem um substituto para a presença humana no oceano", lamentou a exploradora Sylvia Earle. "Sobretudo nessa época: os próximos dez anos serão muito importantes. A metade dos recifes de coral do mundo já desapareceu. Para que as pessoas se interessem por algo, precisam conhecê-lo."

Em seus quase vinte anos, foi exatamente o que o Aquarius fez: abriu as portas do oceano para o mundo.

Em poucas palavras:

Nos laboratório submarinos, estudam-se desde a alteração das correntes marítimas até o comportamento animal.

Trilha sonora

Trilha sonora do filme *A vida marinha com Steve Zissou*.
"Beyond the Sea", Bobby Darin.
"Octopus's Garden", The Beatles.
"The Ocean", Led Zeppelin.

43. Exploração oceanográfica

Em março de 2012, James Cameron deixou um pouco de lado seus trajes de diretor de cinema e brincou de Jacques Cousteau. Mas sem escafandro ou tubo de oxigênio: estimulado por seu amor pelo mar, o criador de filmes como *Avatar* e *Titanic* entrou em um minissubmarino chamado *Deepsea Challenger* (com espaço para um ocupante e equipado com câmeras e braços robóticos) e submergiu sozinho nas frias águas do Pacífico. Duas horas depois, chegou ao fundo: ao descer a fossa das Marianas, a quase 11 mil metros de profundidade, tornou-se o primeiro homem a realizar essa façanha sozinho. "Acabo de chegar ao ponto mais profundo do oceano. Tocar o chão nunca foi tão bom. Mal posso esperar para contar o que estou vivendo", escreveu no Twitter.

O objetivo do diretor não era apenas buscar inspiração antes de começar a filmar a sequência de *Avatar*, cuja história, acredita-se, seria passada no fundo do mar. Cameron e sua equipe visitaram essas profundezas onde reinam o escuro e a solidão para inaugurar uma nova era da exploração submarina. E conhecer mais sobre a biologia e a geologia desses reinos ainda misteriosos. "Sinto-me como se houvesse ido ao espaço sideral e voltado", disse Cameron, que, em 1989, fez o filme *O segredo do abismo*, em que um grupo de cientistas encontra vida extraterrestre nas profundezas do oceano, e se dedicou a buscar os restos do *Titanic* em 2005 para o seu documentário *Last Mysteries of the Titanic*.

As profundezas marinhas ainda têm muito o que contar: estima-se, por exemplo, que haja mais de 750 mil espécies marinhas que ainda não foram

Aliens

O fotógrafo e zoólogo Alexander Semenov (www.clione.ru) tem um trabalho único. Como chefe da equipe de mergulho da Estação Biológica do Mar Branco, no norte da Rússia (ou White Sea Biological Station – WSBS), fotografa desde 2008 algumas das criaturas marinhas mais fascinantes do oceano. "É um universo paralelo e imenso que temos a oportunidade de desbravar. Seus habitantes parecem alienígenas."

Você sabia que... estão sendo desenvolvidos mais de mil medicamentos derivados de fontes de biotecnologia marinha?

formalmente catalogadas pela ciência, um número três vezes superior ao de espécies conhecidas.

Outro explorador oceânico é Tsunemi Kubodera que, após dez anos de esforços, finalmente encontrou o que buscava: nos primeiros dias de 2013, o pesquisador japonês apresentou as primeiras gravações de uma lula gigante – um *Architeuthis* – a 600 m de profundidade e na mais absoluta escuridão. "Brilhava e era belíssimo", comentou o cientista do Museu Nacional de Ciência do Japão, que não conseguiu deixar de pensar no Kraken, a criatura marinha das mitologias escandinava e finlandesa.

O oceano e a chamada fauna abissal são as últimas fronteiras da exploração: lá existem planícies, cordilheiras e vulcões ainda não vistos por olhos humanos. Em 2010, um megaprojeto internacional chamado Censo da Vida Marinha, que envolveu dez anos de trabalho de 2.700 cientistas de oitenta países, revelou uma diversidade maior que a esperada: os pesquisadores concluíram que mais de 1 milhão de espécies habitam os oceanos, e apenas cerca de 250 mil foram descritas

Lago Vostok

Situado na Antártida a 3.400 m de profundidade, o lago Vostok é um ímã de cientistas: trata-se de uma gigantesca reserva de água doce protegida sob uma camada de quase 4 km de gelo. Tem cerca de 35 milhões de anos e, durante 15 milhões deles, permaneceu praticamente isolado da atmosfera terrestre. No início de 2013, em uma das explorações científicas mais ambiciosas da atualidade, alguns cientistas russos conseguiram (após um ano de extrações) as primeiras amostras da água mais pura e antiga do planeta. Nela, pode ser que encontrem microrganismos desconhecidos que se desenvolveram nas condições mais extremas. "Caso existam, tais organismos conseguiram evoluir em um meio natural inexistente em qualquer outra parte do planeta", afirmou o chefe da expedição russa, Valery Lukin.

> "Cada centímetro cúbico de água do oceano contém 1 milhão de bactérias, uma quantidade descomunal de organismos que podemos estudar. Sabemos muito pouco sobre toda essa vida e dependemos dela para viver neste planeta."
>
> **Craig Venter, geneticista e diretor da Global Ocean Sampling Expedition.**

na literatura científica. Desde 2000, foram descobertas cerca de 16 mil novas espécies. E estima-se que ainda restem 5 mil espécies para serem descritas (10% na Europa, 38% na África, 58% na Antártida, 70% no Japão, 75% no Mediterrâneo e 80% na Austrália).

Há muitas coisas lá embaixo que não conhecemos – e das quais precisamos: quando pedem aos bioquímicos que imaginem a medicina do futuro, eles pensam no oceano, uma das maiores fontes de novos fármacos. De lá, dizem, sairão os tranquilizantes mais potentes, os anticancerígenos ou antibióticos mais eficazes. Comprovou-se, por exemplo, que um animal marinho chamado *Ecteinascidia turbinata* contém uma substância que pode inibir o crescimento de células tumorais, prolongando a vida em laboratório de ratos com leucemia. A estrela-do-mar (*Asterina pectinífera*) também apresenta propriedades anticancerígenas. E é possível extrair do peixe-lua a tatradoxina, uma substância que bloqueia a condução de impulsos nervosos, funcionando como um anestésico local.

Cronologia

2003
Uma frota de robôs submarinos, aviões e barcos de catorze institutos científicos coordenaram a iniciativa para realizar uma exploração integral do oceano. O objetivo: aprimorar a previsão oceanográfica, equiparando-a à previsão meteorológica.

2006
A ciência da biotecnologia marinha foi inaugurada pelo empresário Craig Venter. Em um veleiro, ele deu a volta ao mundo com o intuito de demonstrar o potencial do material biológico existente no mar. Após diversas viagens da expedição Sorcerer II, sua equipe coletou entre 200 e 400 L de amostra a cada 300 km, filtrou, capturou e congelou os microrganismos encontrados. Então, os cientistas sequenciaram seu DNA e descobriram cerca de 20 milhões de genes novos e milhares de novas famílias de proteínas.

2008
Confirmou-se a elevação do nível do mar, a acidificação

No entanto, quando precisarmos, talvez seja tarde demais. O oceano está aquecendo, e os peixes e demais organismos migram dos trópicos para águas mais profundas ou morrem. Um relatório da Oceana, organização dedicada à preservação de ecossistemas marinhos, adverte que o aumento das temperaturas está alterando a vida aquática. Os recifes de coral, por exemplo, estão à beira do colapso.

No fundo do mar, um mundo praticamente desconhecido guarda novas possibilidades. Nosso futuro depende dos oceanos.

Em poucas palavras:

O mar é a farmácia dos medicamentos do futuro.

Trilha sonora

"Ocean", The Velvet Underground.

---

das águas, o aumento das temperaturas e a migração de espécies, todos efeitos das mudanças climáticas sobre os oceanos.

2009
Zarpou da França a embarcação científica *Tara Oceans*, uma expedição de três anos para estudar a vida microscópica dos oceanos. O plâncton estudado representa 98% da biomassa dos oceanos, que ajuda a regular o clima do planeta e é desconhecida até o momento.

2010
Teve início a expedição oceanográfica espanhola Malaspina, que busca coletar dados das águas a uma profundidade de 5.000 m.

2012
O diretor James Cameron pilotou o submersível *Deepsea Challenger* e chegou ao ponto mais profundo que se conhece na Terra, o fundo do abismo Challenger, na fossa das Marianas do Pacífico.

44. Arqueologia virtual

Algumas pás e um punhado de picaretas para escavar e desenterrar ossos e objetos que relatam a vida de centenas ou milhares de anos atrás, um pouco de paciência para encontrar pegadas e a habilidade de inferir e interpretar pistas como um detetive do passado: até não muito tempo atrás, algumas dessas ferramentas e habilidades bastavam para que um bom arqueólogo ou arqueóloga desempenhasse relativamente bem o seu trabalho e extraísse da terra e do esquecimento civilizações e impérios desintegrados séculos atrás. Com essas ferramentas, por exemplo, o egiptólogo inglês Howard Carter descobriu em 1922 a tumba de Tutancâmon no Vale dos Reis, em Luxor, no Egito, provocando um *frisson* internacional em relação às pirâmides e aos seus tesouros.

Mas o tempo também passa para os arqueólogos. E as pás e as picaretas já não bastam. As gerações de cientistas se sucedem, e com elas também muda o arsenal de equipamentos e instrumentos manuais. Nesses tempos de descobertas diárias, um bom detetive do passado não deve saber apenas delimitar o terreno de escavação, manejar o método do carbono 14, ter a paciência de elaborar um inventário dos artefatos resgatados ou saber interpretar os vestígios. Agora, além de ser quase obrigado a saber ler imagens de satélite, mapas *on-line* e aplicativos *voyeur*, como o Google Earth, para rastrear e descobrir na tela do computador restos de civilizações antigas, ruínas reduzidas a pó ou templos engolidos pela selva, um bom arqueólogo deve dominar várias técnicas de *design* e simulação digitais. Não por capricho, mas por necessidade: ao fim e ao cabo, a arqueologia – uma ciência que presume que o passado não se foi, mas continua entre nós e nos define – está passando por uma revolução que mudará para sempre as formas de estudar e mostrar esse passado.

Sem grande alarde, a arqueologia se tornou virtual: com a ajuda de historiadores, paleogeógrafos, topógrafos, infógrafos, diversos tipos de *designers* e, é claro, muitos arqueólogos, construções como as pirâmides de Gizé, o complexo inglês de Stonehenge, a Roma do século I, cavernas etruscas e a Paris do século XIX, por exemplo, retornam à vida, recuperam seu velho esplendor graças à reconstrução de paisagens antigas por meio da tecnologia digital. E não só para a alegria dos amantes da história. A arqueologia virtual também ajuda diversos pesquisadores a continuar realizando descobertas espantosas por meio de recriações de coliseus e simulações do interior e exterior de velhas necrópoles, de exércitos de terracota e de pirâmides egípcias e mexicanas, dentre outras construções antigas.

"A era das grandes descobertas arqueológicas está apenas começando. O explorador de hoje é um personagem diferente daquele de um século atrás: por exemplo, utiliza óculos tridimensionais, o que não deixa de ser romântico."

Eudald Carbonell, diretor do Instituto Catalão de Paleoecologia, Espanha.

Com paciência e entusiasmo, objetos antigos, fotos, páginas de diários de expedições, mapas e desenhos arqueológicos e registros de tumbas e monumentos recolhidos ao longo do tempo em diversas expedições científicas vêm sendo digitalizados. Com as imagens registradas pelo arqueólogo George Andrew Reisner e documentos espalhados por mais de cinco museus, por exemplo, a empresa francesa de simulações 3D Dassault Systèmes desenvolveu o projeto Giza 3D (giza3d.3ds.com), com incríveis panoramas de 360° das pirâmides egípcias de Quéops, Quéfren e Miquerinos e percursos virtuais por diversas tumbas, como a da rainha Hetepheres.

Além de ajudar a difundir esses conhecimentos (sem nem precisarmos sair de casa), a digitalização de objetos e monumentos milenares permite a sua conservação. Isso pode ser visto em Rome Reborn (http://www.romereborn.org), uma iniciativa internacional que recria digitalmente a atual capital italiana desde a Idade de Bronze (1000 a.C.) até as primeiras etapas da Idade Média. O detalhamento espanta: é possível ver edifícios, monumentos e a multiplicação das igrejas cristãs a partir do ano 320. E permite conhecer Roma como um romano: um gladiador, um senador ou um artista.

Você sabia que... já foram realizadas simulações virtuais das ruínas de locais como Pompeia, Atenas e os templos da cidade de Tenochtitlán?

Se vê do céu, sim

Além de ajudar a nos perdermos menos, satélites e serviços como o Google Earth permitem aos arqueólogos ampliar suas descobertas: com essas imagens, a egiptóloga Sarah Parcak, da Universidade do Alabama, por exemplo, encontrou sob o delta do Nilo, no Egito, dezessete pirâmides, três sepulcros e mais de 3 mil construções até então desconhecidas.

Uma das características cruciais (e que mais chamam atenção) nesse e em outros projetos do mesmo tipo é o alto grau de realismo. Tudo o que vemos na tela tem uma referência histórica precisa e corroborada: um estudo minucioso das cores antigas, inscrições, texturas das paredes, construções e dos objetos.

Para além do caráter espetacular dessas propostas, os projetos de arqueologia virtual também funcionam como instrumento de pesquisa. Suas simulações hiper-realistas e seus panoramas 3D de 360° também servem como ferramentas interpretativas. Apresentam aos arqueólogos novos ambientes para contrastar "hipóteses virtuais" e realizar novas deduções. No fim das contas, não são os objetos desenterrados que atraem o interesse desses pesquisadores, mas a conexão entre eles, o contexto de sua descoberta e sua alusão direta aos hábitos e condutas complexos dos seres humanos do passado.

Cronologia

1990
O arqueólogo inglês Paul Reilly definiu pela primeira vez a arqueologia virtual como "o conjunto de técnicas informáticas que permitem a visualização tridimencional de objetos e edifícios antigos, cujos restos desapareceram ou se encontram em um estado de preservação tão debilitado que torna impossível sua observação ou muito difícil sua interpretação".

1997
Teve início o projeto de simulação "Rome Reborn".

2006
Professores e estudantes de arqueologia da Universidade de Berkeley, nos Estados Unidos, começaram a utilizar o Second Life como plataforma para reconstruir um modelo virtual de Çatalhöyük, um sítio arqueológico de 9 mil anos na Turquia.

2011
Projeto Etruscanning (www.regolinigalassi.wordpress.com): reconstrução virtual da tumba etrusca Regolini-

Escavações sem pás

As simulações virtuais de ruínas arqueológicas – que devem ser essencialmente transparentes, ou seja, contrastáveis para outros pesquisadores – permitem montar um quebra-cabeça com as peças coletadas ao longo de várias expedições científicas. A arqueologia virtual é uma arqueologia de síntese que não tem a pretensão de substituir os métodos e técnicas desenvolvidos nos últimos 150 anos, mas de ampliá-los. Leva ordem aonde, até agora, havia caos.

Os arqueólogos do Visual and Spatial Technology Centre da Universidade de Birmingham, na Inglaterra, comprovaram isso em 2010 quando, após escanearem com *lasers* o famoso complexo da Idade de Bronze situado perto de Amesbury, no condado de Wiltshire, na Inglaterra, e acrescentar à simulação dados de expedições anteriores, encontraram nessa espécie de "escavação virtual" um segundo monumento circular próximo ao complexo megalítico.

Em poucas palavras:

Além de preservar digitalmente o passado, as tecnologias atuais de simulações virtuais ajudam os arqueólogos a formular novas perguntas.

Trilha sonora

"Virtual Insanity", Jamiroquai.

-Galassi, correspondente ao século VII a.C., descoberta justamente por Alessandro Regolini e o general Vicenzo Galassi durante uma escavação na necrópole de Sorbo, em Cerveteri, na Itália, em 1836.

2012

Inauguração da simulação Paris 3D Saga (www.paris.3ds.com), que mostra em detalhes 2 mil anos de história francesa por meio de mapas virtuais e animações, desde a conquista romana em 52 a.C., passando pela construção da Bastilha e da Torre Eiffel, em 1889, até chegar a nossa época. Também é possível ver várias versões do Louvre, a fortaleza de Philippe Auguste (de 1190) a residência real de Carlos V em 1369, o palácio renascentista de Enrique IV em 1600 e, obviamente, a Paris da Revolução Francesa e das Primeira e Segunda Guerras Mundiais.

45. Exoesqueletos

O japonês Yoshiyuki Sankai é uma espécie de Steve Jobs da robótica. Como o presidente da Apple falecido em 2011, o inventor da Universidade de Tsukuba e da empresa Cyberdyne cria suspense no mundo todo com suas criações. Talvez a mais esplendorosa de todas seja o traje cibernético HAL-5 (sigla de Hybrid Assistive Limb ou "prótese assistida híbrida"), que hoje cativa o planeta inteiro – embora, na verdade, o traje biônico figure em feiras japonesas desde 2005, oito anos após a fabricação do primeiro protótipo.

No filme *2001: Uma odisseia no espaço*, de Stanley Kubrick (baseado no livro de Arthur C. Clarke), HAL 9000 era o nome do computador da nave Júpiter que enlouquecia. Na vida real, contudo, HAL é um exoesqueleto artificial que pode ampliar entre dez e doze vezes as capacidades físicas de quem o vestir. Os utilizadores do exoesqueleto robótico de 23 kg, cujas baterias duram aproximadamente duas horas e quarenta minutos, irá se sentir como Sansão e conseguirá erguer até 30 kg com um braço sem derramar uma única gota de suor. Ajustados à pele do usuário, os sensores bioelétricos do HAL-5 detectam movimentos e os potencializam. Os mais beneficiados pelo artefato serão idosos e pessoas com dificuldades motoras. No Japão, o exoesqueleto HAL-5 é tão requisitado que já concorre em termos de popularidade com o famoso robô ASIMO, da Honda.

Inspirados nos exoesqueletos de insetos, crustáceos e aracnídeos, os exoesqueletos estão invadindo o mundo. Embora, é claro, já tenham invadido nossa imaginação no exato momento em que o Homem de Ferro fez sua primeira aparição nos quadrinhos, em 1963, ou desde que a tenente Ripley (Sigourney Weaver) adentrou um traje cibernético amarelo e deu uma sova na rainha dos alienígenas no filme *Aliens: o resgate*, de James Cameron, de 1986.

Como muitas outras invenções, essas estruturas externas que conferem ao corpo habilidades super-humanas (carregar dezenas de quilos, correr sem se cansar e saltar feito um canguru) foram patrocinadas pela indústria militar: a DARPA (agência de pesquisas do Pentágono que desenvolveu a internet nos anos 1960), por exemplo, deu início em 2001 a um programa chamado *Human Performance Augmentation*, de 50 milhões de dólares, para equipar seus soldados com "exotrajes" e torná-los mais fortes e ágeis: um soldado equipado com o traje robótico conhecido como XOS Exoskeleton pode erguer mais de 120 kg em mais de quinhentas repetições sem cansar.

"Minha principal motivação é desenvolver dispositivos para melhorar e ampliar as capacidades humanas."

Yoshiyuki Sankai, especialista em cibernética da Universidade de Tsukuba, no Japão, e criador do exoesqueleto HAL.

Não apenas sua aparência é fantástica. Seus nomes também geram diversas associações em nossa mente. Na hora de batizá-los, seus inventores sabem como chamar a atenção. Assim, existe o exoesqueleto HULC (Human Universal Load Carrier), o REX (Robotic Exoskeleton), o Hercule, o ReWalk e o eLEGS (Exoskeleton Lower Extremity Gait System). Assim que ficaram sabendo dessa nova moda *high-tech*, os engenheiros mecânicos da empresa Lockheed Martin se mexeram para desenvolver o exoesqueleto HULC (será que se inspiraram no super-herói verde e raivoso?), pensado para as pernas dos soldados. Composto por uma mochila que carrega um microcomputador e extensões mecânicas que se encaixam nas articulações, ele permite ao usuário carregar até 90 kg sem nem perceber.

O exoesqueleto REX, por sua vez, é uma invenção de Richard Little e Robert Irving, dois engenheiros escoceses que emigraram para a Nova Zelândia em 1990. Consiste em duas pernas biônicas que pesam cerca de 38 kg e suportam perfeitamente o peso de uma pessoa. Controlado por um *joystick*, esse dispositivo (composto de mais de 4.700 partes) permite ao usuário subir e descer escadas, sentar-se, ficar de pé e dar passos para trás, para os lados e para a frente.

Você sabia que... em 2012, a inglesa Claire Lomas se tornou a primeira pessoa paraplégica a completar uma maratona com um exoesqueleto?

As criações do doutor Octopus

Um dos primeiros projetos sérios para criar um exoesqueleto robótico foi conduzido por um engenheiro mecânico da empresa General Electric chamado Ralph Mosher em 1965. Bancado com fundos militares, o modelo Hardi-Man (sigla para Human Augmentation Research and Development Investigation) consistia em um par de braços e pernas robóticos que lhe conferiam forças sobre-humanas: foi projetado para levantar até 680 kg. Seus movimentos bruscos e incontroláveis, contudo, obrigaram Mosher a cancelar a iniciativa. Mas ele não se entregou: em vez de criar um traje completo, o engenheiro desenvolveu braços robóticos para manipular objetos a distância que, com o tempo, foram adotados em indústrias de diversos setores. Assim, Ralph Mosher entrou para a história como o verdadeiro doutor Octopus.

As pesquisas sobre exoesqueletos começaram há cerca de cinquenta anos, mas faz pouco tempo que os avanços de sensores e sistemas de gestão de *software* permitiram que esses artefatos se tornassem práticos. Nos últimos anos, os exoesqueletos deixaram as instalações militares para adentrar os centros de reabilitação. Mais que novos artefatos de combate, eles se tornaram máquinas de esperança. Pessoas que sofreram lesões medulares, paralisias ou outras lesões neurológicas aos poucos começam a utilizar esses artefatos para recuperar as funções motoras. Um deles é

Cronologia

1890
O russo Nicholas Yagin criou o primeiro exoesqueleto da história. Servia para correr.

1917
O engenheiro Neil Mizen desenvolveu o Superman Suit ("traje de Super-homem") para ajudar a levantar peso.

2001
A Agência de Pesquisa de Projetos Avançados de Defesa dos Estados Unidos (DARPA) financiou, com 50 milhões de dólares, o desenvolvimento do exoesqueleto BLEEX (Berkeley Lower Extremity Exoskeleton).

2008
A empresa israelense ARGO Medical Technologies apresentou o exoesqueleto ReWalk, projetado para pessoas com invalidez. Consiste em dois suportes para pernas com articulações motorizadas, sensores de movimento, um arnês e uma mochila que

o exoesqueleto eLEGS, da empresa Berkley Bionics. Pesa 20 kg e pode ser utilizado por pessoas com altura entre 1,57 m e 1,93 m. É vestido sobre a roupa e amplifica a força do usuário para ajudá-lo a caminhar de forma natural, sob supervisão e assistência profissional, durante os exercícios de reabilitação. Com o tempo, o eLEGS mudou de nome e, hoje, é conhecido como Ekso. É dotado de quatro motores elétricos, um computador integrado e quinze sensores.

Armaduras biológicas

Na natureza, a maioria dos invertebrados possui um esqueleto externo rígido que reveste e protege seu corpo das agressões do meio em que vive. Ouriços, aranhas, escaravelhos, caracóis e estrelas-do-mar possuem essas estruturas externas. "O exoesqueleto protege o animal como a armadura de um cavaleiro", conta o pesquisador irlandês David Taylor, do Trinity Centre for Bioengineering.

Os exoesqueletos também foram pensados para a locomoção em cidades. Alguns projetos são, na verdade, bastante extremos. Como o Landwalker, de pés extraordinariamente grandes, que mais parece um robô saído da série de desenhos animados Robotech. Ou a última criação da Toyota, o iUnit, uma mistura de carro e cadeira de rodas. Definitivamente, os exoesqueletos, ou "robôs vestíveis", já estão entre nós: dia após dia, despem-se de seu estigma monstruoso para se camuflarem nos objetos de nosso cotidiano, em uma realidade cada vez mais fantástica.

---

abriga o computador que controla o artefato.

2009

A empresa japonesa Cyberdyne começou a vender o exoesqueleto HAL-5 (Hybrid Assistive Limb – extremidade híbrida de assistência), que utiliza sensores na pele para ler os impulsos elétricos dos nervos. Curiosamente, o nome dessa empresa faz referência à empresa que, na ficção, criou o sistema de inteligência artificial Skynet no filme *O exterminador do futuro*.

2012

A NASA apresentou o exoesqueleto X1. Foi pensado para que os astronautas se exercitem em locais sem gravidade, evitando a perda de massa muscular.

2013

Lançamento do eLEGS (Exoskeleton Lower Extremity Gait System, ou sistema de exoesqueleto das extremidades inferiores para caminhar), da empresa Berkeley Bionics.

2018

É possível encontrar oito tipos de exoesqueletos no mercado.

Em poucas palavras:

Os exoesqueletos são "robôs vestíveis" (ou trajes robóticos) que ampliam as faculdades humanas.

Trilha sonora

"Stronger", Kanye West.
"Stronger", Britney Spears.
Trilha sonora do filme *Aliens*, James Horner.

46. Watson

Arthur Conan Doyle jamais o imaginou. Nem em seus maiores arroubos de criatividade em plena madrugada, dos quais vinham suas boas ideias, o médico e escritor escocês pensou que, mais de oitenta anos após sua morte, ele continuaria em voga, tão artificialmente vivo no século XXI. Sua criação mais famosa, o detetive mais lógico e científico da história da literatura, Sherlock Holmes, migrou para a telona, incorporado pelo ator Robert Downey Jr. não uma, mas duas vezes (em 2009 e 2011).

Um pouco antes, ele já havia chegado às telas de televisão inglesas em uma adaptação moderna e bem-sucedida protagonizada pelo brilhante ator inglês Benedict Cumberbatch. E não muito tempo atrás, o detetive ganhou uma nova reencarnação ao cruzar o Atlântico com a série norte-americana *Elementary*. Os fãs e parentes distantes do escritor sabem que ainda resta Conan Doyle para um bom tempo, sobretudo quando olhamos para o campo fervilhante da inteligência artificial.

Por ora, não existe nem um robô ou androide capaz de superar a inteligência da verdadeira praga do planeta, ou seja, nós, os seres humanos. Mas, quando isso acontecer, os historiadores do futuro certamente olharão de volta no tempo com certa nostalgia e perceberão uma progressão contínua. ENIAC, Colossus, UNIVAC, Clementina e Deep Blue certamente integrarão essa genealogia. E também Watson, o supercomputador da IBM que hoje atrai atenções no mundo todo e deixa boquiabertos os exércitos de geeks.

Os profissionais de imprensa e marketing da multinacional norte-americana não se cansam de esclarecer que o nome dessa máquina com o tamanho de dez geladeiras é, na verdade, uma homenagem ao criador da IBM, Thomas J. Watson. No entanto, todos sabemos que a alusão ao companheiro de Sherlock Holmes não poderia ser mais clara e poética. E como seria diferente, se em menos de dois anos ele se tornou uma celebridade? E não apenas por sua capacidade de processar 200 milhões de páginas que alimentam sua base de dados (que

Você sabia que... segundo o filósofo John Searle, Watson não entende, mas finge entender? "O entendimento de um computador é diferente do entendimento humano", diz Searle.

inclui livros, dicionários, taxonomias, enciclopédias, romances, peças de teatro, roteiros de cinema) e responder qualquer questão em menos de três segundos. Ou por contar com 2.880 núcleos de processadores

Catedrais da ciência moderna

Assim como existem *rankings* das melhores seleções de futebol, também há os dos supercomputadores mais rápidos. O mais importante é o "Top500" (www.top500.org), em que esses colossos mecânicos – verdadeiras catedrais da ciência moderna – exibem seu grande poder de computação e, ao mesmo tempo, inflam o orgulho nacional do país que os abriga (e, é claro, financia): 251 dos sistemas mais rápidos do mundo estão nos Estados Unidos, 105 na Europa e 123 na Ásia, sendo 72 deles na China. Nos últimos tempos, o *ranking* é liderado por supercomputadores como Titan (do Laboratório Nacional Oak Ridge, do governo dos Estados Unidos), Sequoia (da IBM, localizado no Laboratório Nacional Lawrence Liver, na Califórnia) e o japonês K computer (no RIKEN Advanced Institute for Computational Science).

Cronologia

1623
O matemático alemão Wilhelm Schickard inventou a primeira máquina mecânica capaz de realizar operações de soma e subtração. Contudo, foi destruída em um incêndio, como Schickard contou em uma carta ao amigo Johannes Kepler.

1936
O matemático inglês Alan Turing desenvolveu os conceitos teóricos que levaram aos primeiros computadores.

1943
Instalado o Colossus, a primeira máquina totalmente eletrônica, desenvolvida na Grã-Bretanha durante a Segunda Guerra Mundial para decifrar as mensagens criptografadas dos alemães.

1950
O escritor Isaac Asimov publicou "As três leis da robótica".

1951
Chegou ao mercado o primeiro computador: UNIVAC 1. Foi utilizado para compilar resultados do censo dos Estados Unidos.

a 80 teraflops e 15 TB de RAM (Deep Blue, o computador que venceu o jogo de xadrez contra Garry Kasparov em 1997, operava com 1 teraflop), o que equivale a cerca de 30 mil computadores atuais.

> "Mais que o HAL 9000 de *2001: Uma odisseia no espaço*, Watson se parece com o computador da nave Enterprise, da saga *Star Trek*."
>
> **David Ferrucci, cientista-chefe do supercomputador Watson na IBM.**

Watson é uma grande tecnocelebridade, porque fez o que nenhum outro computador conseguiu antes: venceu e ridicularizou duas pessoas em um jogo de perguntas e respostas, o lendário programa televisivo norte-americano *Jeopardy!*. Ao contrário de seus antecessores, o Watson se destaca pela capacidade de entender (em termos artificiais, é claro, sem que seja mediado por uma consciência) o que lhe perguntam, para então responder com grande velocidade e precisão. Comprovou isso em 2011. Lá estava ele, no centro do set de filmagem ao lado dos dois campeões históricos de *Jeopardy!*, Ken Jennings e Brad Rutters. Watson começou com certa lentidão e se enganou ao dizer que Toronto era uma cidade nos Estados Unidos. Com certa decepção (para as máquinas), o primeiro dia do concurso terminou empatado. Apenas no segundo dia o sistema artificial começou a se aquecer e respondeu corretamente antes de seus adversários

---

1956
Nasceu o conceito de "inteligência artificial".

1962
Vendidos os primeiros robôs industriais.

1977
Surgiu o Apple II, primeiro computador voltado para o mercado doméstico.

1981
IBM colocou o PC no mercado.

1983
Estreia do filme *Jogos de guerra*. Junto com *Tron*, estimulou muitos adolescentes a estudarem ciências da computação ou a se tornarem *hackers*.

1993
Nasceu a World Wide Web.

1997
O computador Deep Blue da IBM venceu Garry Kasparov, campeão mundial de xadrez.

2005
O Blue Gene, da IBM, tornou-se o supercomputador mais rápido do mundo.

2011
O computador Watson venceu dois campeões do programa de perguntas e respostas *Jeopardy!*.

2012
Watson começou a ser utilizado para estudar casos de câncer.

Realidade e ficção

Ainda faltam alguns anos ou décadas para que os supercomputadores da ficção sejam igualados, mas mesmo assim o Watson nos lembra deles. Por exemplo, Skynet, o sistema de inteligência artificial que, após adquirir consciência, escraviza a humanidade na saga de filmes *O exterminador do futuro*. Ou Gerty (com a voz do ator Kevin Spacey) – visivelmente inspirado no supercomputador HAL 9000–, no filme *Lunar* (2009), do diretor Duncan Jones.

humanos a treze perguntas sobre cultura pop, história, medicina e arte. Só se enganou ao identificar um retrato de Felipe II.

O maior medo dos programadores e pais artificiais de Watson era que ele fosse incapaz de captar ironias, adivinhações, duplos sentidos e jogos de palavra. Contudo, esses recursos próprios da linguagem humana não foram obstáculo para o gigante metálico, que saiu vencedor. Foi um show que entrará para a história da televisão e também das relações entre os seres humanos e as máquinas.

Enquanto aguardamos o momento hipotético em que a inteligência artificial superará a inteligência humana, Watson já está trabalhando para fins menos apocalípticos: a cura do câncer, no Centro Sloan-Kettering de Nova York, nos Estados Unidos, onde ajuda oncologistas e os demais médicos a analisar os dados obtidos durante pesquisas biomédicas com sua capacidade de armazenamento e processamento de informações. Lá, mais que pavonear sua potência e seus músculos informáticos, utiliza sua inteligência artificial para analisar a avalanche de dados desenvolvida pela comunidade científica (mais de 200 milhões de documentos clínicos) e realizar diagnósticos em três segundos.

Já outros engenheiros não esperam de braços cruzados pelo dia em que todos poderemos ter um Watson de bolso e já imaginam uma versão um pouco mais modesta (e menos colossal) para telefones celulares, algo como uma Siri (a assistente do iPhone) mais capacitada, ou seja, algo semelhante ao sistema de assistência pessoal da Apple, mas mais potente e dotado: uma voz amiga e confiável, como o fiel companheiro de Sherlock Holmes.

Em poucas palavras:

Watson é um dos supercomputadores estrela do momento, capaz de responder perguntas formuladas em linguagem natural.

Trilha sonora

"Paranoid Android", Radiohead.
"Computer Love", Kraftwerk.
"We're Not Programs Gerty, We're People", Clint Mansell.

47. Medicina robótica

Desde o surgimento em 1999, o robô cirúrgico Da Vinci, desenvolvido pela empresa norte-americana Intuitive Surgical, deu uma nova cara aos procedimentos médicos complexos ao revolucionar o campo das cirurgias minimamente invasivas. Precisão, acesso a locais difíceis, vasta gama de movimentos, cicatrizes pequenas, menor risco de infecções e redução da perda de sangue são algumas das vantagens oferecidas por esse sistema de quatro braços controlado a distância por um cirurgião. A primeira cirurgia brasileira realizada por um "Da Vinci" aconteceu no Hospital Sírio Libanês, em 2008. Em 2013, o Hospital de Clínicas de Porto Alegre passou a disponibilizar o robô para atendimento pelo Sistema Único de Saúde (SUS). O equipamento mais moderno da América Latina pertence ao Hospital Moriah (São Paulo), da Igreja Universal do Reino de Deus.

Nos próximos anos, espera-se um aumento da presença desses robôs em hospitais. E eles não serão os únicos no ramo. À medida que a população envelhece no mundo todo, torna-se evidente a escassez de médicos e enfermeiras para atender às necessidades de todos. Uma das soluções para esses problemas é oferecida pela chamada telemedicina. "Em dez anos, a telepresença, a telemedicina e a robótica permitirão que os pacientes sejam atendidos a domicílio, o que reduzirá muito o deslocamento e a internação de pacientes em unidades hospitalares, hoje sobrecarregadas", afirma o doutor Gilberto Felipe Vázquez de Anda, da Universidade Autônoma do México. "Com o advento das conexões de internet em alta velocidade e dos dispositivos robóticos, hoje em dia é possível 'inserir' especialistas médicos de um

Time robótico

Da Vinci não é o único robô cirurgião do mundo. Também existem o alemão MiroSurge, ou DLR Miro (do Institute for Robotics and Mechatronics), e o Raven II, de dois braços. Desenvolvido por Blake Hannaford e Jacob Rosen, da Universidade da Califórnia, para ser usado em campo de batalha pelo exército norte-americano, este último é compacto, custa 250 mil dólares e – o mais importante – é o primeiro robô cirúrgico de código aberto, o que possibilita que todos os centros médicos alterem seu *hardware* e *software* de acordo com as necessidades.

hospital de alta especialidade em equipes de atenção médica de hospitais distantes, graças à utilização de 'avatares médicos'." Ou seja, os robôs permitem que os médicos chequem virtualmente e examinem seus pacientes por meio de videoconferências, mesmo que estejam separados por quilômetros de distância.

"As pessoas sempre serão os melhores cuidadores para seres humanos, mas não há gente o suficiente. É por isso que a tecnologia robótica pode fazer a diferença no atendimento médico."

Maja Mataric, roboticista da Universidade do Sul da Califórnia, Estados Unidos.

A telepresença robótica no mundo aumenta a cada ano. Em 2011, havia pouco mais de trezentos desses robôs distribuídos por hospitais do mundo inteiro.

"Os pacientes e familiares acham ótima a comunicação com o avatar médico, sentindo-se seguros e protegidos na hora do atendimento", acrescenta o doutor Vázquez de Anda. "Os filmes de ficção científica permitiram que as pessoas conhecessem os robôs, mas, agora que eles estão cada vez mais presentes no ambiente médico, já não parecem algo estranho."

No Hospital El Camino, do Vale do Silício, nos Estados Unidos, dezenove robôs do modelo Aethon carregam bandejas de comida, trocam lençóis, recolhem o lixo e transportam registros médicos, medicamentos e amostras de laboratório de um lugar para outro sem se interporem no caminho de médicos e enfermeiras graças a sensores avançados. Embora eficientes, muitos funcionários dos hospitais não os veem com bons olhos.

Mas terão de se acostumar. Essas transformações na área da saúde terão repercussões diretas: aumentarão ainda mais nossa qualidade e expectativa de vida nas próximas décadas, tornando imprescindível esse tipo de assistência médica artificial. "As expectativas de vida aumentaram nas últimas décadas. Hoje, ganhamos três meses de vida a cada ano vivido de forma saudável. Por um lado, isso se deve aos avanços médicos. Por outro, às melhorias na educação e no acesso a informações",

Você sabia que... os cirurgiões que melhor manejam os robôs cirúrgicos são os que gostam de videogames?

aponta Vanessa González-Covarrubias, pesquisadora mexicana de metabolismo e longevidade da Universidade de Leiden, na Holanda. Segundo o Instituto Brasileiro de Geografia e Estatística (IBGE), um brasileiro em 1940 nascia com a expectativa de viver 45,5 anos em média. Expectativa que passou em 2015 para 75,5 anos. A progressão para 2020 é chegar a 78,1 anos.

Descobertas artificiais

Nos laboratórios da Universidade de Aberystwyth, no País de Gales, há um cientista que trabalha *ad honorem* 24 horas por dia, 365 dias por ano, sem jamais se queixar. Realiza experimentos de todos os tipos com invejável precisão, testa hipóteses e faz descobertas sem jamais ir ao banheiro. Chama-se Adan, e sua hipereficiência passaria despercebida se não fosse por um detalhe: Adan não é humano. É um ser artificial feito de metal, plástico e um *software* bem ajustados, um protótipo de três braços, a primeira máquina a fazer uma descoberta de forma independente de seus criadores humanos. "Ele nos ajudará a desenvolver novos medicamentos para doenças como a malária ou a esquistossomose, infecções causadas por parasitas de zonas tropicais", diz seu criador, o inglês Ross King. "No futuro, equipes de robôs cientistas e seres humanos trabalharão lado a lado nos laboratórios."

Cronologia

1985
Realizados os primeiros testes com o robô Puma 560, um braço robótico industrial utilizado para aumentar a precisão em biópsias cerebrais por meio de punções.

1993
Robô Minerva.

1995
Robô Neuromate.

1998
Colocado à venda o sistema Zeus.

1999
Surgiu o sistema cirúrgico Da Vinci.

2009
Apresentado o robô Ares (Sistema Cirúrgico Endoluminal com Montagem e Reconfiguração), desenvolvido pela Escola Superior Sant'Anna, da Itália, que se monta automaticamente dentro do corpo humano após o paciente engolir até quinze componentes separados.

2010
Apresentada a Free Hand, uma câmera robótica que

Em poucas palavras:

Os robôs cirurgiões garantem maior precisão e possibilitam o acesso a locais do corpo de difícil acesso durante intervenções cirúrgicas.

Trilha sonora

"The Body Electric", Rush.
"I Robot", Alan Parsons Project.

---

permite operar sem ajudantes.

2012

Engenheiros da empresa OC Robotics em Bristol, na Grã-Bretanha, apresentaram um robô médico em forma de serpente e com 30 cm, guiado por um cirurgião e projetado para chegar a lugares que os médicos não conseguem acessar sem abrir o paciente. Ele se infiltraria no corpo utilizando orifícios ou incisões locais como ponto de entrada.

Realizada na Venezuela a primeira cirurgia robótica para a extração e reconstrução de uma bexiga.

2020

Prevê-se que, no futuro, não será mais necessário fazer incisões no corpo para reparar os órgãos. Será possível utilizar os orifícios do corpo humano e o umbigo para inserir através deles os robôs que ajudarão a levar a cabo o procedimento cirúrgico.

48. Robótica evolutiva

Até não muito tempo atrás, eles não eram mais que os protagonistas de romances de Isaac Asimov e de outros universos ficcionais. Pouco a pouco, contudo, os robôs foram se inserindo no mundo. Ainda não dizem "*Hasta la vista, baby*", nem "*I'll be back*", mas já estão entre nós. E ultrapassaram faz tempo a barreira de 1 milhão. O Japão é o país de maior "densidade robótica": há um robô para cada 34 trabalhadores. É seguido no *ranking* por Cingapura, Coreia do Sul e Alemanha.

Eles estão nas fábricas, nos shoppings, nas casas e nos hospitais, e há quem os veja como os próximos parceiros sexuais da humanidade. As apresentações de novos robôs são tantas e tão comuns que é difícil acompanhar seu ritmo. Mas eles estão principalmente nos laboratórios, nos quais "roboticistas" – ou seja, os criadores de robôs – buscam desenvolver duas características até o momento próprias de organismos biológicos: adaptação ao meio ambiente e capacidade de aprender durante esse processo. Assim, no início dos anos 1990, surgiu uma técnica conhecida como "robótica evolutiva", que combina abordagens da biologia, das ciências cognitivas e da inteligência artificial para criar organismos artificiais autônomos.

> **Robô sexual**
>
> Parece piada. Mas há quem leve a sério. Por exemplo, o guru escocês da inteligência artificial David Levy, autor de *Love and Sex with Robots: The Evolution of Human-Robot Relationships*, que prevê que até 2050 a relação entre seres humanos e as máquinas será tal que os robôs sexuais serão considerados substitutos da prostituição, uma evolução lógica dos atuais vibradores. Serão sexbots, e se supõe até que chegaremos a amá-los.

"Projetamos robôs por meio de um processo semiautomático semelhante à evolução darwiniana", conta o argentino Ezequiel Di Paolo, pesquisador de ciências cognitivas e robótica da Universidade de Sussex, no Reino Unido. "Ou seja, tentamos ver se é possível produzir com um método interativo, isto é, por meio de tentativas contínuas, uma nova população de robôs. E fazer com que, em cada geração, um robô realize determinada tarefa: um que seja

Você sabia que... os robôs-insetos são os principais candidatos a protagonizar futuras missões planetárias?

capaz de se mover em um ambiente com ruído e não colidir com nada, por exemplo."

Desde o aspirador Roomba ou o cão Aibo até Asimo (o humanoide mais avançado do mundo), dos jogadores de futebol-robótico aos milhões de autômatos que trabalham em fábricas produzindo carros, não importa quão brilhante e majestoso seja o último robozinho. Continuam – todos eles – sendo máquinas automáticas e desprovidas de mente, extensões de computadores que dependem o tempo todo de seres humanos para realizar ações ou para modificar sua programação. Ou seja, são incapazes de pensar por si mesmos: continuam sendo escravos, uma situação que os roboticistas evolutivos querem mudar. E tentam fazer isso buscando uma evolução "artificial" para suas criações, conferindo-lhes plasticidade – a habilidade de se adaptar aos estímulos do ambiente, para que aprendam a conhecer seu mundo. Para tanto, os projetistas utilizam o que chamam de "redes neuronais e algoritmos genéticos".

Tecnoemoções

Ninguém se lembra mais dos *tamagotchi*, os mascotes virtuais vindos do Oriente que precisavam ser alimentados, cuidados, entretidos, curados e levados ao banheiro com o intuito de se evitar sua morte a qualquer custo. Mas foram um marco na história de nosso vínculo com as máquinas. Foram os embaixadores das "tecnologias sociáveis" na sociedade. Ou, como diz Sherry Turkle, uma das ciberpsicólogas e pesquisadoras mais vanguardistas e magnéticas do mundo (e do MIT), inauguraram a robótica dos relacionamentos: pela primeira vez, uma máquina deixou de ser vista como mero instrumento, um objeto tecnológico destinado a servir a um fim. Nessa união entre dono e mascote, o humano nem sequer é o ser mimado: a máquina não cuida nem faz nada pelo indivíduo. É o indivíduo que deve atender à máquina. "Crianças e adultos estabeleceram laços emocionais com as máquinas", diz Turkle.

"Assim como hoje dependemos do celular ou do carro para as tarefas diárias, dentro de quinze anos não conseguiremos imaginar a rotina diária sem robôs."

Antonio López Peláez, sociólogo espanhol, autor do estudo especulativo *Robôs, genes e bytes*.

É uma tensão permanente entre o biológico e o artificial: uma busca constante para fazer com que um robô se assemelhe mais a um animal, a um bebê, que seja capaz de aprender.

Assim, os robôs mais surpreendentes não são os maiores e mais vistosos, mas aqueles capazes de desempenhar funções até agora inimagináveis. Por exemplo, pesquisadores da Universidade de Cornell, nos Estados Unidos, conseguiram desenvolver uma máquina capaz de construir cópias de si mesma, de se autorreplicar: é formada por módulos cúbicos e idênticos (chamados de "molecubes") que se unem uns aos outros graças a ímãs eletromagnéticos.

Outros cientistas observam organismos simples (por exemplo, insetos gregários, mas com capacidades cognitivas surpreendentes) e tentam fazer com que seus seres artificiais imitem certas habilidades. Como a habilidade de voar das abelhas produtoras de mel, estudadas pelo doutor James Marshall, da Universidade de Sheffield, na Inglaterra, com o objetivo de reproduzir seu cérebro biológico em silício. "Dado que o cérebro da abelha é menor e mais acessível que o de qualquer vertebrado, esperamos que, em algum momento, possamos produzir um modelo completo para testar em um robô voador", diz o pesquisador.

Cronologia

2008

Em seu ensaio "How Just Could a Robot War Be" [Como poderia ser uma guerra com robôs?], o filósofo norte-americano Peter M. Asaro avisou: "Com o avanço das tecnologias robóticas, é possível que esses seres artificiais desenvolvam algum dia capacidades morais com as quais possam imitar ou replicar as capacidades morais humanas e tomar suas próprias decisões autonomamente. Nesse caso, poderiam começar uma guerra como resultado de uma manipulação humana. Talvez as máquinas pudessem se rebelar até mesmo contra a nação que as criou, em uma espécie de revolução robótica".

2010

Pei Zhang, da Universidade Carnegie Mellon, dos Estados Unidos, construiu os primeiros protótipos da nuvem de pequenos helicópteros conhecidos como SensorFly, enxames de robôs inspirados em abelhas e formigas.

2011

Cientistas da Universidade de Harvard, nos Estados

Dessa forma, os entusiastas dessa nova disciplina científica transplantam os princípios da evolução às técnicas robóticas. Sabem que, para que esses sistemas sejam desenvolvidos e aprendidos, também precisam vivenciar o que nós, seres biológicos, vivenciamos há milhões de anos: a competição e a pressão do ambiente, a cooperação, a criatividade e as mudanças. Precisam aprender a errar para crescer.

Em poucas palavras:

A robótica evolutiva transplanta princípios biológicos à inteligência artificial.

Trilha sonora

"The Humans Are Dead", Flight of the Conchords.
"Mr. Roboto", Styx.
"Robot Rock", Daft Punk.
"The Robots", Kraftwerk.

Unidos, criaram um robô inspirado em uma lula. Ele se arrasta e se enrosca graças ao material flexível de que é feito: o elastômero.

2012

Pesquisadores do Laboratório de Robótica de Bristol, na Grã-Bretanha, apresentaram o primeiro protótipo de um robô autossuficiente. Chama-se EcoBot III e se alimenta de sobras e da água ao seu redor para funcionar. De tempos em tempos, tem a necessidade de eliminar resíduos. Ou seja, "cocô robótico".

Apresentado o Roboy, uma criança-robô do Laboratório de Inteligência Artificial da Universidade de Zurique, na Suíça. Com 1,2 m de altura, tem tendões artificiais e uma película de pele macia.

2017

A empresa RealDoll lança Harmony, o primeiro robô sexual para homens; a "boneca" é ruiva, caucasiana e bem provida de curvas.

2018

A empresa Relbotix anuncia que lançará o robô sexual para mulheres; o artefato virá equipado com pênis biônico.

49. Ciborgues

Jerry Jalava, Oscar Pistorius, Rob Spence, Nadya Vessey, Neil Harbisson, Kevin Warwick, Stelarc, Eduardo Kac, Jaime del Val e muitos outros que, como a maioria das pessoas deste planeta, não saem nos jornais nem têm seu rosto exposto na internet, mas mesmo assim estão por aí: pessoas que até determinada época eram "comuns e banais" e hoje, dia após dia, destroçam os limites e as definições e confirmam que ou o ser humano está em vias de extinção ou está se transformando neste exato instante em outra coisa. Por quê? Porque eles (e elas) são ciborgues, *Robo sapiens* ou alguma outra coisa que não compreendem totalmente. Sabem apenas que são diferentes (mas não tanto). Que seus corpos se fundiram com ferramentas forjadas para fazer mais, ver mais, querer mais, e que não podem viver sem elas da mesma forma que a maioria das pessoas não concebe viver sem o braço, a perna, a mão, até que ocorre uma tragédia.

Queiramos ou não, adotaram para si uma categoria inventada em 1960 pelo neurofisiologista e inventor Manfred E. Clynes e pelo psicofarmacologista Nathan S. Kline para se referir a futuros e plausíveis seres humanos "melhorados" para fins adaptativos: sobreviver em meios extraterrestres. E ao adotar a palavra ciborgue (fusão de "organismo" e "cibernético", em inglês) como segundo sobrenome, tornaram-na um (tecno)corpo: deixaram de ver as tecnologias de prótese como objetos de substituição e incorporaram-nas ao seu entorno corporal.

Pioneiro

Seguindo os passos de Wilhelm Röntgen e Marie Curie, em 24 de agosto de 1998, o inglês Kevin Warwick se usou de cobaia e deu o primeiro passo do projeto Cyborg 1.0: implantou sob a pele um chip com o qual conseguiu controlar portas, luzes, aquecedores e computadores. Em 2004, voltou à sala de cirurgia e, graças a um chip mais potente, conseguiu mover um braço robótico a distância utilizando a internet e se comunicar eletronicamente com sua esposa, também implantada.

Após uma dupla amputação, o corredor sul-africano Oscar Pistorius se autorreconstruiu com um par de pernas artificiais de fibra de carbono e causou muita polêmica quando, por fim, competiu nos Jogos Olímpicos de Londres de 2012. O cineasta canadense Rob Spence perdeu a visão do olho direito quando criança e a substituiu por uma minicâmera em uma de suas cavidades oculares, com a qual grava tudo o que vê. A nadadora Nadya Vessey se transformou em sereia quando a empresa neozelandesa Weta Workshop fabricou para ela uma prótese em forma de cauda para substituir suas pernas amputadas. O finlandês Jerry Jalava realizou o sonho de todo programador – ter um dedo *pen drive* – após perder meia falange em um acidente de moto. E o pintor inglês Neil Harbisson conseguiu corrigir sua acromatopsia (cegueira de cores) ao incorporar um sistema cibernético ao seu cérebro, que traduz para ele os tons de cor por meio de sons.

> "A ampliação do corpo humano pelo aparato tecnológico é o novo desafio que os sujeitos das novas sociedades devem abraçar de forma incondicional como indício de uma nova natureza."
>
> **Teresa Aguilar García, filósofa espanhola.**

Com 400 mil implantes tecnológicos realizados no mundo a cada ano, os exemplos de ciborgues são abundantes o suficiente para que tenham uma taxonomia própria, uma árvore genealógica conectada não por galhos, mas por fios. Tudo converge para o mesmo ponto: pessoas que, diante do infortúnio, adaptaram-se como faz todo organismo biológico, fundindo-se com aquilo que deveria recompô-los. Assim, inauguraram uma nova carne, uma carne tecnológica. Com uma surpresa: seu corpo não foi a única coisa a mudar. Ao destruírem a barreira entre o natural e o artificial, desenvolveram uma nova concepção de si, uma identidade ciborgue ainda não de todo explorada.

Como argumenta a filósofa espanhola Teresa Aguilar García em seu livro *Ontología Cyborg*, vivemos na época do imaginário ciborgue: Darth Vader, de *Star Wars*, o Homem de Seis Milhões de Dólares, a Mulher Biônica, os *borgs* de *Star Trek* (Locutus, Rainha Borg e Seven of Nine), RoboCop e tantos outros que anunciam ao seu modo que a tecnologia é a nova natureza. Mas, ao mesmo tempo que esse gênero

Você sabia que... o artista inglês Neil Harbisson é o primeiro ciborgue reconhecido por um governo, o britânico?

se dobra sobre si mesmo, a estética ciborgue se naturaliza. E o chamado "processo de *borging*" se expande.

E isso acontece com a sobreposição de dois âmbitos distintos, mas interligados: a humanização da máquina (o desenvolvimento de robôs com expressões faciais, robôs-bebês) e a maquinização do ser humano, entendida como a propensão a introduzir características mecânicas no corpo. Ou seja, androides de um lado (seres artificiais que incorporam elementos biológicos e mecânicos) e ciborgues do outro.

A máquina humana

Os ciborgues não só abraçam sua nova condição (pós-humana) em decorrência de tragédias. Também há ciborgues por opção. Por exemplo, artistas de vanguarda que, em cada performance, exibem os temores futuros e, por escolha ou por exibicionismo, começaram a incorporar características antes reservadas às máquinas. Levando a estratégia do choque debaixo do braço, o brasileiro Eduardo Kac, por exemplo, implantou em seu tornozelo um microchip com um número que, depois, inscreveu em um banco de dados. E o australiano Stelarc, por sua vez, proclamou que o corpo havia se tornado obsoleto e, em 1982, acoplou um terceiro braço mecânico em seu organismo, com o qual rabiscou a palavra "evolução" na parede de uma galeria. Em sua reflexão sobre o conceito de corpo e sua relação com a tecnologia, o artista explora a transição do indivíduo biológico ao indivíduo robotizado.

Cronologia

1908
O escritor francês Jean de La Hire publicou o romance *L'Homme qui peut vivre dans l'eau* [O homem que pode viver na água]. Seu protagonista era Nyctalope, o primeiro ciborgue literário.

1948
O matemático Norbert Wiener publicou o livro *Cybernetics* e assim inaugurou a cibernética, ciência interdisciplinar que estuda o controle e a comunicação entre máquinas e seres vivos.

1960
O termo "ciborgue" foi cunhado por Manfred E. Clynes e Nathan S. Kline para se referir a melhorias humanas necessárias para sobreviver em meios extraterrestres.

1972
Publicado o romance *O homem terminal*, de Michael Crichton.

1973
Estreou a série *O homem de seis milhões de dólares*.

Os setores mais avançados da filosofia e da antropologia alertaram já há algum tempo que não se trata meramente de uma moda ou de um cenário tecnocultural fugaz e com prazo de validade. A "ciborguização" humana traz consigo uma nova tecnossensibilidade. Quem melhor a retratou foi a ciberfeminista pós-moderna (e norte-americana) Donna Haraway, o rosto – e a letra – mais visível do que se veio a chamar de "teoria ciborgue", um conjunto de análises, visões e advertências tecnofílicas sobre a imbricação total do ser humano com a técnica, a integração do organismo com as máquinas. Seu "Manifesto Ciborgue" (1987) condensa sua visão: "No final do século XX – nossa era, um tempo mítico –, somos todos quimeras, híbridos teorizados e fabricados de máquina e organismo; em poucas palavras, somos ciborgues", dizia.

Ou seja: os ciborgues não são apenas personagens fictícios (homens brancos e hipermilitarizados, como no filme *Soldado Universal*) ou excêntricos, como os artistas Sterlac ou Orlan, outra provocadora cibernética. Óculos, marca-passo, telefones, lentes de contato, dentaduras postiças, ortopedia, automóveis, computadores com os quais entramos em contato com a consciência global (a internet) e demais próteses naturalizadas e utilizadas por 7 bilhões de pessoas já nos modificaram. Não somos animais, robôs, humanos. Hoje, todos somos ciborgues.

1985

Publicado o "Manifesto Ciborgue", da filósofa Donna Haraway.

1987

Estreou o filme *RoboCop*.

2004

Kevin Warwick, professor de Cibernética da Universidade de Reading (Grã-Bretanha), introduziu implantes eletrônicos em seu corpo com o intuito de "atualizar" seu organismo. Foi seu segundo *upgrade*. O primeiro havia sido em 1998. "Devo dizer uma coisa a todos os que querem continuar sendo humanos: no futuro, vocês serão uma subespécie", disse.

2010

Criada a Cyborg Foundation, uma ONG presidida pelo artista Neil Harbisson. Sua missão é "transformar os humanos em ciborgues", ampliando seus sentidos através da ciência cibernética.

2012

O atleta sul-africano Oscar Pistorius competiu nos Jogos Olímpicos de Londres, tornando-se o primeiro ciborgue a fazê-lo.

Em poucas palavras:

Os ciborgues deixaram de ser personagens da ficção científica há tempos para fazer parte de nossa realidade.

Trilha sonora

"More than Human", Paul Oakenfold.

50. Singularidade tecnológica

No geral, coincidências não existem. E, se existem, são raríssimas exceções que devem ser analisadas. Por exemplo, teria sido por acaso que, poucos dias antes da estreia do filme *Inteligência artificial* (2011), Stephen Hawking alertou para a possibilidade de que, de um momento para o outro, os robôs pudessem superar as capacidades intelectuais dos seres humanos? Ninguém sabe se a estreia do filme de Spielberg e as palavras de Hawking simplesmente confluíram ou se foi uma ação (mais uma) de *marketing*. "Se o ser humano não for geneticamente melhorado, logo será superado pelos robôs, e existe um perigo real de que eles assumam o controle do mundo", apontou aquele que, à época, era o cientista mais famoso da Terra. Com umas poucas frases que percorreram o planeta feito um vírus, o astrofísico inglês deu novo gás a uma ideia que há muito ronda o difuso, mas lúdico, campo da futurologia: o da iminente "singularidade tecnológica", definida pelos profetas modernos que misturam ciência e ficção científica (e vice-versa) como "um ponto no futuro em que as máquinas superarão a inteligência humana", um cenário quase idêntico àquele da saga de filmes *Matrix*.

Convivendo com outras visões futuristas imaginadas por escritores e profetas agourentos – um estado opressivo totalitário (*V de vingança, Brazil – o filme, Fahrenheit 451*), o caos urbano (*Os doze macacos, Laranja mecânica*), a invasão de extraterrestres hostis (*V, Independence Day*) ou um futuro pós-nuclear ou pós-apocalíptico (*Mad Max, Waterworld, Planeta dos macacos*) – e estimulados por uma concepção linear e cumulativa da história, no caso de um despertar das máquinas ou um levante de robôs (*O exterminador do futuro*; *Matrix*; *Battlestar Galactica*; *Eu, robô*), existem hipóteses, teorias, artigos, congressos e institutos que pensam o futuro a partir do presente, e a cada dia que passa o veem como mais provável.

Proveniente da física, da matemática e da cosmologia, a palavra "singularidade" já foi empregada para classificar diversos fenômenos. Mas quase todos convergem para a mesma ideia: a de limite. Foi o matemático Vernor Vinge que, no ano de 1993, garantiu em seu

Você sabia que... a singularidade tecnológica também é um grande negócio? Existem uma Universidade da Singularidade, cursos e conferências pagos, camisetas e programas de TV.

manifesto *"The Coming Technological Singularity: How to Survive in the Post-Human Era"* [A singularidade tecnológica se aproxima: Como sobreviver ao pós-humano] – artigo que oscila entre profecias apocalípticas e o receio de um futuro supostamente inevitável – que, nas próximas décadas, a tecnologia terá um crescimento exponencial e de magnitude inimaginável: em algum momento próximo (Vinge aposta em 2030), a evolução tecnológica chegará ao ponto em que os computadores superarão a inteligência humana e poderão produzir eles mesmos uma nova geração de máquinas ainda mais inteligentes. Ou seja, um tempo em que as mudanças tecnológicas já não poderão ser assimiladas pela sociedade. "Então", dispara, "a era da humanidade terá terminado". É preciso deixar claro: Vinge também é conhecido como escritor de ficção científica.

Por sua vez, o guru da inteligência artificial e autor de *A era das máquinas espirituais* e *The Singularity is Near* [A singularidade está próxima], Ray Kurzweil (apelidado de "Nostradamus cibernético", o

Googlenomics

Ray Kurzweil não fica sentado à espera do grande dia da singularidade, sua religião pós-moderna. Ele a incita. Desde que foi contratado pelo Google como diretor de engenharia em 2012, dedica-se apenas a pensar em modos de tornar a famosa ferramenta de buscas mais inteligente. Ou seja, em fazer com que as máquinas processem a linguagem natural. "Queremos dotar os computadores da habilidade de compreender a linguagem que estão lendo", disse. Em 2013, o Google atualizou seu algoritmo de pesquisa, para se tornar mais eficiente com os resultados mais precisos. Passou a sugerir sites de acordo com a relevância e a originalidade do conteúdo e o número de visitas que a página recebeu. E tem mais: Kurzweil imagina *smartphones* ainda mais personalizados do que já são. Ele os vê como extensões do cérebro.

profeta do progresso), também segue essa linha apocalíptica e vê a singularidade como "um período futuro no qual o ritmo de mudanças tecnológicas será tão rápido e seu impacto tão profundo que a vida humana irá se transformar de maneira irreversível". Para defender suas previsões, Vinge, Kurzweil (que ingere 150 comprimidos por dia para chegar vivo até 2029) e outros futurólogos "singularistas" (como Hans Moravec) citam sempre, por exemplo, a lei de Moore, que diz que a capacidade dos microchips dobra a cada dezoito meses há trinta anos, e a ampliam um pouco com a imaginação.

"A singularidade representa o êxtase dos *nerds* [*rapture of the nerds*]. É uma época em que o apocalíptico triunfa, a singularidade é o sonho definitivo dos viciados em tecnologia."

Ken MacLeod, escritor escocês.

Vivemos tempos acelerados. Qualquer prognóstico do que acontecerá dentro de cinco anos (no que tange a dispositivos, novas tendências, cenários emergentes) é uma aposta arriscada. O cérebro humano levou entre 50 mil e 100 mil anos de evolução para atingir seu estágio atual de evolução (ou milhões de anos, se encararmos a origem da vida como marco zero). As máquinas, segundo Kurzweil, precisarão de menos de sete décadas.

No entanto, a ênfase (e a obsessão) na singularidade – que se tornou, em certos círculos, uma espécie de pseudorreligião – tem vários pontos fracos. Ela presume tacitamente que atingiremos o tal momento contanto que a humanidade permaneça em sua zona de conforto, sem reagir de forma alguma. Acontece que, por trás de todas essas questões, esconde-se um medo discreto, mas persistente: o de dirigir a evolução. De fato, o medo da biotecnologia e da engenharia genética se baseia nesse temor ainda maior, como se apoiar essas ciências significasse abandonar os rumos traçados pela seleção natural e começar a percorrer novas direções às cegas. O biólogo molecular Lee Silver se detém nesse desconcerto geral e conjectura no livro *Remaking Eden* [Retorno ao Éden], de 1997, que talvez dentro de cinco ou mais gerações a humanidade se bifurque em duas subespécies graças à "reprogenética", que estará ao alcance de poucos. De um lado, existirão aqueles "enriquecidos geneticamente", ou Genrich (os descendentes de bebês projetados, possivelmente imunes à aids, ao câncer, à asma,

Os riscos de prever

A visão dos "singularistas" contradiz a do escritor Nassim Taleb, que aponta em *A lógica do cisne negro* o impacto do altamente improvável: "a história está repleta de mudanças bruscas causadas por eventos inesperados. O problema é que ignoramos a evidência silenciosa do não observável. Inconscientemente, revemos nossas previsões para que coincidam com os fatos. O futuro jamais foi nem jamais será domesticado".

às alergias, ao diabetes) e, do outro, os "naturais" (indivíduos concebidos à moda antiga).

A singularidade – prognosticada a partir dos avanços da inteligência artificial, da nanotecnologia e das redes neuronais – rouba o sono de muitos futurólogos, pois eles não sabem ao certo se devem encará-la como algo "bom" ou "mau". Como defendia Hawking, presume-se que o panorama não será tão negativo (tão *Matrix*) se começarmos agora mesmo a fazer certos retoques ou praticar *upgrades* na constituição humana: ampliação das capacidades mentais (cérebros com mais neurônios), interposição de cérebros e computadores, aumento da memória e transferência direta de conhecimentos para o cérebro são algumas das propostas.

O cardápio para a criação do pós-humano é amplo e orbita sempre em torno da ideia de transcender o substrato material (a biologia) e transformá-lo em uma nova entidade, talvez irreconhecível nesse

Cronologia

1870
O escritor inglês Samuel Butler se baseou nas ideias de Charles Darwin para elaborar uma teoria da evolução tecnológica. Tanto no ensaio "Darwin Among the Machines" como no romance distópico *Erewhon*, ele argumenta que as máquinas logo evoluirão para formas de vida artificiais superiores aos seres humanos.

1958
"O avanço da tecnologia e as mudanças no modo de vida humano estão cada vez mais rápidos", disse o matemático e físico John von Neumann, "o que sugere a proximidade de uma singularidade essencial na história de nossa espécie, após a qual a vida humana tal qual a conhecemos não terá continuidade".

1965
O matemático I. J. Good falou sobre uma iminente "explosão de inteligência" por parte dos computadores.

momento histórico, que dificilmente poderá ser chamada de "ser humano". Assim, acredita-se que as décadas vindouras serão dos híbridos, mesclas entre o orgânico e o inorgânico (sobretudo silício). "É possível que sejamos a última geração de seres humanos", garante Billy Joy, o cientista-chefe da Microsystems em um artigo publicado na revista *Wired* e intitulado "Why the Future Doesn't Need Us?" [Por que o futuro não precisa de nós]. Daí em diante, não seremos mais humanos, mas outra coisa.

Em poucas palavras:

A hipótese da singularidade tecnológica prevê o dia em que os computadores superarão a inteligência humana.

Trilha sonora

"All Is Full of Love", Björk.

1993
Vernor Vinge publica o ensaio "The Coming Technological Singularity", em que profetiza que, no ano de 2030, os computadores desenvolverão uma superinteligência.

2008
Fundada a Universidade da Singularidade em Mountain View, na Califórnia, Estados Unidos.

2029
Segundo Kurzweil, nesta data os computadores superarão o chamado "teste de Turing". Não distinguiremos um ser humano de um ser artificial.

2030
O cérebro, nas palavras de Kurzweil, será uma combinação de inteligência biológica e inteligência não biológica. "Poderemos baixar novas habilidades", afirma.

2045
Singularidade tecnológica: segundo os futuristas, nesta data a inteligência artificial será 1 bilhão de vezes superior à inteligência humana.

Resumo final

Carta aberta aos arqueólogos do futuro

Às vezes, as ondas nos atingem com força. David Herbert Lawrence, por exemplo, foi derrubado pelo destino sem aviso. E quando, com cabelo bagunçado, o escritor inglês se recuperou, escreveu: "gosto da teoria da relatividade e da quântica, porque não consigo entendê-las, porque me dão a sensação de que o espaço vaga como um cisne que não consegue parar quieto, que não *quer* ficar quieto nem ser mensurado; porque me dão a sensação de que o átomo é uma coisa impulsiva, que muda de ideia o tempo todo".

Assim como em *The Sane Universe* (sobre a cordura do átomo, do espaço, do elétron) e *The Third Thing* (sobre a composição química da água), com esse poema chamado "Relativity", Lawrence reagia de forma visceral à "nova física" do início do século XX, um conjunto de conceitos sedutores ao ouvido, mas esquivos ao resto dos sentidos, e frases com um longínquo eco esotérico que sua mente, ainda vitoriana (e clássica), era incapaz de apreender. Newton tinha sua maçã, Darwin, seu macaco, e James Watt, sua máquina de vapor. Mas Albert Einstein não tinha nada, exceto sua fama, a cabeleira elétrica, o bigode sempre esbranquiçado e a genialidade infinitamente pouco humana, com a qual parecia ter decifrado as leis do Universo.

E, no entanto, Lawrence ("o maior romancista imaginativo de nossa geração", segundo seu colega E. M. Forster), escritor censurado, perseguido e acusado de depravação por sua frondosa curiosidade a respeito da sexualidade humana, seguia sem compreender os postulados de uma revolução cognitiva e filosófica desencadeada pelo "clube quântico" de Einstein, Planck, Schrödinger, Heisenberg, Dirac e Bohr, dentre outros grandes dissecadores da realidade. E ainda assim o escritor inglês se fascinava.

Lawrence havia descoberto algo escondido naquelas palavras e ideias: um sabor, um lampejo, um vestígio de algo maior, uma experiência impossível de ser narrada àqueles que se recusam a vivê-la. D. H. Lawrence havia tido contatos imediatos de terceiro grau com a ciência. Havia sido tocado pela radiação particular que ela emite: a fascinação, o êxtase, a beleza do etéreo. Talvez não fosse necessário entender as fórmulas e os demais arabescos científicos. Ele havia sido abduzido.

E não foi o único. Nem antes, nem depois.

O mesmo aconteceu de novo há relativamente pouco tempo, em julho de 2012, com o anúncio da descoberta do bóson de Higgs, a partícula mais procurada da história da ciência, o Moby Dick da física. Milhões de pessoas alheias a esse submundo de artigos, institutos, conferências, burocracia kafkiana, seminários e aceleradores colossais foram tomadas por uma dose de vertigem e adrenalina semelhante àquelas despejadas na corrente sanguínea em um passeio de montanha-russa. O OVNI da ciência decolou na fronteira que separa a França da Suíça, e dessa vez a abdução foi em massa.

A clonagem, o cultivo de órgãos, os avanços na neurociência, a decifração do genoma humano, a robótica, a cibernética, a engenharia biônica, a biomedicina, a nanotecnologia, a carne, o sangue e a inteligência artificiais, a vida sintética, os exoplanetas, as missões a outros mundos, os robôs em Marte e todas aquelas ideias que, compactadas, formam um ponto infinitesimal e compõem o que podemos chamar de "presente científico" – o nosso presente científico, o aqui e agora – têm um efeito mobilizador: potencializam nossa capacidade de espanto. Como um corredor fundista que alonga a musculatura após uma maratona (ou algumas voltas na praça da esquina), nosso encontro com esses conceitos reduz o risco de lesões mentais como o pensamento mágico, as superstições, os dogmas e demais sistemas doutrinários sufocantes. Permitem-nos escapar de um mundo comandado por dragões e demônios.

As ciências são o tanque de oxigênio que nos resgata do abismo.

Suas ideias e sobretudo aquelas que escondem e irrompem bem à nossa frente quando exploramos palavras como "Neandertal", "multiverso", "biologia sintética" ou "*bioprinting*" nos sacodem até os ossos. Não porque nossa vida dê uma guinada quando as conhecemos, mas antes porque pensar nelas e saber o que há por trás delas, degustá-las e deixar-nos levar pelo que – sutil e silenciosamente – elas implicam nos permite ver essa realidade (por mais seca e opaca que seja) com outros olhos: saber que até pouco tempo atrás outra espécie de humanos inteligentes compartilhou a Terra conosco por alguns anos; descobrir que, teoricamente, em um outro universo como o nosso talvez haja neste instante outra pessoa parecida comigo, mas diferente, com uma vida configurada de acordo com decisões que não tomei; descobrir que os organismos podem ser hackeados, que podemos interferir neles e reorganizar suas peças para que funcionem de acordo com nossa vontade. Ou que podemos imprimir orelhas, bem como colocar imagens, sons e romances inteiros no DNA, transformando nossos corpos em bibliotecas quase perfeitas. Saber isso tudo nos "reseta". Amplia o nosso mundo.

É como se, de repente, após quinze, vinte ou trinta anos dando voltas ao redor de uma estrela não tão especial chamada "Sol", em uma rocha batizada equivocadamente de Terra (quando 70% do planeta é de água), abríssemos os olhos e descobríssemos, por exemplo, que a mochila de células que compõem o que cada um de nós conhece como "eu" – nosso corpo, braços, orelhas, nariz e pernas – não é exatamente a mesma coisa com que nascemos. Apesar de parecermos iguais diante do espelho, exceto pela aparição de algumas rugas e cabelos grisalhos que tanto nos incomodam e tentamos esconder, cada parte de nosso corpo se renova. Elas não nos avisam, mas fazem mesmo assim: as células dos músculos que rodeiam as costelas, por exemplo, vivem em média quinze anos; as células que recobrem a superfície do intestino, cinco dias; as que rodeiam o estômago só duram três; os glóbulos vermelhos, 120; a epiderme, ou camada superficial da pele, recicla-se a cada duas semanas; um fígado, a cada 300 ou 500 dias; e estima-se que o esqueleto completo de um adulto se renove mais ou menos uma vez por década. É a ciência quem diz, e o nosso corpo quem guarda o segredo: por mais velhos que nos sintamos, todos temos 10 anos.

E tem mais: talvez o mais impactante seja perceber que somos mais vazios do que pensamos. Não porque alguém nos acuse de superficial ou cabeça-oca, mas em virtude da natureza peculiar dos tijolos que nos compõem: calcula-se que, se o átomo fosse um estádio de futebol, o núcleo teria o tamanho de uma bola. A distância entre os elétrons e o núcleo de cada átomo é, em escala, quase a mesma que existe entre a Terra e o Sol. Eis a insignificância do pequeno e todo-poderoso átomo, cheio de glória e repleto de vazio. Multiplicado pelos trilhões de átomos que nos compõem, as contas indicam que somos feitos de 99,999% de espaço vazio e apenas 0,001% de matéria. Não somos nada.

Como podemos ver, mais que dados, sobrenomes impronunciáveis de pesquisadores que não conhecemos, nomes de universidades que jamais visitaremos, conceitos difíceis de digerir ou de pronunciar debaixo da água, mais que pessoas reverenciadas como gênios indiscutíveis – como se estivessem sobre uma nuvem e precisássemos louvá-los sempre de baixo –, a ciência é feita de histórias. E de sonhos, frustrações, feitos e tristezas, bem como de fraudes e façanhas gigantescas e pequenas. As ciências, mesmos quando exatas, são sempre humanas. São o triunfo da imaginação. Por trás de todo cientista, não há uma grande mulher, mas um escritor. Os cientistas – eles e elas – são os poetas da realidade: em cada uma de suas descobertas e em cada um de seus diálogos íntimos com o mundo, eles o desvendam, derrubam os véus que cobrem seu rosto e sob o qual ri da impossibilidade da existência.

"Toda época sonha com a seguinte", proclamava no coração do século XIX e com tom professoral Jules Michelet, historiador nascido no momento mais sangrento da Revolução Francesa. Não tão secretamente, os homens e as mulheres que fazem ciência também sonham com ela. E a constroem: olham para o passado a fim de entender o presente e intuir o futuro.

Como apontou de forma brilhante J. G. Ballard, a ciência e a tecnologia ditam a linguagem com que pensamos e falamos. Seja quando ligamos uma televisão, vamos ao cinema, viajamos de avião, jogamos futebol ou enviamos uma mensagem de texto, as ciências nos acompanham, mesmo que os jornais e os noticiários lhes deem as costas. Ela está dentro e fora de nós. Em cada época, suas ideias, conceitos e descobertas nos dão a receita para construir o presente.

Dentro de cem, duzentos ou setecentos anos, em um inimaginável século XXVIII, quando o amanhã houver morrido e o tempo estiver aposentado, os arqueólogos do futuro olharão para trás. Concentrarão suas atenções neste exato instante. Abrirão as cápsulas do tempo, desenterrarão os manuais de instruções, destrincharão as cordilheiras de plástico e resíduos radiativos, pescarão as sondas que ainda estiverem vagando pelo espaço, receptarão outra vez as ondas de rádio e televisão que há muito tempo escapam para outras galáxias, vasculharão o lixo espacial, fuçarão os cantinhos escondidos do código genético, escutarão o vento. E naqueles – então antigos – objetos chamados "livros", descobrirão o que fomos e o que quisemos ser. Assim, irão se deparar com o poder da imaginação para redesenhar o mundo.

Glossário

1.

Dinossauro. Significa, em grego, "lagarto terrível". O nome foi proposto pelo biólogo inglês Richard Owen, em 1842, para designar os enormes e extintos répteis que haviam sido encontrados pela primeira vez na Grã-Bretanha. Assim, Owen enterrou para sempre o mito dos dragões (mas não para os chineses).

DNA de dinossauro. Até o momento, não foi possível obter DNA de dinossauro: não é possível extraí-lo do âmbar (como fizeram em *Jurassic Park*) nem de ossos fossilizados. O motivo: o DNA não sobrevive mais que 6,8 milhões de anos.

Domínio. Os dinossauros não foram os primeiros reis da Terra. Um estudo realizado por paleontólogos da Universidade de Brown conta que, há pouco mais de 200 milhões de anos, a atividade vulcânica de grande intensidade acabou com os animais dominantes até então, os crurotarsi, criaturas parecidas com os atuais crocodilos, e permitiu que os dinossauros ocupassem seu lugar no alto escalão do poder terráqueo.

Gases. Segundo um estudo publicado por pesquisadores britânicos na revista *Current Biology*, os dinossauros saurópodes – gigantes herbívoros – podem ter produzido com suas flatulências uma quantidade de metano suficiente para aquecer o clima da Terra há milhões de anos: eles liberavam anualmente 520 milhões de toneladas desse gás do efeito estufa.

Nyasasaurus parringtoni. Os pesquisadores da Universidade de Washington, nos Estados Unidos, estimam que essa criatura do tamanho de um cão médio tenha sido o primeiro dinossauro a caminhar sobre a Terra. A linhagem dos dinossauros apareceu no sul do supercontinente Pangeia há 243 milhões de anos, entre 10 milhões e 15 milhões de anos antes do que se acreditava.

O mundo dos dinossauros. Era bastante diferente do atual: não havia calotas polares e os continentes estavam agrupados em um supercontinente chamado Pangeia e rodeado por um grande oceano, o Pantalassa. Ainda não existia grama, apenas samambaias, e as plantas com flores (angiospermas) ainda não haviam surgido.

2.

Denisovanos. A família Homo era grande. Seus mais recentes integrantes são os denisovanos, habitantes remotos da Europa Oriental e primos dos neandertais. Em 2012, decifrou-se o genoma de uma garota denisovana que viveu entre 74 mil e 82 mil anos atrás. Os cientistas do instituto Max Planck de Antropologia Evolutiva, da Alemanha, obtiveram 99% de seu genoma a partir de 6 mg de osso de um dedo da garota.

Ötzi. O famoso homem do gelo. É o cadáver de um homem que viveu há 5.300 anos e foi encontrado congelado nos Alpes italianos, em 1991. Segundo diversos estudos, foi assassinado com uma flechada pelas costas. O estudo de seu genoma revela que tinha olhos castanhos, sangue tipo O, intolerância à lactose e predisposição a doenças cardíacas. Media 1,65 m de altura, pesava 50 kg e tinha cerca de 45 anos. Pela análise de seu estômago, sabe-se que comeu carne de camurça, uma cabra típica dos Alpes, e de cervo-vermelho com pão de ervas.

Paleogenética. É a pesquisa de DNA antigo. Segundo o biólogo sueco Svante Pääbo, a maioria dos organismos que existiu está morta, e estudar seu DNA ajudaria a "ver" a evolução, o que aconteceu ao longo do tempo, em vez de apenas inferi-lo. Um projeto de paleogenética é o Projeto Genoma Neandertal.

3.

Archon Genomics X Prize. Prêmio internacional de 10 milhões de dólares para o laboratório que conseguir sequenciar rápida e precisamente os genomas de cem pessoas com mais de cem anos para desvendar as pistas escondidas em seus genes. Mais informações em: http://genomics.xprize.org.

DNA Rainbow. Projeto científico-artístico de Jens e Katrin Bierkandt, um informático e uma biotecnóloga. Durante os próximos 23 anos, um computador lerá pela internet a sequência completa do genoma humano. Mais informações em: http://www.dna-rainbow.org.

Interactomas. Projeto que busca analisar as interações complexas entre proteínas e o RNA em humanos e outros organismos.

Projeto Genográfico. Iniciado em 2005, é um projeto que almeja desenvolver o mais detalhado mapa das migrações humanas já feito com base na análise genética de 100 mil pessoas. Dentre seus resultados, está a confirmação da hipótese da origem africana da humanidade. Mais informações em: https://genographic.nationalgeographic.com.

Projeto Proteoma Humano. Plano internacional para identificar as 20.300 proteínas que produzem os genes. Mais informações em: https://hupo.org.

Projeto Varioma Humano. Estudo das variações genéticas que afetam a saúde humana, mobilizou um esforço internacional. Começou na Austrália em 2006. Mais informações em: http://www.humanvariomeproject.org.

5.

Metagenoma microbiano. Estudo do conjunto de genomas de vários grupos de microrganismos que habitam o corpo de todos os humanos.

Projeto 1.000 Genomas. Nós, seres humanos, compartilhamos cerca de 99% do material genético entre nós, e as diferenças individuais seriam explicadas pelo 1% de DNA restante. Eis o objetivo desse projeto: catalogar a variação genética na espécie humana. Para isso, conseguiu-se sequenciar o genoma de 1.092 pessoas saudáveis da Europa, África, Ásia e Américas. Mais informações em: http://www.1000genomes.org.

6.

DNA escuro. Em inglês, *dark matter DNA*. Grandes regiões do genoma cuja função é desconhecida.

9.

Arquitetura biomimética. Estilo arquitetônico baseado na natureza. O sistema de ventilação do edifício Eastgate, localizado em

Harare (Zimbábue), por exemplo, baseia-se nos montículos dos cupins *Macrotermes michaelseni*, que mantêm estável a temperatura de seus ninhos apesar das variações térmicas extremas no exterior. Outro caso é o do arquiteto Eugene Tsui, que projetou uma casa em Berkeley, na Califórnia, inspirada na medula das gaivotas.

10.

AXN. Ácido xenonucleico. DNA sintético, que evolui e se replica, criado em 2012 por uma equipe liderada por Philipp Holliger e Vitor Pinheiro, do Medical Research Council Laboratory of Molecular Biology em Cambridge, na Inglaterra. É praticamente idêntico ao DNA, exceto pelo fato de que os grupos de açúcares originais foram substituídos por outros compostos. Ou seja, seu esqueleto é formado pelas mesmas bases nitrogenadas (adenina, guanina, citosina e timina) que o DNA comum, embora não utilize os mesmos açúcares. Também são capazes de armazenar e transmitir informações.

BioBricks. Conceito introduzido por Drew Endy e Tom Knight, da Divisão de Engenharia Biológica do Instituto de Tecnologia de Massachusetts (MIT). É um fragmento de DNA intercambiável. A ideia é criar um catálogo de partes biológicas (algo como um banco de tijolos biológicos padronizados, como as peças de Lego), disponibilizá-lo para o mundo todo e permitir que sejam baixados pela internet: https://biobricks.org. Já conta com mais de 5 mil sequências genéticas aptas para qualquer construção. Qualquer um pode escolher a peça de que necessita para montar ou replicar sua construção genética.

Manifesto biopunk. Declaração de princípios dos *biohackers* ou movimento DIYbio (*Do It Yourself Biology*, ou Biologia Faça Você Mesmo). Ele diz: "Rechaçamos a percepção popular de que a ciência só é feita por laboratórios de universidades, em empresas que custaram milhões de dólares ou pelo governo; defendemos que o direito à liberdade de pesquisa para buscar conhecimento por conta própria é tão fundamental como a liberdade de expressão ou religiosa".

11.

Nanoética. Ramo da ética que estuda os dilemas morais e os riscos oferecidos pelas nanociências.

Nanômetro. A bilionésima parte de um metro, ou milionésima parte de um milímetro. 1 nanômetro = 0,000000001 m. Para se ter uma ideia, um fio de cabelo humano tem espessura de 100 mil nanômetros.

Nanorrobô. Máquina imaginária de uma escala de poucas centenas de nanômetros, construído para tarefas específicas.

Nanotecnologia responsável. Gestão responsável da nanotecnologia que luta contra a utilização de nanomateriais para fins terroristas.

Nanotubos de carbono. São as fibras mais fortes conhecidas. Um único nanotubo é entre dez e cem vezes mais forte que o aço.

Peste cinza (*gray goo*). Medo de que a nanotecnologia e os vários tipos de nanorrobôs, ao se reproduzirem, saiam de controle e acabem "comendo" a biosfera.

12.

Grafino. Ainda não foi sintetizado em laboratório, mas já é visto como o próximo competidor do grafeno. Um trabalho do químico alemão Andreas Görling, da Universidade de Erlangen-Nuremberg, publicado na revista *Physical Review Letters* examinou, por meio de simulações, as propriedades eletrônicas desse novo material. Como o grafeno, o grafino pode conduzir elétrons a grande velocidade, mas em uma única direção, o que permitiria a criação de transistores e outros componentes eletrônicos muito mais rápidos que os atuais.

13.

Criptoesporas. Evidências das plantas terrestres mais antigas encontradas até hoje. Na província de Jujuy, uma equipe de pesquisadores argentinos liderada pela paleontóloga Claudia Rubinstein, do Instituto Argentino de Nivologia, Glaciologia e Ciências Ambientais de Mendoza (IANIGLA) e o geólogo da Universidade Nacional de Córdoba Ricardo Astini encontraram amostras fósseis de plantas terrestres com aproximadamente 470 milhões de anos nos sedimentos do rio Capillas, na província de Jujuy, situado nas serras subandinas, em plena selva.

Estromatólitos. No lago Diamante, na província de Catamarca, no noroeste da Argentina, situado a 4.500 m acima do nível do mar e com pouco oxigênio em seu habitat, a microbióloga María Eugenia Farías, chefe do Laboratório de Pesquisas Microbiológicas de Lagunas Andinas, descobriu milhões de organismos resistentes a condições extremas que poderiam trazer pistas sobre como a vida teve início na Terra e como ela poderia sobreviver em outros planetas.

15.

Barreira Filchner-Ronne. É a segunda maior barreira de gelo do mundo. Encontra-se no Mar de Weddell, na Antártida. Embora se acreditasse que estava salvo das mudanças climáticas, está derretendo a uma velocidade de 5 m ao ano. Essa perda de massa provocará um aumento global do mar de 4,4 mm anuais.

Geleira de Julio Verne. A geleira Snæfellsjökull, que cobre o vulcão islandês Snæfells – onde o escritor Julio Verne situou a entrada para o núcleo terrestre em *Viagem ao centro da Terra*, em 1864 – perde 1,5 m por ano em razão do aquecimento global.

Projeto Iceberg. Proposta do engenheiro francês George Mougin, que consiste em rebocar um *iceberg* de Terranova às ilhas Canárias para utilizá-lo como fonte de água doce.

16.

Chemtrails. Na mente dos paranoicos e de quem vê conspirações por todos os lados, certos rastros de condensação vistos no céu não seriam nuvens ou vestígios de aviões, mas um sinal da liberação de aerossóis como parte de um plano maligno de controle do clima por diversos governos.

18.

3D Bioplotter. É o modelo mais recente de bioimpressora desenvolvido pela empresa EnvisionTEC.

AbioCor. Coração artificial transplantável. Desenvolvido pela Abiomed Inc., pesa em torno de 1 kg e tem a capacidade de levar o sangue dos pulmões até o resto do corpo de forma contínua.

Andaimes. Os engenheiros de tecidos "cultivam" órgãos com base em pequenos andaimes feitos de polímeros ou nanofibras biodegradáveis, que servem para definir a forma do órgão desejado. Inicialmente, eles são cobertos com uma camada de células, que recebem estímulos para crescer. Como conta Robert Langer, do MIT, a ideia é que as células colonizem a estrutura e cresçam dentro dela até se tornarem um novo órgão funcional.

Complexidade. Um dos principais problemas do chamado *bioprinting* é que um órgão não é apenas uma união de células. Um órgão é um conjunto de processos, sinais e conexões entre as células que o constituem.

Sangue artificial. Testes clínicos vêm sendo realizados com diversos substitutos do sangue e transportadores de oxigênio, como Oygent, Hemopure, Oxyglobin, PlyHeme, Hemospon e Dextran-Hemoglobin. Pesquisadores da Universidade de Hokkaido, no Japão, estão testando em seres humanos vasos sanguíneos artificiais criados com colágeno procedente do salmão.

19.

Enciclopédia da Vida (EOL). Também conhecida como Wikipédia da biodiversidade. É um catálogo *on-line* de 1,8 milhão de espécies conhecidas na Terra (http://eol.org).

Lesula. Espécie de macaco descoberta na República do Congo em 2007 (mas anunciado em 2012) que cativou o mundo com seu olhar triste e quase humano. Chama-se *Cercopithecus lomamiensis*, mas é conhecido como lesula.

20.

Memórias. Não existe um só tipo de memória, mas muitos. Há a memória sensorial, que dura décimos de segundos. A de curto prazo (ou primária, como a chamava William James) é aquela que nos permite reter informações por períodos breves e nos permite lembrar o conteúdo de uma frase e completá-la. É ela que gera o fluxo da consciência, nossa percepção do presente. A memória de longo prazo (ou secundária), por sua vez, é a que armazena nosso passado. O segredo está em converter algumas das memórias de curto prazo em memórias de longo prazo por meio da repetição e da consolidação. Também existe a memória episódica, ou de acontecimentos, como a lembrança de ter ido ao cinema com um amigo. E uma memória semântica, de conceitos e lugares.

Mnemonistas. Homens e mulheres com memória prodigiosa, como o russo Solomon Shereshevskii. Também há o norte-americano Kim Peek, que inspirou o personagem de Dustin Hoffman em *Rain Man*, e o inglês Daniel Tammet, que recitou em cinco horas 22.514 dígitos do pi. Por trás dessa memória olímpica, contudo, está o fato de que todas essas pessoas foram ou são autistas, ou sofrem algum transtorno mental, como a síndrome de Asperger. Em outra época, eram conhecidos como *idiot savants*. São pessoas com uma vida opaca, obsessiva. Os neurocientistas afirmam que a boa memória não leva à felicidade, nem é sinal de inteligência.

21.

Adderall. Estimulante do sistema nervoso central utilizado para controlar transtornos de sono. Incrementa a motivação, o estado anímico, a atenção e a aprendizagem.

Donepezila. Indicada para combater a deterioração dos processos cognitivos que causam doenças como demência e Alzheimer. Aumenta a quantidade de acetilcolina no cérebro, um neurotransmissor que tem forte relação com a memória, a atenção e a aprendizagem.

Modafinil. Melhora o estado de vigília, a concentração e a lucidez durante longos períodos. Segundo um relatório de 2004 publicado no *Journal of The American Medical Association*, cerca de 90% da produção de modafinil é utilizada por indivíduos saudáveis, sem distúrbios de sono. Nos Estados Unidos, é conhecido como Provigil e é moda entre os executivos do Vale do Silício e entre soldados norte-americanos e britânicos.

Nootrópicos. Abreviatura de "potencializadores do rendimento intelectual ou cognitivo", fármacos muito consumidos ultimamente por estudantes universitários em países como os Estados Unidos para melhorar seu rendimento intelectual. Os esteroides cerebrais, por exemplo, não são proibidos nas competições de pôquer.

P7C3. Medicamento neuroprotetor que estimula o crescimento de novos neurônios em regiões específicas do cérebro, envolvidas com processos de memória e aprendizagem. (Medicamento não disponível no Brasil)

Ritalina. Também conhecida como metilfenidato. Psicoestimulante utilizado tanto para tratar indivíduos que sofrem com transtorno de déficit de atenção e hiperatividade como para combater a narcolepsia, a sonolência irresistível durante o dia. Aumenta os níveis de atividades motriz e cognitiva, além de reforçar a vigília, o estado de alerta e a atenção.

22.

Blue Brain. Iniciativa internacional lançada em 2008 para estudar a estrutura neuroanatômica e funcional do cérebro dos mamíferos e, assim, realizar simulações computadorizadas que ajudem a entender o funcionamento de cérebros saudáveis e doentes.

Sinaptoma. Conexões microscópicas entre as sinapses (as zonas através das quais os neurônios se comunicam).

Spaun. Sigla de Semantic Pointer Architecture Unified Network (https://www.nengo.ai). Desenvolvido por cientistas canadenses, é um programa que simula até 2,5 milhões de neurônios e seus processos biológicos. É considerada a maior simulação do funcionamento de um cérebro no mundo. O objetivo é entender melhor certos transtornos e doenças mentais, além de melhorar a inteligência artificial. Um projeto menos ambicioso é o OpenWorm (http://openworm.org), que tenta simular a conduta do verme *C. elegans.*

The Human Brain Simulation Project. Programa europeu de simulação cerebral (http://www.humanbrainproject.eu).

25.

Epoc+. Dispositivo da empresa norte-americana Emotiv que permite manejar com a mente certos aplicativos informáticos. Seu *software* é capaz de detectar as emoções de quem o utiliza.

Force trainer. Neurobrinquedo para os fanáticos de *Star Wars*. Com ele, é possível controlar uma bolinha utilizando a mente. A esfera deve subir por um tubo de 25 cm. Seu site é: http://starwarsscience.com.

Muse. Bandana que lê as ondas cerebrais e permite controlar aplicativos de celular e jogos.

26.

Dieta do DNA. Dietas guiadas pelos genes do comensal. São os primeiros resultados do cruzamento entre nutrição e genética. Empresas como a espanhola Vitagenes (http://www.vitagenes.com), com o slogan "invista em sua vida uma única vez e melhore a funcionalidade de seu DNA", elaboram dietas e programas para combater e frear o envelhecimento e recomendam determinadas "pautas de vida" ligadas à nutrição e ao exercício.

Nutrigenômica. Ou genômica nutricional. Estudo da relação entre os genes e os alimentos que ingerimos. Vários centros científicos se dedicam ao tema, como a NuGO (European Nutrigenomics Organization – Organização Europeia de Nutrigenômica – http://www.nugo.org), o CGNA ou Centro de Genômica Nutricional Agro-aquícola do Chile (http://www.cgna.cl), o Centre for Human Nutri-Genomics (http://www.nutrigenomics.nl) ou o NCMHD (Center of Excellence for Nutritional Genomics – https://ucdavis.pure.elsevier.com/en/projects/ncmhd-center-of-excellence-in-nutritional-genomics).

Paleoantropologia alimentar. Biólogos evolutivos estimam que a mudança de dieta e a incorporação da carne ao menu dos antigos hominídeos foi fundamental para a evolução humana: estimulou o bipedismo e o crescimento do cérebro. Há mais de 2 milhões de anos, a ingestão de carne nos tornou humanos.

29.

Frankenfood. Ou "comida zumbi". É um dos muitos nomes para a carne cultivada, ou carne criada em laboratório.

32.

Lixo espacial. A Terra é rodeada por satélites, telescópios espaciais e também lixo, restos de antigas missões, dezenas de milhões de toneladas de cápsulas há muito tempo abandonadas e destruídas que poderão se tornar a qualquer momento um perigo para a Estação Espacial Internacional, cujos membros já tiveram que abandoná-la duas vezes em certa ocasião em razão da ameaça de colisão. Em 2012, cientistas suíços anunciaram planos de lançar um satélite chamado CleanSpaceOne, projetado para limpar o excesso de detritos.

Deep Space Industries. Empresa norte-americana que se propõe a enviar pequenas naves a asteroides próximos da Terra para extrair várias toneladas de silício, platina, níquel ou água. A empresa pretendia enviar suas missões antes do final desta década.

NEAR. No ano 2001, a sonda NEAR (Near-Earth Asteroid Rendezvous) da NASA pousou sobre o asteroide 433 Eros, uma rocha em forma de amendoim com 34 km de longitude e 4,5 bilhões de anos. A nave japonesa Hayabusa, por sua vez, visitou e coletou amostras de um asteroide chamado Itokawa em 2005.

Protocolo para colisão de asteroide. O falso alarme disparado pelo asteroide 2004 AS1, que passou voando a 12 milhões de quilômetros da Terra (ou seja, 32 vezes a distância entre a Lua e o nosso planeta) em janeiro de 2004, deixou sequelas. Levantou diversas perguntas que até hoje ninguém foi capaz de responder totalmente: o que deveria ser feito caso uma dessas megarrochas errantes que rondam nosso planeta de fato estivesse a dias, semanas ou meses de se estatelar contra a Terra? Quem os cientistas deveriam avisar? Deveriam comunicar esse fato à população ou manter segredo para não causar pânico? Algo poderia ser feito para evitar uma catástrofe?

Vigilância espacial. Os asteroides errantes e potencialmente perigosos têm quem os vigie: estão sob o olhar dos pesquisadores dos programas LONEOS (Lowell Observatory Near-Earth Objects Search), LINEAR (Lincoln Near-Earth Asteroid Research), NEAT (Near-Earth Asteroids Tracking) e da Fundação Spaceguard (nome dado por Arthur C. Clarke no romance *Encontro com Rama*), responsáveis pela descoberta de 95% dos novos asteroides.

WISE. Telescópio espacial que mapeia todo o céu com longitudes de ondas infravermelhas para detectar a tempo asteroides "escuros", indetectáveis pelos telescópios na superfície. "Podem ser antigos cometas cujo gelo do exterior já se vaporizou há muito tempo, deixando suas superfícies inativas, pois já não produzem pó para compor uma cauda", afirma o astrônomo norte-americano Richard Binzel, um dos principais especialistas em asteroides e criador da escala de Turim.

33.

Enceladus orbiter. Proposta de missão espacial. Essa sonda teria uma massa de 3.560 kg e visitaria uma das enigmáticas luas de Saturno: Encélado, um mundo com uma interessante "atividade criovulcânica", que conta com gêiseres de gelo e água que, acredita-se, estejam conectados a um oceano que correria por baixo da superfície. A nave seria lançada em 2023 por um foguete Atlas V, e seu orçamento não ultrapassaria 1,9 bilhão de dólares.

Europa Jupiter System Mission (Laplace). Trata-se de uma missão da NASA e da Agência Espacial Europeia planejada para 2020, com o duplo objetivo de estudar as luas mais intrigantes de Júpiter: Europa e Ganímedes. Tanto a sonda Jupiter Europa Orbiter como a Jupiter Ganymede Orbiter analisarão sua evolução e a potencial habitabilidade desses mundos gélidos. Identificarão pontos de aterrissagem e observarão os oceanos e o campo magnético de Ganímedes, característica que a torna única entre todas as luas do Sistema Solar. Obviamente, também prestará atenção em outras luas durante a viagem, como Io e Calisto.

Hedgehogs. É o nome de um futuro robô da NASA que explorará Fobos, a lua de Marte. Parecidos com ouriços-do-mar, esses pequenos veículos de exploração de forma esférica são recobertos de espinhos e, por ora, são apenas um protótipo; seriam lançados de uma nave mãe, a Phobos Surveyor.

Io Volcano Observer. Missão espacial ainda não aprovada, cujo destino seria Júpiter. Uma vez lá, daria sete voltas ao redor da lua Io para observar a partir de uma órbita elevada seus vulcões ativos, monitorando erupções e estudando a composição da superfície e das montanhas. O custo total da missão seria de aproximadamente 471 milhões de dólares, quase o orçamento de um filme de Hollywood.

Titan Mare Explorer (TiME). A TiME mergulharia nos oceanos de metano da lua Titan de Saturno (a única que conta com uma atmosfera considerável) entre 2022-2023. O objetivo seria claro: descer por um dos mares com uma espécie de submarino e, uma vez lá, determinar a composição e a profundidade e confirmar ou refutar a presença de moléculas orgânicas complexas. O projeto foi abandonado em favor da missão InSight.

Venus Climate Mission. Nave espacial que, caso aceita, teria uma massa de 3.984 kg e visitaria o segundo planeta do Sistema Solar, com temperatura de 500°C e pressão de 90 atm. Seu orçamento é de 240 milhões de dólares, e ela buscará entender como um planeta tão semelhante à Terra acabou sendo tão diferente. Para tanto, lançará uma série de globos na atmosfera para analisar os ventos e os gases causadores do efeito estufa.

35.

Planeta ctônico. Corpo celeste que já foi um gigante gasoso, mas aos poucos foi perdendo sua atmosfera.

Planeta errante. Corpo que vaga pelo espaço. Formou-se como um planeta normal, mas então, por algum motivo, foi expulso do sistema que o abrigava. São mundos órfãos que também podem ter sido, em algum momento, estrelas "mortas" que perderam a massa necessária para desencadear as reações que as fazem brilhar.

Planetas Cachinhos Dourados. Ou *Goldilocks Planets*. São os planetas "ideais". Estão localizados na zona habitável de uma estrela, com grandes possibilidades de abrigar água e vida.

36.

Exoluas. Além de caçar exoplanetas, há astrônomos que procuram exoluas, satélites naturais que orbitam planetas fora do Sistema Solar. Para isso, foi criado o projeto The Hunt for Exomoons with

Kepler (http://hek.astro.columbia.edu), embora, por enquanto, nenhuma tenha sido encontrada. É uma questão de paciência.

37.

Astronomia virtual. Novo paradigma da pesquisa astronômica. Tanto cientistas quanto entusiastas compartilham e reexaminam a avalanche de dados obtidos ao longo da história pelos telescópios. Por exemplo, o telescópio espacial Hubble compila anualmente cerca de um terabyte de novas informações, algo como 231 milhões de páginas escritas. Por exemplo, no Virtual Astronomical Observatory (http://www.virtualobservatory.org), esses montes de dados são coletados para análise.

Mensagens extraterrestres. Além da mensagem de Arecibo – projetada pelo astrônomo Frank Drake em 1974 com a ajuda de Carl Sagan –, outras mensagens foram enviadas a possíveis civilizações extraterrestres. As sondas Pioneer 10 e 11 carregam placas de alumínio com a figura de um homem e uma mulher (ambos brancos e ocidentais) e a nossa localização no espaço. As Voyager I e II, lançadas em 1977, carregam discos de ouro cifrados conhecidos como "Sons da Terra", com 31 sons e 116 imagens de nosso planeta. Em 1999, foi enviada uma mensagem para as estrelas 16 Cygni A e 16 Cygni B a partir do radiotelescópio Yevpatoria RT-70, na Ucrânia. Em 2008, a NASA enviou a canção dos Beatles "Across the Universe" em direção à Estrela Polar. Também foi enviado um comercial de Doritos para a estrela 47 Ursae Majoris e o filme *O dia em que a Terra parou* para Alpha Centauri.

SETI@home. Projeto lançado em 1999 que estimula todas as pessoas com um computador conectado à internet a emprestarem o tempo morto de seus aparelhos para analisar os sinais recolhidos por telescópios e, assim, acelerar a busca por sinais de vida extraterrestre. Em 2010, o SETI (https://www.seti.org) liberou os dados coletados durante 25 anos para que a comunidade de código aberto se unisse à busca. Outro projeto semelhante é o milkyway@home, para determinar a evolução da Via Láctea. E einstein@home, para procurar ondas gravitacionais.

Sloan Digital Sky Survey. Projeto de colaboração internacional que estuda a estrutura do espaço, sobretudo do céu visível (http://www.sdss.org). O resultado foi a publicação do maior mapa tridimensional do universo.

38.

CERN. Centro Europeu de Pesquisa Nuclear, fundado em 1954. Participam dele vinte países. Dedica-se à pesquisa de base. No CERN, foi inventada a linguagem hipertextual que tornou possível a World WideWeb. Depende dele o Grande Colisor de Hádrons, ou LHC, composto por dois grandes detectores chamados Atlas e CMS. O Atlas pesa 7 mil toneladas e tem 44 m de comprimento e 25 m de largura. O CMS, de 12.500 toneladas, mede 21 m de comprimento, 15 m de largura e 15 m de altura. Outros dois detectores do LHC são Alice e LHCb.

Partículas de Majorana. Ou férmion de Majorana. Tipo de partícula prevista pelo físico italiano Ettore Majorana em 1937 que tem a propriedade de atuar como sua própria antimatéria e aniquilar a si mesma. Em 2012, cientistas holandeses conseguiram a primeira evidência sólida da existência dessa matéria em forma de quasipartículas: grupos de elétrons que interagem entre si e se comportam como partículas individuais.

44.

Ciberarqueologia. Utilização de ferramentas informáticas, como imagens de satélite, GPS e o Google Earth, para realizar descobertas arqueológicas. Em 2005, um italiano descobriu uma antiga vila romana enquanto observava imagens de satélite da sua casa em Sorbolo, Parma, através do Google Earth. Também foram feitas descobertas com aviões equipados com um tipo de laser conhecido como LIDAR (acrônimo de Laser Imaging Detectation and Ranging), que penetra a vegetação espessa e permite deparar com as ruínas de uma antiga civilização, como as da cidade maia de Caracol, no Belize.

Cavernas virtuais. Ou CAVE (Cave Automatic Virtual Environment). Casas nas quais são projetadas as simulações mais potentes de arqueologia virtual. São ambientes com cinco paredes, 72 telas, dez câmeras que captam movimentos e 36 computadores que garantem o mergulho do usuário em um mar de imagens. Na Universidade da Califórnia, em San Diego (Estados Unidos), os arqueólogos fazem fila para entrar na StarCave, uma sala de realidade virtual com resolução de 68 milhões de pixels, e ali testar suas hipóteses em uma simulação que compila uma avalanche de dados registrados em diversas escavações do sítio arqueológico de Khirbat Faynan, do século X a.C., na Jordânia. Com uma espécie de *joystick*, caminham através dos edifícios, giram artefatos e sobrevoam as ruínas.

Virtópsia. Ou autópsia virtual. Em vez de usar um bisturi, os médicos analisam digitalmente os cadáveres.

45.

LOPES. Exoesqueleto para as extremidades inferiores (LOwer extremity Powered ExoSkeleton), da Universidade Twente, nos Países Baixos. Destina-se à reabilitação de vítimas de acidente vascular cerebral.

46.

Computação cognitiva. É o campo inaugurado pelo supercomputador Watson, da IBM. Ou como alguns especialistas em ciências da computação gostam de dizer, uma era da informática com máquinas que podem aprender ao emular algumas funções do cérebro humano.

48.

Desafio robótico de DARPA (DARPA Robotics Challenge). Programa da Agência de Pesquisas Avançadas de Defesa (DARPA), dos Estados Unidos, para estimular o desenvolvimento de robôs autônomos capazes de atuar em ambientes perigosos. "Esse desafio exige que os robôs sejam adaptáveis e estejam aptos a utilizar as ferramentas humanas disponíveis, desde ferramentas manuais até veículos", afirmam. Mais informações em: https://www.darpa.mil/program/darpa-robotics-challenge.

Diego-san. É um robô desenvolvido na Universidade da Califórnia, em San Diego (Estados Unidos). Foi projetado para aprender e interagir como um bebê de 1 ano e demonstra expressões humanas incríveis. Pelo que se vê em muitos dos vídeos disponibilizados na internet, ele confirma uma teoria bastante conhecida no mundo da inteligência artificial: a teoria do *uncanny valley* (teoria do vale da estranheza), segundo a qual, quando um robô age de forma parecida – mas não idêntica – a um ser humano, a resposta do observador é a repulsa.

Henriette. Computador "evolutivo" desenvolvido por Kyrre Glette e Jim Tørresen, da Universidade de Oslo, na Noruega, que utiliza um equivalente dos genes dos seres vivos para melhorar o projeto.

Mascotes virtuais. Os *tamagotchi* tiveram descendentes: das Giga Pets, FooPets (http://www.foopets.com), Adopt a pet (http://www.neopets.com) e os Creaturebreeders (http://www.creaturebreeder.com) ao ciberpeixe MOPy fish, Mobidogs, Pumpets ou Bupuppies, os incríveis Human Players (https://www.asovision.com), os Nintendogs do console Nintendo DS e até mesmo as milhões de criaturas do videogame Spore.

Roboterapias. Pesquisadores da Universidade de Georgetown (Estados Unidos), curiosos para saber como as pessoas reagem diante de bichinhos mais ou menos mimetizados, distribuíram gatos eletrônicos entre pacientes de um hospital que padecem da doença de Alzheimer, de demência, déficit de atenção e problemas cardíacos. Ali, Alexander e Elena Libin descobriram que os pacientes respondem quase do mesmo modo que reagem diante de mascotes de carne e osso. Isso seria benéfico porque muitos dos pacientes incluídos no estudo são incapazes de cuidar de um cão ou gato de verdade, de modo que os animaizinhos robóticos seriam uma boa companhia, sem exigir muita atenção em troca.

THOR. Sigla de Tactical Hazardous Operation Robot [Robô para Operações Táticas Arriscadas]. É um robô bípede e humanoide (dos mais avançados já desenvolvidos) criado pelo cientista Dennis Hong, do Laboratório de Robótica e Mecânica (RoMeLa: http://www.romela.org), da Virginia Tech.

49.

C-Leg. Prótese desenvolvida pela empresa austríaca Otto Bock, cuja sigla significa "perna computadorizada". É a primeira do tipo a ser totalmente controlada por um microprocessador. Por intermédio de microssensores, envia cinquenta sinais por segundo para determinar em que etapa de um passo o amputado se encontra. Dispõe de uma bateria de lítio que dura cerca de 30 horas. Nos Estados Unidos, já foram vendidas cerca de 1.500 unidades.

Cheetah. São as próteses de fibra de carbono utilizadas pelo atleta ciborgue Oscar Pistorius. Cada par custa mais de 20 mil euros e é fabricado pela empresa islandesa Össur.

Luke. Apelidado em homenagem a Luke Skywalker de *Star Wars*, esse braço artificial é fabricado pela empresa Deka, pertencente a Dean Kamen, o inventor do Segway. Atualmente, está sendo testado por soldados norte-americanos amputados que combateram no Iraque e no Afeganistão e conta com financiamento da agência DARPA. Tem ombro, cotovelo, pulso e mãos com dedos e pode ser controlado com pedais e até mesmo com o pensamento, graças às terminações nervosas que captam impulsos cerebrais.

ProDigits. São os dedos biônicos mais avançados do mercado. Desenvolvidos para pessoas com amputações parciais da mão, servem para tocar, pegar, apontar e podem até ser dobrados. Cada falange conta com um motor individual. São feitos sob medida pela empresa Touch Bionics.

Projeto EyeBorg. Mais um experimento artístico que uma substituição ocular, esse olho biônico é nada mais, nada menos que a materialização da última ideia do cineasta canadense Rob Spence. Após perder um globo ocular, ele decidiu substituí-lo por uma câmera sem fio (incrustrada em um olho de cristal) para filmar tudo o que vê em sua vida cotidiana e, de quebra, realizar um documentário sobre a vídeo vigilância (http://www.eyeborgblog.com).

50.

Argumento de aceleração. Ou lei de rendimentos acelerados. É o fundamento da hipótese da singularidade: consiste na extrapolação das tendências no campo da computação e da aceleração contínua das tecnologias no último século.

Augmentation. É um dos sonhos dos "singularistas": conseguir prolongar nossa vida indeterminadamente por volta do ano 2030 graças aos avanços da nanotecnologia, genética, robótica e inteligência artificial.

Saltos evolutivos. Segundo os futuristas, a singularidade corresponderia ao terceiro salto evolutivo vivido pela humanidade. O primeiro foi o surgimento da agricultura há cerca de 10 mil anos, que impulsionou o aumento da população mundial. O segundo foi a industrialização, na segunda metade do século XVIII.

Tecno-Utopia. Cenário sugerido por vários singularistas, como Ray Kurzweil, Nick Bostrom e Rodney Brooks, em que os computadores excederiam os níveis humanos de inteligência e resolveriam durante o processo todos os problemas humanos (cura de doenças, imortalidade etc.).

Uploading. Para os transumanistas, a conquista da morte será obtida em um futuro não tão distante, quando será possível carregar a mente ou a consciência humana em um dispositivo de *hardware* cujos componentes podem ser permanentemente substituídos. Assim, a humanidade transcenderá a biologia.

Referências bibliográficas

23andME. Disponível em: <https://www.23andme.com>. Acesso em: 30 mar. 2018.

Administração Nacional Chinesa do Espaço. Disponível em: <http://www.cnsa.gov.cn>. Acesso em: 30 mar. 2018.

Agência Espacial Federal Russa. Disponível em: <http://www.federalspace.ru>. Acesso em: 30 mar. 2018.

Agência de Exploração Aeroespacial Japonesa. Disponível em: <http://www.jaxa.jp>. Acesso em: 30 mar. 2018.

Aguilar García, T. Ontología cyborg. *El Cuerpo en la Nueva Sociedad*. Barcelona: Gedisa, 2008.

Alper, M. *Dios Está en el Cerebro*. Bogotá: Norma, 2008.

Ansermet, F.; Magistretti, P. *A Cada Cual su Cerebro*: Plasticidad Neuronal e Inconsciente. Buenos Aires: Katz, 2006.

______. *Los Enigmas del Placer*. Buenos Aires: Katz, 2001.

Aquarius Reef Base (Laboratório Aquarius). Disponível em: <https://aquarius.fiu.edu>; <http://oceanexplorer.noaa.gov/technology/diving/aquarius/aquarius.html>. Acesso em: 30 mar. 2018.

Argibay, P. *Cortar y Pegar*: Trasplantes de Órganos y Reconstrucción del Cuerpo Humano. Buenos Aires: Siglo XXI, 2007.

Asimov, I. *Eu, robô*. São Paulo: Aleph, 2014.

______. La última pregunta. In: ______. *La Última Pregunta y Otros Cuentos*. Barcelona: Ediciones B, 1994.

Bachrach, E. *Ágil-Mente*. Buenos Aires: Sudamericana, 2012.

Barrow, J. D. *The Book of Nothing*. Nova York: Random House, 2011.

Belly Button Biodiversity. Disponível em: <http://robdunnlab.com/projects/belly-button-biodiversity>. Acesso em: 30 mar. 2018.

Benyus, J. M. *Biomimicry: Innovation Inspired by Nature*. Nova York: HarperCollins Publishers, 2002.

Biologia sintética. Disponível em: <http://www.synbioproject.org>. Acesso em: 30 mar. 2018.

Borges, J. L. Funes, o memorioso. In: ______. *Ficções*. São Paulo: Companhia das Letras, 2007.

Brain Gate. Disponível em: <http://www.braingate2.org>. Acesso em: 30 mar. 2018.

Brazilian Microbiome Project. Disponível em: <http://www.brmicrobiome.org>. Acesso em: 30 mar. 2018.

Breithaupt, F. *Culturas de la Empatía*. Buenos Aires: Katz, 2011.

Brizendine, L. *El Cerebro Femenino*. Barcelona: RBA Libros, 2010.

______. *El Cerebro Masculino*. Barcelona: RBA Libros, 2010.

Brockway, R. *Everything is Going to Kill Everybody*: the Terrifying Real Ways the World Wants You Dead. Nova York: Three Rivers Press, 2010.

Butter, S. *Erewhon*. Madri: Océano, 1999.

Carroll, S. *The Particle at the End of the Universe*. Nova York: Dutton, 2012.

Caçadores de planetas. Disponível em: <http://www.planethunters.org>. Acesso em: 30 mar. 2018.

Centro de Neuropróteses da Escola Politécnica Federal de Lausanne (EPFL). Disponível em: <https://cnp.epfl.ch>. Acesso em: 30 mar. 2018.

Changeux, J. P. *Sobre lo Verdadero, lo Bello y el Bien*: un Nuevo Enfoque Neuronal. Buenos Aires: Katz, 2010.

Chiarelli, P. *Dinosaurios*: un Mundo Perdido. Buenos Aires: Continente, 2008.

Church, G. M.; Regis, E. *Regenesis*: How Synthetic Biology Will Reinvent Nature and Ourselves. Nova York: Basic Books, 2012.

Clarke, A. C. *Encontro com rama*. São Paulo: Aleph, 2011.

______. *2001*: uma odisseia no espaço. São Paulo: Aleph, 2013.

Collins, F. *A linguagem da vida*: o DNA e a revolução na saúde. São Paulo: Gente, 2010.

Comida espacial. Disponível em: <http://www.spaceflight.nasa.gov/living/spacefood>. Acesso em: 30 mar. 2018.

Cousteau, J.-Y. *Los Humanos, las Orquídeas y los Pulpos*. Barcelona: Ariel, 2008.

Cox, B.; Cohen, A. *Wonders of the Universe*. Nova York: HarperCollins Publishers, 2011.

Curiosidades da nomenclatura biológica. Disponível em: <http://www.curioustaxonomy.net/etym/fiction.html>. Acesso em: 30 mar. 2018.

Curiosity. Disponível em: <https://mars.nasa.gov/msl>. Acesso em: 30 mar. 2018.

Cyberkinetics. Disponível em: <http://www.cyberkineticsinc.com>.

Dawkins, R. *O gene egoísta*. São Paulo: Companhia das Letras, 2007.

DeCODEme. Disponível em: <https://www.decode.com>. Acesso em: 30 mar. 2018.

Deepsea Challenge. Disponível em: <http://www.deepseachallenge.com>. Acesso em: 30 mar. 2018.

Díaz, A.; Golombek, D. (orgs.). *ADN*: Cincuenta Años no Es Nada. Buenos Aires: Siglo XXI, 2004.

Dick, P. K. *Androides sonham com ovelhas elétricas?* São Paulo: Aleph, 2014.

______. *Ubik*. São Paulo: Aleph, 2009.

______. *Cantata-140*. Londres: Gollanez, 2011.

Do-It-Yourself Biologist. Disponível em: <https://diybio.org>. Acesso em: 30 mar. 2018.

Earth Microbiome Project. Disponível em: <http://www.earthmicrobiome.org>. Acesso em: 30 mar. 2018.

Emotiv. Disponível em: <http://www.emotiv.com>. Acesso em: 30 mar. 2018.

ETC Group. Disponível em: <http://www.etcgroup.org>. Acesso em: 30 mar. 2018.

Evers, K. *Neuroética: Cuando la Materia se Despierta*. Buenos Aires: Katz, 2010.

Exoplanetas. Disponível em: <http://www.exoplanets.org>. Acesso em: 30 mar. 2018.

Extrasolar Planets Encyclopaedia. Disponível em: <http://www.exoplanet.eu>. Acesso em: 30 mar. 2018.

Eyeborg. Disponível em: <http://www.eyeborg.blogspot.com>. Acesso em: 30 mar. 2018.

Ferris, T. *Coming of Age in the Milky Way*. Nova York: Anchor Books, 1988.

Finlayson, C. *El Sueño del Neandertal*: Por Qué se Extinguieron los Neandertales y Nosotros Sobrevivimos. Barcelona: Crítica, 2010.

Foer, J. *Los Desafíos de la Memoria*. Barcelona: Paidós, 2012.

Foods for Specified Health Use. Disponível em: <http://www.foshu.com>. Acesso em: 30 mar. 2018.

Future Food. Disponível em: <http://www.futurefood.org>. Acesso em: 30 mar. 2018.

Gee, H. *La Escalera de Jacob*: La Historia del Genoma Humano. Barcelona: Paidós, 2006.

GeoEngineering Watch. Disponível em: <http://www.geoengineeringwatch.org>. Acesso em: 30 mar. 2018.

Glacier Works. Disponível em: <http://www.glacierworks.org>. Acesso em: 30 mar. 2018.

Global Ocean Sampling Expedition. Disponível em: <http://www.jcvi.org/cms/research/projects/gos/overview>. Acesso em: 30 mar. 2018.

Goldberg, E. *El Cerebro Ejecutivo*. Barcelona: Crítica, 2002.

Goleman, D. *Inteligência emocional*: a teoria revolucionária que redefine o que é ser inteligente. Rio de Janeiro: Objetiva, 1996.

Golombek, D. A. *Cavernas y Palacios*. En Busca de la Conciencia en el Cerebro. Buenos Aires: Ada Korn, 1999.

Greene, B. *O universo elegante*. São Paulo: Companhia das Letras, 2001.

______. *O tecido do cosmo*. São Paulo: Companhia das Letras, 2005.

Halpern, P. *Collider*. Nova Jersey: John Wiley and Sons, 2009.

Haraway, D. A Cyborg Manifesto. In: ______. *Simians, Cyborgs and Women*: the Reinvention of Nature. Nova York: Routledge, 1991.

Hawking, S.; Mlodinow, L. *O grande projeto*. Rio de Janeiro: Nova Fronteira, 2011.

Houellebecq, M. *Partículas elementares*. Porto Alegre: Sulina, 2005.

Human Epigenome Project. Disponível em: <http://www.epigenome.org>. Acesso em: 30 mar. 2018.

Iacoboni, M. *Las Neuronas Espejo*: Empatía, Neuropolítica, Autismo, Imitación o de Cómo Entendemos a los Otros. Buenos Aires: Katz, 2009.

In Vitro Meat. Disponível em: <https://www.invitromeat.org>. Acesso em: 30 mar. 2018.

Instituto Wake Forest de Medicina Regenerativa. Disponível em: <http://www.wakehealth.edu/WFIRM>. Acesso em: 30 mar. 2018.

J. Craig Venter Institute. Disponível em: <http://www.jcvi.org>. Acesso em: 30 mar. 2018.

Jancovici, J.-M. *El Cambio Climático Explicado a Mi Hija*. México: Fondo de Cultura Económica, 2010.

Joint Center for Artificial Photosynthesis. Disponível em: <http://www.solarfuelshub.org>. Acesso em: 30 mar. 2018.

Joseph, R. Sex on Mars: Pregnancy, Fetal Development, and Sex in Outer Space, 2010. Disponível em: <http://journalofcosmology.com/Mars144.html>. Acesso em: 30 mar. 2018.

Kaku, M. *A física do futuro*. Rio de Janeiro: Rocco, 2012.

Kandel, E. R. *Em busca da memória*: o nascimento de uma nova ciência da mente. São Paulo: Companhia das Letras, 2006.

Katz, M.; Aguirre, P.; Bruera, M. *Comer*. Puentes entre la Alimentación y la Cultura. Buenos Aires: Libros del Zorzal, 2011.

Kevin Warwick. Disponível em: <http://www.kevinwarwick.com>. Acesso em: 30 mar. 2018.

Knome (human genome interpretation company). Disponível em: <http://www.knome.com>.

Koval, S. *La Condición Poshumana*: Camino a la Integración Hombre-máquina en el Cine y en la Ciencia. Buenos Aires: Cinema, 2008.

Kreimer, P. *El Científico También es un Ser Humano.* La Ciencia Bajo la Lupa. Buenos Aires: Siglo XXI, 2009.

La Hire, Jean de [Adolphe d'Espie]. *L'Homme Qui Peut Vivre Dans L'eau*. Paris: Charaire, 1925.

Latour, B. *Ciência em ação*. 2. ed. São Paulo: Editora Unesp, 2012.

Latour, B.; Woolgar, S. *A vida em laboratório*. Rio de Janeiro: Relume Dumara, 1997.

Lederman, L.; Teresi, D. *La Partícula Divina*: si el Universo es la Respuesta, ¿Cuál es la Pregunta?. Barcelona: Crítica, 2007.

Levy, D. *Amor y Sexo con Robots*. Barcelona: Paidós Ibérica, 2008.

Lewontin, R. C.; Rose, S. *No Está en los Genes*: Racismo, Genética e Ideología. Barcelona: Crítica, 2003.

Luria, A. R. *Pequeño Libro de una Gran Memoria*: la Mente de un Mnemonista. Oviedo: KRK Ediciones, 2009.

Mars One. Disponível em: <https://www.mars-one.com>. Acesso em: 30 mar. 2018.

Mars Society. Disponível em: <http://www.marssociety.org>. Acesso em: 30 mar. 2018.

McEwan, I. *Sábado*. São Paulo: Companhia das Letras, 2005.

Medicinal Food News. Disponível em: <http://www.medicinalfoodnews.com>. Acesso em: 30 mar. 2018.

Missões Neemo. Disponível em: <https://www.nasa.gov/mission_pages/NEEMO/index.html>. Acesso em: 30 mar. 2018.

modENCODE. Disponível em: <http://www.modencode.org>. Acesso em: 30 mar. 2018.

MyGen. Disponível em: <http://www.mygen.com.ar>.

Nabhan, G. P. *Por qué a Algunos les Gusta el Picante*: Alimentos, Genes y Diversidad Cultural. México: Fondo de Cultura Económica, 2006.

NASA Star and Exoplanet Database. Disponível em: <https://exoplanetarchive.ipac.caltech.edu/>. Acesso em: 30 mar. 2018.

Nature Reports, Stem Cells. Disponível em: <http://www.nature.com/stemcells/basics.html>. Acesso em: 30 mar. 2018.

Neanderthal Museum. Disponível em: <http://www.neanderthal.de>. Acesso em: 30 mar. 2018.

Near-Earth Objects. Disponível em: <https://cneos.jpl.nasa.gov/>. Acesso em: 30 mar. 2018.

Neurogadgets. Disponível em: <http://www.neurogadget.com>. Acesso em: 30 mar. 2018.

Neurohacking Association. Disponível em: <http://www.neurohackers.com>. Acesso em: 30 mar. 2018.

New Harvest. Disponível em: <http://www.new-harvest.org/>. Acesso em: 30 mar. 2018.

NIH Stem Cell Information. Disponível em: <https://stemcells.nih.gov>. Acesso em: 30 mar. 2018.

Nocera, Daniel. Disponível em: <http://www.suncatalytix.com>.

Nutriceutics. Disponível em: <http://www.nutriceutics.net>. Acesso em: 30 mar. 2018.

Oerter, R. *La Teoría de Casi Todo*. México: Fondo de Cultura Económica, 2008.

Oscar Pistorius. Disponível em: <http://www.oscarpistorius.com>. Acesso em: 30 mar. 2018.

Panek, R. *The 4% Universe*: Dark Matter, Dark Energy, and the Race to Discover the Rest of Reality. Boston/Nova York: Houghton Mifflin Harcourt, 2011.

Paris 3D Saga. Disponível em: <http://www.paris.3ds.com>.

Plait, P. C. *Death from the Skies!* Nova York: Penguin Group, 2009.

Planetary Habitability Laboratory. Disponível em: <http://phl.upr.edu/>. Acesso em: 30 mar. 2018.

Projeto Conectoma Humano. Disponível em: <http://www.humanconnectomeproject.org>. Acesso em: 30 mar. 2018.

Projeto Encode. Disponível em: <https://www.encodeproject.org>. Acesso em: 30 mar. 2018.

Projeto Encode Nature. Disponível em: <http://www.nature.com/encode>. Acesso em: 30 mar. 2018.

Projeto Etruscanning. Disponível em: <http://www.regolinigalassi.wordpress.com>. Acesso em: 30 mar. 2018.

Projeto Gencode. Encyclopædia of genes and gene variants. Disponível em: <http://www.gencodegenes.org>. Acesso em: 30 mar. 2018.

Projeto Genográfico. Disponível em: <https://genographic.nationalgeographic.com/about/>. Acesso em: 30 mar. 2018.

Projeto Genoma Humano. Disponível em: <http://www.genome.gov>; <http://www.sanger.ac.uk/science/programmes/human-genetics>. Acesso em: 30 mar. 2018.

Projeto Genoma Neandertal. Disponível em: <http://www.eva.mpg.de/neandertal>. Acesso em: 30 mar. 2018

Projeto Genoma Pessoal. Disponível em: <http://www.personalgenomes.org>. Acesso em: 30 mar. 2018.

Projeto Giza3D. Disponível em: <http://www.giza3ds.com>.

Projeto HapMap. Disponível em: <https://www.ncbi.nlm.nih.gov/probe/docs/projhapmap/>. Acesso em: 30 mar. 2018.

Projeto Henufood. Disponível em: <http://www.henufood.com>. Acesso em: 30 mar. 2018.

Projeto Microbioma Humano (HMP). Disponível em: <http://www.commonfund.nih.gov/hmp>; <http://www.hmpdacc.org>. Acesso em: 30 mar. 2018.

Pyle, R. *Destination Mars*: New Explorations of the Red Planet. Nova York: Prometheus Books, 2012.

Quian Quiroga, R. *Borges y la Memoria*. Buenos Aires: Sudamericana, 2011.

Rede de Biomimética. Disponível em: <http://www.biomimicry.net>. Acesso em: 30 mar. 2018.

Ridley, M. *Genoma*: a autobiografia de uma espécie em 23 capítulos. Rio de Janeiro: Record, 2002.

Roach, M. *Packing for Mars*: the Curious Science of Life in the Void. Nova York: W. W. Norton, 2010.

Robinson, K. S. *Marte Rojo*. Barcelona: Minotauro, 1996.

Rome Reborn. Disponível em: <http://www.romereborn.virginia.edu>. Acesso em: 30 mar. 2018.

Rose, S. *Trayectorias de Vida*: Biología, Libertad, Determinismo. Barcelona: Granica, 2001.

Safran Foer, J. *Comer animais*. Rio de Janeiro: Rocco, 2011.

Salomón, J.-J. *Los Científicos*: entre Poder y Saber. Bernal: Universidad Nacional de Quilmes, 2008.

Sampedro, J. *Deconstruyendo a Darwin*: los Enigmas de la Evolución a la Luz de la Nueva Genética. Barcelona: Crítica, 2002.

Seung, S. *Proyecto Conectoma*: cómo las Conexiones Neuronales Determinan Nuestra Identidad. Barcelona: RBA Libros, 2012.

Shostak, S. *Confessions of an Alien Hunter*: a Scientist's Search for Extraterrestrial Intelligence. Washington: National Geographic, 2009.

Smolin, L. *The Trouble with Physics*: the Rise of String Theory, the Fall of a Science and What Comes Next. Boston/Nova York: Houghton Mifflin Harcourt, 2006.

Sociedade Espanhola de Arqueologia Virtual. Disponível em: <http://www.arqueologiavirtual.com>. Acesso em: 30 mar. 2018.

Sociedade Internacional para a Pesquisa de Células-Tronco. Disponível em: <http://www.isscr.org>. Acesso em: 30 mar. 2018.

Solla P.; Derek, J. *Little Science, Big Science... and Beyond*. Nova York: Columbia University Press, 1963.

Sorcerer II Expedition. Disponível em: <http://www.sorcerer2expedition.org>.

Space Adventures. Disponível em: <http://www.spaceadventures.com.

Space Tourism Society: www.spacetourismsociety.org>. Acesso em: 30 mar. 2018.

SpaceX Dragon. Disponível em: <http://www.spacex.com>. Acesso em: 30 mar. 2018.

StarCave. Disponível em: <http://www.calit2.net>.

Stelarc. Disponível em: <http://stelarc.org/projects.php>. Acesso em: 30 mar. 2018.

Tara Oceans. Disponível em: <http://www.oceans.taraexpeditions.org>. Acesso em: 30 mar. 2018.

Telescópio espacial CoRoT. Disponível em: <https://corot.cnes.fr/fr/COROT/Fr/index.htm>. Acesso em: 30 mar. 2018.

Telescópio espacial Kepler. Disponível em: <http://www.kepler.nasa.gov>. Acesso em: 30 mar. 2018.

Teoria das Cordas. Disponível em: <http://www.superstringtheory.com>. Acesso em: 30 mar. 2018.

Thagard, P. *La Mente*: Introducción a las Ciencias Cognitivas. Buenos Aires: Katz, 2008.

Tipler, F. J. *La Física de la Inmortalidad*. Buenos Aires: Alianza, 1996.

Turkle, S. *Alone Together*. Nova York: Basic Books, 2011.

Veiga, A. *El Milagro de la Vida*: de la Fecundación in Vitro a las Células Madre. Barcelona: RBA Libros, 2011.

Virgin Galactic. Disponível em: <http://www.virgingalactic.com>. Acesso em: 30 mar. 2018.

Wall, L. G. *Plantas, Bacterias, Hongos, mi Mujer, el Cocinero y su Amante, col. "Ciencia que Ladra..."*. Buenos Aires: Siglo XXI, 2002.

Watson (IBM): www.watson.ibm.com.

Welter, H. *Guerras Climáticas*: Por Qué Mataremos (y nos Matarán) en el Siglo XXI. Buenos Aires: Katz, 2010.

Wiener, N. *Cybernetics*. Massachusetts: MIT Press, 1961.

Wilson, D. H. *Robopocalypse*. Nova York: Vintage, 2012.

Woit, P. *Not Even Wrong*: the Failure of String Theory and the Search for Unity in Physical Law. Nova York: Basic Books, 2006.

Zimmer, C. *A Planet of Viruses*. Chicago: The University of Chicago Press, 2011.

Zubrin, R. *The Case for Mars*: the Plan to Settle the Red Planet and Why we Must. Nova York: Free Press, 1996.

Filmografia

Filmes

Anderson, Wes (2004), *A vida marinha com Steve Zissou.*
Annaud, Jean-Jacques (1981), *A guerra do fogo.*
Anthony, Joseph (1956), *Lágrimas do céu.*
Badham, John (1983), *Jogos de guerra.*
Burger, Neil (2011), *Sem limites.*
Cameron, James (1984-2003), *O exterminador do futuro.*
Columbus, Chris (1999), *O homem Bicentenário.*
Eastwood, Clint (1982), *Raposa de fogo.*
Fleischer, Richard (1966), *Viagem fantástica.*
Howitt, Peter (1998), *De caso com o acaso.*
Kubrick, Stanley (1968), *2001: Uma odisseia no espaço.*
Leder, Mimi (1998), *Impacto profundo.*
Lucas, George (1977-2005), *Star Wars.*
Niccol, Andrew (2011), *O preço do amanhã.*
— (1997), *Gattaca: experiência genética.*
Sapochnik, Miguel (2010), *Repo men: o resgate de órgãos.*
Spielberg, Steven (1993-2001), *Jurassic Park: parque dos dinossauros.*
Tykwer, Tom (1998), *Corra, Lola, corra.*
Verhoeven, Paul (1987), *RoboCop: o policial do futuro.*
Zemeckis, Robert (1997), *Contato.*

Séries

Abrams, J. J. (2008), *Fringe.*
Bellisario, Donald (1989), *Quantum Leap.*
Brooker, Charlie (2011), *Black Mirror.*
Cameron, James (2000), *Dark Angel.*
Carter, Chris (1993), *Arquivo X.*
Duggan, Michael (1994), *Terra 2.*
Falacci, Nicolas (2005), *Numb3rs.*

Gilligan, Vince (2008), *Breaking Bad.*
Hanks, Tom (1998), *From the Earth to the Moon.*
Jankel, Annabel (1987), *Max Headroom.*
Johnson, Kenneth (1989), *Alien Nation.*
— (1976), *A mulher biônica.*
— (1973), *O homem de seis milhões de dólares.*
Lorre, Chuck (2007), *The Big Bang Theory.*
Moore, Ronald (2004), *Battlestar Galactica.*
Parriott, James (2009), *Defying Gravity.*
Renshaw, Jeannine (1995), *VR-5.*
Roddenberry, Gene (1997), *Earth: Final Conflict.*
— (1966), *Star Trek.*
Serling, Rod (1985), *Além da imaginação.*
Spielberg, Steven (1985), *Histórias Maravilhosas.*
Tormé, Tracy (1995), *Sliders.*
Whedon, Joss (2002), *Firefly.*
Wright, Brad (2004), *Stargate Atlantis.*

Documentários

Gore, Al (2006), *Uma verdade inconveniente.*
Greene, Brian (2003), *O universo elegante.*
Long, Tony (2007), *The Universe.*
Sagan, Carl (1980), *Cosmos.*

Leia também os outros livros da coleção Tudo o que você precisa saber publicados pela Planeta:

"Impossível reunir em um livro tudo o que precisamos saber sobre psicanálise." É esse o alerta que a psicanalista Silvia Ons faz ao leitor no prólogo deste livro. E não sem motivo. Tamanha é a complexidade do tema, que nem uma centena de livros dariam conta do "tudo", mesmo porque, defende a autora, "tudo" não combina com a psicanálise. Lacan, cita ela, dizia que o analista deveria reinventar a psicanálise todos os dias.

Mas isso não impediu a autora de reunir, neste volume, um compêndio bastante abrangente dos principais conceitos psicanalíticos, apresentados com grande clareza e síntese e contextualizados na história.

Entenda como se desenvolveu a psicanálise, pelas mãos de Freud, como se lapidaram conceitos como insconsciente, transferência e pulsão, como podem ser entendidas as diferentes classes de neuroses, a psicose, a paranoia. Ons dedica capítulos especiais a temas ligados à sexualidade, detalhando, por exemplo, como Freud mudou a maneira de encarar a homossexualidade e esmiuçando os notáveis complexos de Édipo e de castração.

Com quadros explicativos, glossário e bibliografia, este livro expõe objetivamente e com rigor os conceitos essenciais de um saber que é fundamental para o desenvolvimento humano.

Alguns a consideram um conflito inevitável. Outros, uma guerra desnecessária. Fato é que a chamada "Grande Guerra" foi um marco decisivo para a historiografia do século XX. É desse conflito, responsável pela morte de milhares de pessoas, que derivam o comunismo, o fascismo, as perseguições nazistas, assim como a desestabilização do Oriente Médio e a ascensão dos Estados Unidos da América como grande potência.

Mas como a Europa, que apresentava um progresso científico, civilizatório, cultural e econômico sem precedentes na época, sucumbiu a uma guerra tão selvagem? Em Tudo o que você precisa saber sobre a Primeira Guerra Mundial, o jornalista e professor Santiago Farrell analisa com rigor e sensibilidade episódios excepcionais, e outros até mesmo desconhecidos, cuidadosamente selecionados e que surpreenderão os leitores mais exigentes, proporcionando um estudo minucioso deste evento.

Entenda como a barbárie que durou quatro anos, mobilizou 65 milhões de soldados em campos de batalha nos cinco continentes, matou 10 milhões de pessoas, entre civis e militares, destruiu três impérios e teve histórias incríveis – como a do soldado inglês que poupou a vida de um jovem Hitler – mudou para sempre o curso da humanidade.

Acreditamos
nos livros

Este livro foi composto em Adobe
Garamond Pro e impresso pela
Gráfica Santa Marta para a Editora
Planeta do Brasil em Março de 2019.